油气田常用离心式压缩机
培训教材

《油气田常用离心式压缩机培训教材》编写组　编

石 油 工 业 出 版 社

内 容 提 要

本书系统介绍了油气田常用离心式压缩机的技术特点与应用、基础理论、结构与原理、辅助系统、运行与维护、场站建设等内容，并配套了 11 个实操视频，可扫描二维码观看。本书理论联系实际，可操作性强，是职业技能等级认定教材《天然气压缩机操作工》的重要补充。

本书可作为油气田常用离心式压缩机技术人员、操作人员的培训教材，也可供其他相关人员参考学习。

图书在版编目（CIP）数据

油气田常用离心式压缩机培训教材 /《油气田常用离心式压缩机培训教材》编写组编 . -- 北京：石油工业出版社，2025. 4. -- ISBN 978-7-5183-7474-8

Ⅰ . TE42

中国国家版本馆 CIP 数据核字第 2025BW0417 号

出版发行：石油工业出版社
　　　　　（北京朝阳区安华里二区 1 号楼　100011）
　　　　　网　　址：www.petropub.com
　　　　　编辑部：（010）64269289
　　　　　图书营销中心：（010）64523633
经　　销：全国新华书店
印　　刷：北京中石油彩色印刷有限责任公司

2025 年 4 月第 1 版　2025 年 4 月第 1 次印刷
710 毫米×1000 毫米　开本：1/16　印张：22
字数：400 千字

定价：66.00 元
（如出现印装质量问题，我社图书营销中心负责调换）
版权所有，翻印必究

《油气田常用离心式压缩机培训教材》
编委会

主　　任：张　明
副 主 任：郭　伶　　张晓冬　　任先尚
成　　员：马科笃　　向凤武　　王开宇　　冯韵霖
　　　　　徐红鹰　　刘志成　　江　河　　颜文全
　　　　　王春禄

《油气田常用离心式压缩机培训教材》编写组

主　　编：赵　伟　　孙开俊
副 主 编：王春禄　　马庭红　　赵　兵　　蒋　伟
成　　员：江胜飞　　王志寰　　邱　静　　景　源
　　　　　张浩云　　黄　平　　陈　密　　唐　秋
　　　　　林　波　　杨　茂　　张万宏　　吴　非
　　　　　梁　力　　刘志成　　刘　捷　　刘　婷

《油气田常用离心式压缩机培训教材》审核组

主　　审：马科笃
副 主 审：向凤武
成　　员：谢　凌　　谢　强　　冯丞科　　江　河
　　　　　聂　磊　　屈　江　　杨丽茹　　杨林宁
　　　　　陈　浩　　贺建峰　　蒋俏仪　　易　浩
　　　　　何　鹏　　王俊超

前言

近年来，离心式压缩机组正成为西南油气田公司外输增压、储气库注气及处理厂增压的主要设备，日增压处理规模接近1亿立方米，且随着天然气工业的不断发展，国内其他油气田也存在着同样的发展应用趋势。根据规划，预计"十五五"末，西南油气田公司将再建多座压气/注气站，新投用一批离心式压缩机组。目前，油气田压缩机培训教材以往复活塞式压缩机为主，涉及离心式压缩机内容较少，而离心式压缩机与往复活塞式压缩机在结构、原理上完全不同，公开出版发行的关于离心式压缩机结构、原理的通用书籍较多，但缺少压气站/注气站建设及离心式压缩机调试、投用、生产维护、运行性能曲线分析等相关专业知识内容。为更好地满足从事油气田离心式压缩机站场建设、运维人员的培训学习和能力水平提升需要，亟须开发一本符合油气田生产实际的离心式压缩机培训教材。

基于以上考虑，2021年，西南油气田公司组织相关单位技术、技能骨干赴西安交通大学脱产学习离心式压缩机的基础理论，加之在压气/注气站生产建设、机组调试、投运、生产维护过程中，相关人员积累了一定的工作经验，具备了编写适应油气田生产需要、供员工培训学习使用的离心式压缩机培训教材的能力与条件，因此组织相关专家编写本书。

本书主要围绕油气田常用离心式压缩机技术特点与应用、基础理论、结构与原理、压缩机辅助系统、压缩机运行与维护管理、场站建设等内容进行编写，是职业技能等级认定教材《天然气压缩机操作工》的重要补充。本书可用于离心式压缩机组技术人员、操作人员的专业学习和能力提升，也可用于离心式压缩机的各类技术培训和业务考核。

在本书的编写过程中，得到了西南油气田公司人力资源部、物资设备部、重庆气矿、蜀南气矿、输气管理处等单位相关领导和专家的指导、支持和帮助，在此一并表示诚挚的谢意！

由于编写组水平有限，书中难免存在疏漏与不足之处，敬请读者在使用过程中提出宝贵意见，便于今后不断完善。

编写组
2024年11月

目录

第一章 绪论 … 1
第一节 压缩机分类及作用 … 1
第二节 离心式压缩机发展动态 … 4
第三节 离心式压缩机技术特点 … 8
第四节 离心式压缩机在天然气行业的应用 … 10

第二章 离心式压缩机基础理论 … 13
第一节 气动方程 … 13
第二节 能量损失 … 21
第三节 相似理论 … 26

第三章 离心式压缩机原理与结构 … 31
第一节 离心式压缩机工作原理 … 32
第二节 离心式压缩机结构组成 … 34

第四章 离心式压缩机辅助系统 … 53
第一节 驱动电机及其辅助系统 … 53
第二节 变频调速系统 … 64
第三节 传动系统 … 75
第四节 仪表风系统 … 79
第五节 干气密封系统 … 84
第六节 润滑系统 … 93
第七节 仪表控制系统 … 99
第八节 工艺气系统 … 109
第九节 电气系统 … 121

第五章 离心式压缩机运行与维护 …… 148

第一节 日常操作 …… 148
第二节 在线状态监测与故障诊断 …… 163
第三节 维护保养 …… 185
第四节 常见故障及处理 …… 191

第六章 离心式压缩机场站建设 …… 215

第一节 离心式压缩机选型基本原则 …… 215
第二节 油气田离心式压缩机选型及配套 …… 218
第三节 离心式压缩机组安装调试与投产 …… 227
第四节 安全环保与节能 …… 267

附录 …… 276

附录一 工序流程图 …… 276
附录二 练习题及参考答案 …… 279
附录三 油气田常用离心式压缩机实操视频 …… 340

参考文献 …… 341

第一章 绪论

当今世界社会经济生活不断飞速发展,离心式压缩机广泛用于各种生产工艺流程中,用来增压输送空气、各种工艺气体或混合气体,尤其在石油化工、航空航天、纺织、汽车装配等多个领域长期应用。在国内外油气生产现场,离心式压缩机常用于增压输送天然气、空气、氮气及各类混合气体,近年来在国内储气库业务中逐步开始应用,并迅速增长。

第一节 压缩机分类及作用

一、天然气压缩机分类

天然气压缩机是一种专门用于提高天然气压力的设备,其核心部件为压缩机构,通过机械方式将天然气压缩至所需压力。天然气压缩机在天然气输送、储存及利用过程中发挥着重要作用,能够提高天然气的输送能力、储存容量及利用效率。

(一)按作用原理分类

根据作用原理可将天然气压缩机分为容积式压缩机和速度式压缩机两类。容积式压缩机依赖于往复运动部件或旋转部件在工作腔内做周期性运动，使吸入工作腔的等质量气体体积缩小而提高压力。其特点是压缩机具有容积可周期变化的工作腔。而速度式压缩机借助于做高速旋转的转子，使气体获得很高的动能，然后在扩压器中急剧降速增压，使气体动能转变为压力能，与此同时气体容积也相应减小。其特征是压缩机具有驱使气体获得流动速度的转子。

容积式压缩机和速度式压缩机按组成结构不同，还可进一步划分，其常见分类如图1-1所示。

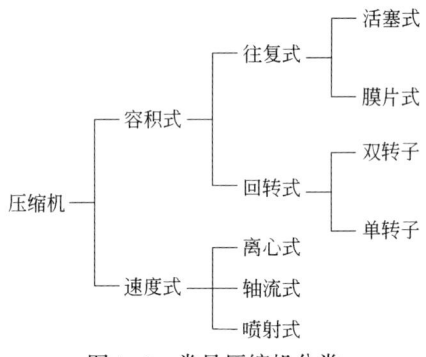

图1-1 常见压缩机分类

由于压缩方式的不同，容积式压缩机可能在低速时就能达到较高的压缩比，适用于小流量、大压缩比的工作环境。速度式压缩机的设计结构允许气体在叶轮上获得高速动能，然后通过扩压器将这部分动能转化为压力能，因此速度式压缩机适用于大气量的工作环境，其中最具有代表性的就是离心式压缩机。

（二）按排气压力分类

根据排气压力的不同，可将天然气压缩机分为低压压缩机、中压压缩机、高压压缩机和超高压压缩机，见表1-1。为区分压缩机和通风机、鼓风机，表1-1中还同时列入了通风机和鼓风机的压力范围。

表1-1 压缩机按排气压力分类

分类	名称	排气压力（表压），MPa
风机	通风机	<0.015
	鼓风机	0.015~0.3

续表

分类	名称	排气压力（表压），MPa
压缩机	低压压缩机	0.3~1.0
	中压压缩机	1.0~10
	高压压缩机	10~100
	超高压压缩机	>100

（三）按压缩级数分类

根据压缩级数的不同，可将天然气压缩机分为单级压缩机、两级压缩机和多级压缩机。

气体在压缩机内仅经过一次压缩就称为单级压缩；气体在压缩机内依次经过两次压缩称为两级压缩；同理，气体依次经过多级压缩，经过几次称为几级压缩。

需要注意的是，在容积式压缩机中，每经过一次工作腔压缩后，气体便进入冷却器中进行一次冷却；而在离心式压缩机中，往往经过两次或两次以上叶轮压缩后，才进入冷却器进行冷却，这时候常常会将经过一次冷却的多次压缩过程合称为一段。

除上述分类方式外，压缩机还可按排气量和轴功率分、按压缩气缸布置方式分、按重量分、按冷却方式分、按气缸润滑状况分、按压缩介质分等，在此不再赘述。

二、石油石化行业中压缩机的作用

在石油石化行业中，目前主流在用压缩机主要分为往复式与离心式。往复式压缩机是一种容积式压缩机，通过活塞在气缸内的往复运动，改变气缸容积，从而实现气体的压缩。离心式压缩机是一种速度式压缩机，通过高速旋转的叶轮将气体加速，然后通过扩压器将气体的动能转化为压力能，从而实现气体的压缩。

往复式压缩机用于井口增压、边远低产气井回收、气举、排水采气、集输、气体处理、储气库注采等，结构形式分为分体式和整体式两种。

离心式压缩机的高效率和强大的处理能力使其成为大型石油化工处理、

天然气管道输送、储气库注采等领域的优选设备。在实际应用中，离心式压缩机展现出了优异的性能和高可靠性，即使在面对苛刻的工作条件，如高温、高压、腐蚀性气体等，也能够稳定运行。

第二节　离心式压缩机发展动态

一、国际发展历程

18世纪末期，法国工程师萨蒂·卡诺特提出热力学第二定律，促进了热力学理论的发展。1845年，英国科学家彼得·克雷格·帕特森发明了第一台离心式蒸汽压缩机，但由于当时技术限制，离心式蒸汽压缩机并没有得到广泛应用。

19世纪，离心式压缩机伴随着叶轮机械理论的发展而得到了迅速的发展。

20世纪初期，随着工业化进程的加快和对能源利用效率需求的提高，人们开始更加关注空气压缩技术。1910年左右，德国工程师卡尔·布斯克发明了第一台离心式空气压缩机，并开始投入工业生产中。早期的离心式空气压缩机采用叶轮和叶片的组合，通过离心力将空气压缩。

20世纪50年代以后，随着材料科学、计算机技术和流体力学等领域的不断进步，现代离心式压缩机开始逐步取代传统螺杆式压缩机和往复式压缩机。现代压缩机采用先进的材料、设计和控制技术，具有更高的效率、更低的噪声和更长的寿命。从20世纪开始至今是离心式压缩机技术迅猛发展的时代。在这一时期产生了对离心压缩机发展具有划时代意义的理论和方法，正是这些理论和方法的诞生使得离心压缩机在全世界范围内得到了极为广泛的应用。

二、国内发展历程

我国离心式压缩机技术水平是随着国家的工业水平上升而提高的，大致经历了以下三个阶段：从模仿到初级自主研发阶段、技术引进与消化吸收阶段和高端产品自主技术创新阶段。

（一）从模仿到初级自主研发阶段

1960—1980 年是中国离心式压缩机技术从模仿到初级自主研发阶段。1960—1964 年是中国离心式压缩机技术的起步与模仿阶段。在此期间，基于苏联援助的技术资料，参照东欧国家的技术信息，国内离心式压缩机制造企业以模仿苏联产品为主，仅作微小改动，来设计制造自己的离心式压缩机。1960 年 9 月，中国自主制造的第一台离心式压缩机在沈阳诞生；1961 年，又制造出了第二种型号的离心式压缩机，结构相对第一种型号更加复杂；1963 年，制造了中国第一台为 3000m^3/h 空气分离设备配套的离心式压缩机；1964 年，自行设计制造成功我国第一台制冷离心式压缩机；1967 年，成功研制了首台自主设计、自主制造的离心式压缩机。

1969 年，开发了大型风洞用离心式压缩机；1970 年，为 10000m^3/h 空气分离设备配套了空气离心式压缩机；1970 年，通过仿制国外公司产品结构，自行制造了为空气分离装置配套的离心式空气压缩机、氧气压缩机和氮气压缩机；1973 年，首次为乙烯装置设计和制造了裂解气离心式压缩机、丙烯离心式压缩机、石油焦化气输送压缩机；1977 年，开发了第一台循环氢气离心式压缩机等。在此阶段，尽管国内的离心式压缩机已经进入自主研发阶段，但制造水平还是较低的，无论是设计方法、制造工艺，还是机组运行效率和可靠性，与国外机组相比都有相当大的差距。

（二）技术引进与消化吸收阶段

1976—1995 年，主要是国内离心式压缩机技术引进和消化吸收阶段。在国家政策和资金的支持下，国内压缩机制造商从国外引进了先进的离心式压缩机设计、制造和检验技术，通过这些先进技术的引进和消化吸收，国内离心式压缩机技术得到了跨越式发展。1976—1979 年，沈阳鼓风机集团股份有限公司（以下简称沈鼓集团）从意大利某公司全面系统地引进了单轴离心压缩机 MCL、BCL、PCL 系列设计制造技术。该技术是针对石油天然气化工领域中复杂的流程工艺而发展形成的世界领先的离心式压缩机技术。该技术的引进使得国内压缩机制造商单轴离心式压缩机设计制造技术得到了质的飞跃，由此开始了高品质的国产离心式压缩机在重要的工业流程装置上的应用。

1982年，沈鼓集团利用引进技术生产制造的二氧化碳离心式压缩机成功运转，这是国内利用引进技术设计制造的首台高端离心式压缩机，拉开了中国人自己制造大化肥装置核心转动设备的序幕。次年成功研制出齿轮组装式离心式压缩机，并成功应用。1984—1987年，沈鼓集团又先后成功试制丙烯离心式压缩机、富气离心式压缩机、轻烃气离心式压缩机、丙烷离心式压缩机、循环氢气压缩机等。1988—1990年，沈鼓用市场换技术，和国外公司合作生产多台各型离心式压缩机。1990—1993年，沈鼓集团开始消化吸收引进技术，成功制造并投用多台离心式压缩机，并在1994年实现了首台高效组装式压缩机的出口。1994年，陕西鼓风机（集团）有限公司（以下简称陕鼓集团）开始引进瑞士某公司离心式压缩机技术，开始在国内市场合作制造RIK系列内冷式等温型离心式压缩机以及R系列、RZ系列等离心式压缩机。这些机组主要性能指标达到国际同类产品先进水平，实现了20世纪70年代末期的引进目标，即大化肥装置离心式压缩机的全部国产化。

在国内市场上，国内企业逐渐取代了国外离心式压缩机的市场份额，但遗憾的是，仍不占主导地位。特别是工艺流程压缩机，高端市场仍牢牢地把握在以欧美日等国为主的国外压缩机制造商手中。据行业统计资料显示，在20世纪80年代和20世纪90年代初期，每年国产离心式压缩机产量不足50台。

（三）高端产品自主技术创新阶段

20世纪90年代中期以来，随着国内离心式压缩机制造商的迅速崛起，国外制造商出于市场竞争的考量，不再对中国进行离心式压缩机产品整体技术转让。国内离心式压缩机制造商陆续从20世纪80年代后半段，通过与各大科研院校的合作，建立了自己的研发中心、实验中心，开发了自主知识产权的气动设计软件和转子动力学分析软件，加快了我国自主技术创新的步伐。1996—2000年，国内压缩机制造商先后引进了离心式压缩机模型级开发设计软件、三维黏性流场分析软件、转子动力学分析软件等，使国内离心式压缩机流场和结构分析设计技术与国外压缩机制造商处在同一个平台上，为国产离心式压缩机进军压缩机高端市场奠定了基础。

对于一些特殊离心式压缩机应用领域，则以市场换技术。在政府有关部门的协调和国内客户的支持下，针对一个合同订单，通过国内压缩机制造企业和外资企业合作生产的方式，学习国外知名厂商的宝贵经验，间接掌握了一部分国外压缩机近些年的技术变化。

经过以上几种方式的共同努力，20世纪90年代中期以来，国内压缩机企业逐年成长壮大起来。特别是在21世纪开始后10年左右，国内经济发展速度加快，已有大量技术储备的国内企业开始发挥压缩机制造的主力军作用。近几年，有的国内企业的离心式压缩机年产量逐渐跃居世界同行业首位。自主研制的离心式压缩机开始广泛应用于工艺流程和气体输送等重要应用领域。

三、未来发展趋势

随着全球经济的发展和工业化程度的提高，离心式压缩机在各个领域的需求也随之增加。特别是在工业中，离心式压缩机被广泛应用于空气压缩、燃气涡轮发动机、化学工艺和气体制造等领域。

数据显示，离心式压缩机的全球市场在过去几年中呈现增长趋势，预计在未来几年内仍将保持良好的增长态势。截至2020年，全球离心式压缩机市场规模已经达到了20.7亿美元。市场规模在2025年将增加到28.8亿美元，年复合增长率为6.8%。其中，能源、工业和制冷等领域将是离心式压缩机市场的主要应用领域。

随着国内经济转型及未来经济发展需要，未来离心式压缩机的主要发展方向有以下几个：

（1）更宽的使用范围。随着离心式压缩机在储气库的应用，对离心式压缩机在小流量和高压比上提出了更高的要求，亟须在技术上取得新突破，进一步扩大离心式压缩机的使用和工况适应范围，同时保持其体积小、运转平稳、操作简单等优势。

（2）更高的安全性。离心式压缩机的使用场所往往是对安全性要求较高的场所，随着国家对安全性要求的提升，离心式压缩机今后将在提高密封性能、提升制造精度、强化安全保护装置及手段上下功夫，进一步保障离心式压缩机的安全平稳运行。

（3）更加高效节能。为助力国家"双碳"目标达成，我国的离心式压缩机发展也将持续围绕更高效率、更低能耗、更绿色环保的方向发展。同时，离心式压缩机在新能源领域的应用也逐步增多，例如太阳能制冷、风力发电等具体应用。离心式压缩机未来将通过应用新材料、新工艺和新技术等手段，提高离心式压缩机的效率。

（4）更加智能化。离心式压缩机另一个重要的发展方向，则是智能化控制，通过先进传感器、控制器等设备，实现离心式压缩机的智能化控制，提高其自动化程度和生产效率。

总的来说，离心式压缩机作为一种高端的压缩机产品，具有高科技含量、高端制造和高附加值的特点，未来的市场前景仍然以发展趋势向好为主。与其他类型的压缩机相比，离心式压缩机在能源效率、环保和可持续性等方面具有明显优势。

第三节 离心式压缩机技术特点

离心式压缩机又称透平式压缩机，主要用来压缩气体，主要部件是高速旋转的叶轮和通流面积逐渐增加的扩压器，通过叶轮对气体做功，在叶轮和扩压器的流道内，利用离心升压作用和降速扩压作用，将机械能转换为气体的压力能。

相比其他类型的压缩机，离心式压缩机具有以下技术特点。

一、动力性能

离心式压缩机在动力性能方面表现出色，它能够提供较大的气体流量，且具有较高的压比，一般国产离心式压缩机单级压比最大为1.3，单缸单段最大压缩级数为6级。在多级压缩中，通过合理匹配叶轮和扩压器，可以实现高达数十兆帕甚至上百兆帕的出口压力。离心式压缩机的转速通常较高，可以达到每分钟数千转甚至上万转，这使得其在单位时间内对气体做功的能力强大，特别适合于大流量的气体压缩场合。

二、工艺性能

在工艺性能方面，离心式压缩机具备良好的适应性，能够处理多种不同的气体，如天然气、空气、氮气、氢气等，且可以根据需要实现无级调节。这一点在石油化工、冶金、制药等行业尤为重要。离心式压缩机根据不同用途还需要考虑防共振、喘振及超温的技术要求。这些特性表明离心式压缩机在工艺性能上具有较强的适应性和可靠性。

三、机械性能

在机械性能方面，离心式压缩机具有结构简单、可靠性高、维护成本低等优点。由于其主要部件如叶轮和扩压器通常采用高强度材料制作，且在设计上注重动静态平衡，因此其运行稳定性好，故障率低。然而，离心式压缩机的稳定工况区较窄，当流量偏离设计值时，可能会出现喘振现象，这需要在设计和运行中加以控制。

四、经济性能

在经济性能上，离心式压缩机虽然在初期投资上可能略高于某些其他类型的压缩机，但由于其出色的能效比和低维护成本，长期运行成本相对较低。特别是在电力成本较低的地区，其经济效益更为显著。然而，离心式压缩机在当前的市场中仍然面临着与进口产品竞争的局面，国产化率和市场竞争力有待进一步提高。

五、综合分析

综上所述，离心压缩机在动力性能、工艺性能、机械性能和经济性能等方面均表现出其独特的优势。尤其在大流量、高压力的应用场景中，其优势更加明显。不过，也需要注意其存在的局限性，如对流量调节的敏感性、喘振现象等问题，这些都需要在设计和使用中加以考虑和控制。

（一）优点

（1）转速高，处理气量大。离心式压缩机运动部件与静止部件有一定间隙，与其他类型压缩机运动部件与静止部件要产生一定摩擦不同，可以实现高速旋转；其他类型的压缩机受转速、容积等限制，处理气量远远不能与离心式压缩机相比，离心式压缩机因其连续运行、通流面积大、叶轮转速高，因此气流速度大，进而处理气量大。

（2）运转可靠，故障率低。离心式压缩机不存在脉动现象，在气流稳定的情况下振动较小，运动部件少，介质与油液不直接接触，在运行工况平稳的情况下故障率低，维护工作量较小，需储备的备品备件种类和数量较少，介质较好的情况下可至少实现5年连续运行，同时操作简单，现场运行管理更容易。

（3）结构紧凑，机组体积小。由于离心式压缩机内部结构简单、组成部件少，因此结构较为紧凑，相比其他类型的压缩机而言，其主机占地面积相对较小，对于建设场地受限的场所更为适用。

（二）缺点

（1）单机压比不高。由于离心式压缩机的结构特性，决定了其单机压比受限，通常离心式压缩机的单机压比为1~2，对于压比较大的工况需要多级串联使用，经济性、占地面积等方面不占优势。

（2）有喘振工况。由于离心式压缩机的结构特性，在介质流量较小时会发生喘振现象，对机器危害比较大，需要设置专门的保护装置和保护参数，避免发生喘振现象。

（3）配套设备较多。虽然离心式压缩机本体体积小，但由于其结构特点和使用特性，需要配置增速箱、润滑油站、防喘振系统、密封系统等，如果采用电动机驱动，还要配置专门的变频装置等，且对防喘振系统、密封系统等的精度要求较高，导致成套成本较高。

第四节　离心式压缩机在天然气行业的应用

压缩机在天然气行业中扮演着至关重要的角色，其应用覆盖了油气田外输增压、天然气长输增压、储气库注采气增压、化工厂气体增压、液化天然气等领域。由于油气田外输增压工况复杂，处理量波动较大，常用往复式压缩机进行增压，本节不做介绍。

一、天然气长输增压领域

天然气长输管道需要在沿途建立天然气增压站，通过压缩机多次多级增压，才能实现天然气长距离运输。压缩机常被比喻为天然气管道输送的"心脏"。离心式压缩机适用于处理量大且处理量波动幅度不大（范围为70%~120%）的情况。

单级压缩机适用于压力提升不大、输送距离较短的情形，而多级压缩机则适用于压力提升大、输送距离远的场合。在天然气长输增压领域中，普遍使用多级压缩机。同时由于电机驱动压缩机操作简便、维护成本低，被广泛应用于天然气长输增压。

据不完全统计，国家石油天然气管网集团有限公司（以下简称国家管网集团）下属的压气站已建成投用的离心式压缩机超过380台，除初期选用西门子公司、曼透平公司的进口品牌离心式压缩机外，近年来已基本选用沈鼓集团、陕鼓集团等公司国产离心式压缩机，这标志着中国天然气管道压缩机组国产化成功打通"最后一公里"。按照国内外新建的天然气输送管道发展趋势（压力高、口径大且流量高），离心式压缩机使用范围将越来越广泛。

二、地下储气库注采气增压领域

地下储气库，就是将天然气增压注入地层的缝隙中储存，在需要供气时，进行采集、脱水，最后输入天然气管网，被称为天然气"银行"。压缩机在储气库的注采气增压过程中扮演着至关重要的角色。它们的主要功能是将输入的天然气压缩至足够高的压力，以便将其注入地下储气库中，或者在采气时将储气库中的天然气压缩后排送到输气网络中。

近年来，随着储气库压力和注气量需求增加，国产离心式压缩机在储气库应用方面也有突破。沈鼓集团为辽河油田公司提供的双台子储气库3号、4号电驱高压离心式压缩机组已实现连续72h以上平稳运行，标志着辽河油田公司储气库国产注气系统试运投产成功，这也是我国首套投用的储气库用离心式压缩机。该压缩机组单台日处理气量可达$800\times10^4\text{m}^3$，是以往单台进口往复式压缩机的5倍。新疆油田公司的呼图壁储气库安装了全国单台排量及处理气量最大、压力等级最高、工况最复杂、智能化程度最高的电驱高压离心式压缩机。该压缩机的安装使得呼图壁储气库的日注气能力从$1600\times10^4\text{m}^3$提升至$2600\times10^4\text{m}^3$，日高峰调峰能力将达到设计水平$4020\times10^4\text{m}^3$。西南油气田公司相国寺储气库应用的额定功率23MW进口高压离心式压缩机组，最大排气压力可达 28MPa，日最大处理量接近 $1000×10^4m^3$。

三、化工厂气体增压领域

离心式压缩机在化工厂中的气体增压应用是多方面的，它们因高效、稳定和可靠的特性而被广泛采用。在气体分离过程中，离心式压缩机可以提供稳定的压缩气体供应，确保空气分离装置顺畅运行。此外，离心式压缩机的设计允许它们在化工行业中执行气体输送和增压的任务，满足生产过程中对气体输送和增压的需求。

在聚合物生产中，离心式压缩机提供的稳定高压气体对于促进聚合反应的进行至关重要。而在粉体压缩过程中，离心式压缩机能够处理大流量和高压力的气体，有效压缩粉体物料。

化工厂常用的离心式压缩机有单级和多级两种。单级离心式压缩机适用于预算低、工况简单、低压差、低流量的生产工况。多级离心式压缩机适用于预算高、高压力比、低噪声的生产工况。

四、液化天然气（LNG）领域

液化天然气（Liquefied Natural Gas，LNG）是一种通过将天然气冷却至其凝结点温度（大约-161.5℃）下转换成液态的能源。

离心式压缩机在 LNG 增压中的应用主要体现在其能够高效地提升 LNG 的压力，以满足运输和储存的需求。离心式压缩机通过高速旋转的叶轮将气体加速，然后在扩压器和蜗壳中减速增压，从而实现对天然气的压力提升。

在 LNG 接收站中，离心式压缩机用于处理 LNG 储罐中产生的闪蒸气（BOG），避免储罐压力过高；在 LNG 船中，离心式压缩机用于满足 LNG 蒸发气回收以及燃料动力需求。例如，沈鼓集团为中国首艘江海直达型 LNG 加注运输船"淮河能源启航"号研制的低温离心式压缩机已经正式投入使用，标志着中国在 LNG 船关键设备研制技术上实现了重大突破。此外离心式压缩机还应用于 LNG 冷能空分技术中，通过利用 LNG 汽化过程中释放的冷能进行空气分离，不仅节约了能源，也带来了巨大的经济效益和社会效益。

第二章 离心式压缩机基础理论

离心式压缩机通过叶轮对气体做功,在叶轮和扩压器的流道内,利用离心升压作用和降速扩压作用,将机械能转换为气体的压力能。由于离心式压缩机的流道形状比较复杂,并存在气流摩擦和边界层,所以气体参数不仅沿流道的每一个截面变化,而且在同一截面上的不同位置,参数也在发生变化。因此级中气体的流动是三元流动。另外,由于叶轮旋转且叶片数有限、叶片出口存在气流尾迹等,导致叶轮及其后面固定元件的气体流动是周期性的非定常流动。压缩机进气条件、转速发生波动等原因,会造成压缩机内部产生非定常流动。

第一节 气动方程

离心式压缩机内部的实际流动是三维非定常流动,使用气动方程时,一般采用以下假设,即假设流动沿流道的每一个截面气动参数是相同的并用平均值表示,按照一元流动来处理,认定气体为稳定流动,同时离心式压缩机的工质假定符合热力学理想气体状态方程 $pV=RT$(p 为气体的压力;V 为气体的比体积;R 为气体常数;T 为热力学温度)。离心式压缩机壳体和叶轮三维模型如图2-1所示。

了解气动方程,有利于理解离心式压缩机做功的原理、能量转化的本质，掌握提高压缩机效率的方法，从而指导离心式压缩机选型，而叶轮速度三角形是研究气动方程的基础。

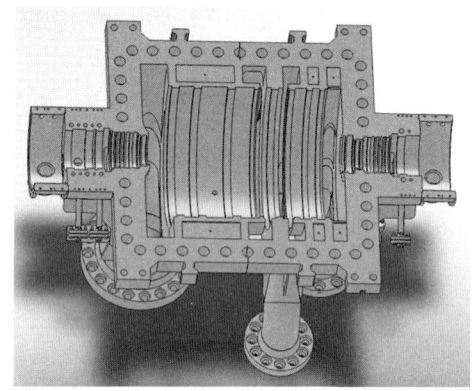 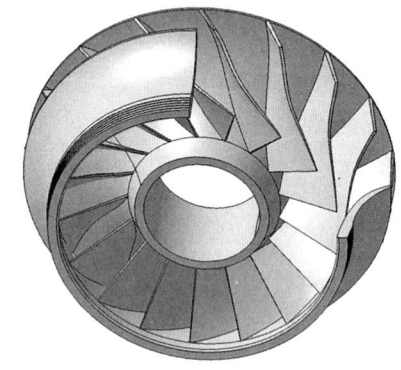

图 2-1　离心式压缩机壳体和叶轮

一、速度三角形

叶轮速度三角形分为叶轮出口速度三角形、叶轮入口速度三角形，研究速度三角形有助于理解气体在叶轮中流动遵循的规律，帮助根据实际需求设计、选择效率更高的叶轮结构。

（一）叶轮出口速度三角形

叶轮出口速度三角形是叶轮出口线速度、绝对速度、相对速度所构成的矢量三角形，如图 2-2 所示，常用的有以下物理量：

u_2 为叶轮出口线速度，即叶轮旋转引起的牵引速度（m/s），$u_2 = \pi D_2 n/60$。D_2 为叶轮叶片出口直径（m）；n 为叶轮转速（r/min）。

ω_2 为叶轮出口相对速度（m/s）；c_2 为叶轮出口绝对速度（m/s）。

β_{2A} 为叶轮出口叶片安装角，即叶轮出口处叶片中心线的切线与 u_2 反方向之间的夹角。当叶轮设计制造完成后，β_{2A} 是已知量。当 $\beta_{2A} > 90°$ 时，称为前弯叶轮；当 $\beta_{2A} = 90°$ 时，称为径向叶轮；当 $\beta_{2A} < 90°$ 时，称为后弯叶轮。

β_2 为叶片出口相对气流角，即 ω_2 与 u_2 反方向之间的夹角。实际上 $\beta_2 <$

β_{2A}，β_2 可通过 β_{2A} 进行计算。为了表示方便，速度三角形中假定 $\beta_2=\beta_{2A}$。

α_2 为叶片出口绝对气流角，即绝对速度 c_2 与线速度 u_2 之间的夹角。

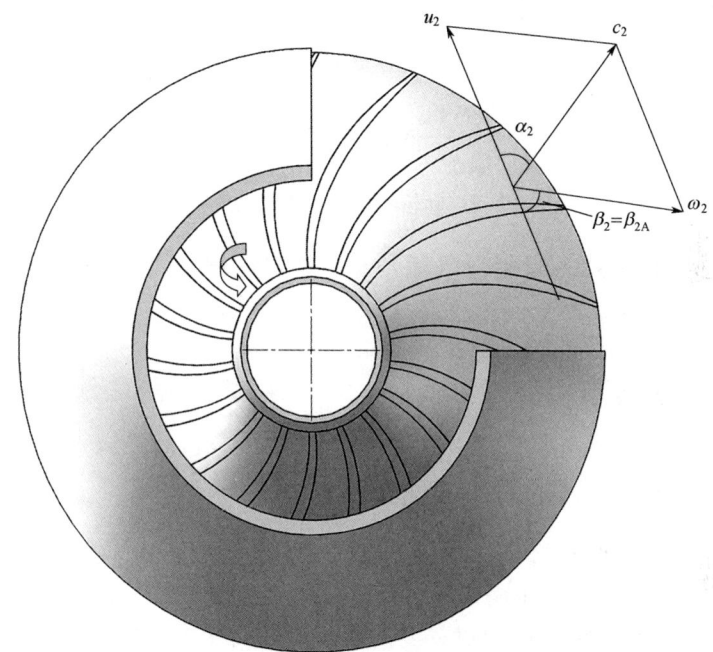

图 2-2 叶轮出口速度三角形（逆时针旋转）

（二）叶轮入口速度三角形

叶轮入口速度三角形是叶轮入口线速度、绝对速度、相对速度所构成的矢量三角形，如图 2-3 所示，常用的有下面这些量：

u_1 为叶轮叶片入口线速度，即叶轮旋转引起的牵引速度（m/s），$u_1 = \pi D_1 n/60$。D_1 为叶轮叶片入口直径（m）；n 为叶轮转速（r/min）。

ω_1 为叶轮叶片入口相对速度（m/s）；c_1 为叶轮叶片进口绝对速度（m/s）。

β_{1A} 为叶轮入口叶片安装角，即叶轮入口处叶片型线的切线与 u_1 反方向之间的夹角。当叶轮设计制造完成后，β_{1A} 是已知量。

β_1 为叶轮叶片入口相对气流角，即 ω_1 与 u_1 反方向之间的夹角。为了表示方便，速度三角形中假定 $\beta_1=\beta_{1A}$。

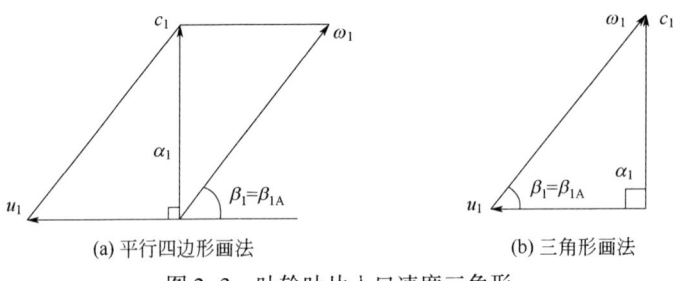

(a) 平行四边形画法　　　　　(b) 三角形画法

图 2-3　叶轮叶片入口速度三角形

α_1 为叶轮叶片入口绝对气流角，即绝对速度 c_1 与线速度 u_1 之间的夹角。

二、连续方程

（一）连续方程的基本表达式

连续方程是质量守恒定律在流体力学中的数学表达式，在气体做一元定常流动的情况下，流经压缩机任意截面的质量流量相等。研究连续方程可以帮助选择合理的叶轮出口相对宽度，在获得较高压力能的同时减少分离损失。连续方程表示为：

$$q_m = \rho_i q_{Vi} = \rho_{in} q_{Vin} = \rho_2 q_{V2} = \rho_2 c_{2r} f_2 = \mathrm{const} \tag{2-1}$$

式中　q_m ——质量流量，kg/s；

q_V ——容积流量，m^3/s；

ρ ——气流密度，kg/m^3；

f ——截面面积，m^2；

c ——垂直该截面的法向流速，m/s。

所谓一元流动是指气流参数（如速度、压力等）仅沿主流方向有变化，而垂直于主流方向上的截面无变化，由式（2-1）可以看出，随着气体在压缩过程中压力不断提高，其密度也在不断增大，因而容积流量在压缩机后面级流动中不断缩小。

（二）连续方程在叶轮出口的表达式

为了反映流量与叶轮几何尺寸及气流速度的相互关系，常应用连续方程在叶轮出口处的表达式为：

$$q_\mathrm{m}=\rho_2 q_{V2}=\rho_2 \frac{b_2}{D_2}\phi_{2r}\frac{\tau_2}{\pi}\left(\frac{60}{n}\right)^2 u_2^3 \quad (2-2)$$

式中　D_2——叶轮外径，m。

b_2——叶轮出口处的轴向宽度，m。

τ_2——叶轮叶片出口阻塞系数。

$\dfrac{b_2}{D_2}$——叶轮出口的相对宽度，其值越大，则叶轮出口的相对速度越小，这对扩压是有利的。但是，过大的扩压度会增加流动中的分离损失，从而降低级的效率。相反，如果叶轮出口的相对宽度太小，会使摩擦损失显著增加，同样会使级的效率降低。通常要求 $0.025<\dfrac{b_2}{D_2}<0.065$。

ϕ_{2r}——叶轮出口处的流量系数，该值选取要足够大才能保证气流在流道内不会发生倒流，同时也要保证设计的叶轮有较小的扩压度，以提高级的效率。通常 ϕ_{2r} 的选取范围，对于径向式叶轮为 0.24~0.40，后弯式叶轮为 0.18~0.32。

式（2-2）表明，$\dfrac{b_2}{D_2}$ 与 ϕ_{2r} 互为反比，$\dfrac{b_2}{D_2}$ 取值越大，则 ϕ_{2r} 越小，反之亦然。对于多级压缩机，同在一根轴上的各个叶轮中容积流量或 $\dfrac{b_2}{D_2}$ 等都要受到相同质量流量和同一转速 n 的制约，因此式（2-2）常用来校核各级叶轮选取 $\dfrac{b_2}{D_2}$ 的合理性。

三、欧拉方程

欧拉方程是用来计算原动机通过轴和叶轮将机械能转换为流体的能量，它是叶轮机械的基本方程。欧拉方程是获取叶轮做功过程中能量转换量值的基本公式，可以帮助校核压缩机能量头和轴功率。当 1kg 流体做一元定常流动流经恒速旋转的叶轮时，由流体力学的动量矩定理可方便地导出适用于离心叶轮的基本欧拉方程为：

$$H_{th}=c_{2u}u_2-c_{1u}u_1 \tag{2-3}$$

欧拉第二方程表示为：

$$H_{th}=\frac{u_2^2-u_1^2}{2}+\frac{c_2^2-c_1^2}{2}+\frac{\omega_1^2-\omega_2^2}{2} \tag{2-4}$$

式中 H_{th}——每千克流体所接收的能量，称为理论能量头，kJ/kg；

c_{1u}——叶轮入口绝对速度 c_1 的切向分速度，m/s；

c_{2u}——叶轮出口绝对速度 c_2 的切向分速度，m/s。

该方程的物理意义如下：

(1) 欧拉方程指出了叶轮与流体之间的能量转换关系，它遵循能量转换与守恒定律。

(2) 只要知道叶轮进出口的流体速度，即可计算出 1kg 流体与叶轮之间机械能转换的大小，而不管叶轮内部的流动情况。

(3) 该方程适用于任何气体或液体，适用于叶轮式的压缩机，也适用于叶轮式的泵。

通常流体流入压缩机的叶轮进口时并无预旋，则 $H_{th}=c_{2u}u_2$。对于有限叶片数的叶轮，由于流体受哥氏惯性力的作用和流动复杂性的影响，出现轴向涡流，致使流体并不沿着叶片出口角 β_{2A} 的方向流出，而是略有偏移，这种现象称为滑移。斯陀道拉提出了经验计算公式：

$$c_{2u}=u_2-c_{2r}\cot\beta_{2A}-u_2\frac{\pi}{z}\sin\beta_{2A} \tag{2-5}$$

$$\mu=\frac{u_2-c_{2r}\cot\beta_{2A}-u_2\dfrac{\pi}{z}\sin\beta_{2A}}{u_2-c_{2r}\cot\beta_{2A}} \tag{2-6}$$

式中 μ——滑移系数。

对于离心式压缩机闭式后弯式叶轮，通常理论能量头 H_{th} 按斯陀道拉公式计算：

$$H_{th}=c_{2u}u_2=\phi_{2u}u_2^2=\left(1-\phi_{2r}\cot\beta_{2A}-\frac{\pi}{z}\sin\beta_{2A}\right)u_2^2 \tag{2-7}$$

式中 ϕ_{2u}——理论能量头系数或周速系数。

式(2-7)是离心式压缩机计算能量与功率的基本方程式。由该式可知，H_{th} 主要与叶轮出口圆周速度 u_2 有关，还与流量系数 ϕ_{2r}、叶片出口角 β_{2A} 和叶片数 z 有关。

四、能量方程

欧拉方程主要说明叶轮对气体做功的原理并用于计算叶轮对气体所做的功,而能量方程则从功能转化的角度,说明气体接受叶轮做功之后自身能量发生的变化。针对单位质量的气体,忽略压缩机级与外界热交换和气体位能变化,有:

$$W_{\text{tot}} = h_2 - h_1 + \frac{c_2^2 - c_1^2}{2} \tag{2-8}$$

式中 W_{tot}——叶轮对单位质量气体的总功耗,J/kg;

h_1——单位质量气体的焓(叶轮做功后),J/kg;

h_2——单位质量气体的焓(叶轮做功前),J/kg。

能量方程式的物理意义如下:

(1) 能量方程是既含有机械能又含有热能的能量转化与守恒方程,它表示由叶轮所做的机械功,转换为级内气体焓的升高和动能的增加。

(2) 该方程对有黏无黏气体都适用。对于有黏气体所引起的能量损失,以热量的形式传递给气体,使气体焓升高。

(3) 离心式压缩机组不从外界吸收热量,而机壳向外散出的热量与气体焓的升高相比较是很小的,因此认为气体在压缩机内做绝热流动。

五、伯努利方程

伯努利方程从机械能的角度,说明叶轮对气体所做的功如何分配。若流体做定常绝热流动,忽略重力影响,通用的伯努利方程表达如下:

$$W_{\text{tot}} = \int_1^2 \frac{\mathrm{d}p}{\rho} + \frac{c_2^2 - c_1^2}{2} + h_{\text{loss}} \tag{2-9}$$

式中 p——气体的压力,Pa;

ρ——气体的密度,kg/m³;

h_{loss}——单位质量气体做功的能量损失,J/kg。

伯努利方程的物理意义如下:

(1) 通用的伯努利方程也是能量转化与守恒的一种表达式,它建立了机械能与气体压力、流速和能量损失之间的相互关系。表示了流体与叶轮之间能量转换与静压能和动能转换的关系。同时由于流体具有黏性，还需克服流动损失或级中的所有损失。

（2）该方程适用于一级，也适用于多级或其中任一通流部件，取决于所选的进出口截面。

（3）对于不可压流体，其密度ρ为常数，$\int_1^2 \frac{\mathrm{d}p}{\rho} = \frac{p_2 - p_1}{\rho}$可直接解出，因而对输送水或其他液体的泵来说，应用伯努利方程计算压力的升高是十分方便的。

六、压缩功的计算

在离心式压缩机中，气体伴随着流动同时不断地实现着改变热力状态的热力过程。常见的热力过程分为等温过程、绝热过程和多变过程。等温过程是没有损失但与外界有热交换的理想压缩过程；绝热过程是指既没有损失也没有与外界热交换的理想压缩过程；多变过程是指考虑流动过程中存在损失的热力过程。对于等温压缩功，经推导有：

$$\int_1^2 \frac{\mathrm{d}p}{\rho} = Q \tag{2-10}$$

式中　Q——做功过程中单位质量气体对外散出的热量，J/kg。

在等温压缩过程中，对气体加入的等温压缩功全部变为对外散出的热。

对于绝热压缩功，经推导有：

$$\int_1^2 \frac{\mathrm{d}p}{\rho} = H_{\mathrm{pol}} = \frac{k}{k-1} R T_1 \left[\left(\frac{p_2}{p_1} \right)^{\frac{k-1}{k}} - 1 \right] \tag{2-11}$$

式中　H_{pol}——多变压缩有效能量头（多变能量头），kJ/kg；

R——气体常数，J/(kg·K)；

T_1——气体做功前的温度，K；

k——绝热指数。

同理，对于多变压缩功有：

$$\int_1^2 \frac{\mathrm{d}p}{\rho} = H_{\mathrm{pol}} = \frac{m}{m-1} R T_1 \left[\left(\frac{p_2}{p_1} \right)^{\frac{m-1}{m}} - 1 \right] \tag{2-12}$$

式中　m——多变指数。

对于有冷却或无冷却的多变压缩过程，式(2-12)均适用，区别只是过程指数 m 不同。对于无冷却的多变压缩过程，m 总是大于 k；而对于有冷却的多变压缩过程，m 可能大于、等于或小于 k。

综上所述，将连续方程、欧拉方程、能量方程、伯努利方程、热力学方程的表达式相关联，就可知流量和流体速度在离心式压缩机中的变化，而通常无论是级的进出口，还是整个压缩机的进出口，其流速几乎相同，因此这部分进出口的动能增量可忽略不计。同时还可获知由原动机通过轴和叶轮传递给流体的机械能，其中一部分是有用能量，使流体的压力得以提升，而另外一部分是损失的能量。由此可知流体在离心式压缩机内的速度、压力、温度等诸参数的变化规律。

第二节 能量损失

了解压缩机级中的能量损失，可以根据损失产生的机理去减少损失，通过合理的设计选型提高压缩机效率。压缩机级中的能量损失，主要有流动损失、漏气损失和轮阻损失，用公式表示为：

$$h_{\text{loss}} = h_{\text{hyd}} + h_{\text{L}} + h_{\text{df}} \tag{2-13}$$

式中　h_{L}——漏气损失，J/kg；

　　　h_{df}——轮阻损失，J/kg；

　　　h_{hyd}——除漏气损失和轮阻损失之外，气体在离心式压缩机级中的所有流动损失，J/kg。

一、级内流动损失

离心式压缩机级中的流动损失主要由摩擦损失、分离损失、二次流损失和尾迹损失四部分组成，用公式可表示为：

$$h_{\text{hyd}} = h_{\text{fri}} + h_{\text{sep}} + h_{\text{sec}} + h_{\text{mix}} \tag{2-14}$$

式中　h_{fri}——摩擦损失，J/kg；

　　　h_{sep}——分离损失，J/kg；

　　　h_{sec}——二次流损失，J/kg；

　　　h_{mix}——尾迹损失，J/kg。

（一）摩擦损失

气体有黏性是气体在流动过程中产生摩擦损失的根本原因。通常把级的通流部件看成依次连续的管道，利用流体力学管道的实验数据，可计算出沿程摩擦损失为：

$$h_{\mathrm{fri}} = \lambda \frac{l}{d_{\mathrm{hm}}} \times \frac{c_{\mathrm{m}}^2}{2} \qquad (2-15)$$

式中　l——沿程长度，m；
　　　d_{hm}——平均水力直径，m；
　　　c_{m}——气流平均速度，m/s；
　　　λ——摩阻系数，离心式压缩机级中，在一定的相对粗糙度下，λ 为常数。

减少摩擦损失的思路和措施有以下几种：

（1）针对各个通流元件的特点，在合理的气流速度选取范围内尽量采用较低的速度。

（2）尽可能加大通流截面的当量水力直径，例如叶轮设计中采用较大的叶轮相对宽度 $\frac{b_2}{D_2}$ 等。

（3）降低壁面的表面粗糙度值。

（4）流道设计中尽量少转弯或采用较大的转弯半径。

（5）减小摩擦长度或摩擦面积。

（二）分离损失

在减速增压的通道中，近壁边界层容易增厚，甚至形成分离旋涡区和倒流。分离的结果导致流场中形成旋涡区，由于旋涡运动损耗大量有效能量，从而造成分离损失。分离损失产生的根本原因是气体具有黏性。无分离气流的主要流动损失通常是摩擦损失，在有分离的情况下，分离损失成为主要矛盾。离心式压缩机的通流元件中，凡是流动扩压度大的地方都可能产生分离损失。

冲击损失是离心式压缩机中一种特殊的分离损失。离心式压缩机的某些通流元件中存在叶片，在叶片的进口处，当气流角与叶片的安装角一致时，通常认为叶片进口处基本不产生流动损失，而当气流角与叶片安装角不一致时，就会在叶片进口一侧形成较大的局部扩压度使气流出现分离，这种损失称为冲击损失。通常定义冲角=$\beta_{1A}-\beta_1$。当$\beta_{1A}>\beta_1$时称为正冲角；当$\beta_{1A}=\beta_1$时称为零冲角；当$\beta_{1A}<\beta_1$时称为负冲角。正冲角表征离心式压缩机进入小流量工况，负冲角表征离心式压缩机进入大流量工况。无论是正冲角还是负冲角，离心式压缩机多变效率都将低于设计工况点的效率。正冲角时离心式压缩机的分离损失是负冲角时的10~15倍，因此应当尽量避免压缩机在小流量工况下使用。

减少分离损失的思路和措施有以下几种：

（1）限制流动扩压度。对于不同形状的流动通道，一般是采用控制当量扩张角$\theta \leqslant 6°\sim 8°$。对于离心叶轮，也可以通过控制$\omega_1/\omega_2$限制叶轮叶道的扩压度，通常控制$\omega_1/\omega_2 \leqslant 1.6\sim 1.8$。对于转弯流道，希望尽量采用较大的转弯半径。

（2）在可能的条件下，叶轮设计中采用较大的叶轮相对宽度b_2/D_2。此时叶道的当量水力直径较大，在通流截面面积相同的条件下，截面的周长相对较小，有利于减少边界层面积和邻近壁面上边界层之间的互相干扰，从而减少分离损失。

（3）减少冲击损失。一是在叶片进口采用零冲角或负冲角设计，也可在条件允许时采用机翼型叶片或可转动的可调叶片；二是设计时采用较小的叶片进口气流相对速度ω_1。

（4）采取特殊措施，如抽吸或吹走边界层等。

（三）二次流损失

在旋转叶轮中，由于离心力的作用使叶道中沿周向流速和压力分布不均匀。由于叶片工作面的压力高，而非工作面的压力低，叶片边界层中的气流受此压力差的作用，通过盘盖边界层，由叶片工作面窜流至非工作面，于是形成与主流方向垂直的流动，它加剧叶片非工作面的边界层增厚与分离，并使主流也受到影响，从而造成的能量损失称为二次流损失。二次流的危害有以下几种：

（1）二次流自身产生能量损失，而且干扰主流区的流动。

（2）使高压侧壁面的边界层变薄，低压侧壁面的边界层变厚，更易产生气流分离或使分离区扩大。

（3）二次流向后延续，对后续流动造成不利影响，或与后续流动相互干扰，使后续流动变坏。

（4）二次流对小流量级（b_2/D_2 小的级）的不利影响更为严重。换言之，小流量级的二次流损失更为严重。小流量级流道的当量水力直径小，边界层面积相对较大，更容易产生二次流并导致气流分离。

产生二次流损失的根本原因是气体具有黏性。减少二次流损失的思路和措施有以下两种：

（1）设法减小流道中产生的压力梯度，如采用较大的转弯半径，适当增加叶轮或叶片扩压器的叶片数以减小叶片负荷（叶片两面的压差），采用后弯式叶轮而不采用前弯式叶轮。

（2）设计中使流道具有较大的当量水力直径，叶轮设计中采用较大的叶轮相对宽度 b_2/D_2 等。

（四）尾迹损失

离心式压缩机中，尾迹损失主要产生于叶片的后面。产生原因是叶片尾缘有厚度，气流离开其尾部时，厚度突然消失，局部流动截面突然扩张形成旋涡，产生尾迹损失，如图2-4所示。减少尾迹损失的思路和措施有以下几种：

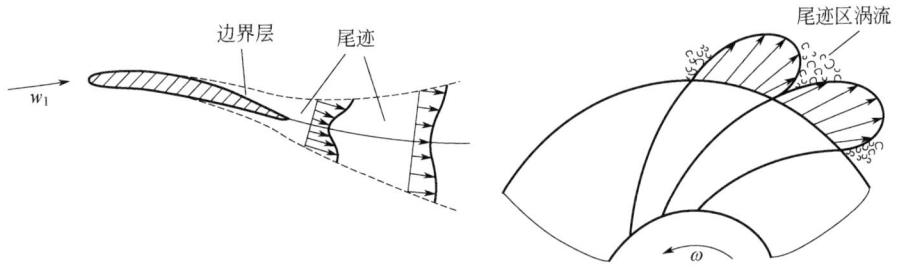

图2-4 叶片之后和叶轮出口的尾迹示意图

（1）叶片出口边削薄。为了不影响叶轮的做功能力，叶片出口应在非工作面削薄。

（2）采用机翼型叶片。

（3）设计中使用具有较大当量水力直径的叶轮流道，如叶轮设计中采用较大的叶轮相对宽度 b_2/D_2。

综上所述，流动损失主要包括摩擦损失、分离损失、二次流损失和尾迹损失。产生流动损失的根本原因在于气体具有黏性,在不同的具体条件下产生了不同形式的流动损失。同一台压缩机,后面级的流动损失通常较大。四种流动损失中,分离损失对能量的损耗通常更加严重。

二、漏气损失

有间隙且间隙两端存在压差,高压端的气体就会通过间隙向低压端泄漏。离心式压缩机的泄漏分为内泄漏和外泄漏两种。内泄漏主要发生在叶轮轮盖密封和级间隔板密封处,外泄漏主要发生在主轴两端的轴端密封处。对于内泄漏,由于叶轮轮盖处的漏气损失直接影响叶轮做功的计算,所以需要计算内漏气损失系数 β_L。而级间隔板处的漏气损失,通常计入固定元件的损失,不再单独计算。对于外泄漏,则需要计算漏气量的大小,以便为压缩机设计留出合理的流量裕量。

(一)产生漏气损失的原因

由于叶轮出口压力大于进口压力,级出口压力大于叶轮出口压力,在叶轮两侧与固定部件之间的间隙中会产生漏气,而所漏气体又随主流流动,造成膨胀与压缩的循环,每次循环都会有能量损失,该能量损失不可逆地转化为热能,为主流气体所吸收。

(二)密封件的结构形式

为了尽量减少漏气损失,在固定部件与轮盖、隔板、轴套以及整机轴的端部需要设置密封件。离心式压缩机一般使用迷宫式密封,其工作原理是每经过一个梳齿密封片,等于节流一次,多次的节流降压能有效地减少漏气量。

三、轮阻损失

由于气体具有一定黏性,叶轮高速旋转时其周围气体会与叶轮轮盘、轮盖的外侧壁面产生摩擦阻力作用,叶轮对气体做功的同时还需克服摩擦阻力矩而额外做功,这部分额外做功被称为轮阻损失。轮阻损失可借助于等厚度圆盘的分析和实验及旋转叶轮的实验进行计算,离心叶轮的轮阻功率损失为：

$$N_{df} = 0.54\rho_2 \left(\frac{u_2}{100}\right)^3 D_2^2 \tag{2-16}$$

$$u_2 = \frac{\pi D_2 n}{60} \tag{2-17}$$

式中 D_2——叶轮出口叶片外径，m；

ρ_2——叶轮出口气体的密度，kg/m³；

N_{df}——叶轮的轮阻功率损失，J/kg；

n——叶轮转速；r/min。

可以得知，轮阻损失与叶轮出口处流体密度成正比，与叶轮转速的三次方成正比，与叶轮出口直径的五次方成正比。

考虑轮阻损失和漏气损失后，叶轮对单位质量气体的总耗功可表示为：

$$W_{tot} = W_{th} + h_L + h_{df} = W_{th}(1 + \beta_L + \beta_{df}) \tag{2-18}$$

式中 W_{tot}——叶轮对单位质量气体的总耗功，J/kg；

h_L——漏气损失，J/kg；

h_{df}——轮阻损失，J/kg；

β_L，β_{df}——漏气损失系数，轮阻损失系数。

$h_L + h_{df}$ 这部分能量是以热量的形式提供给气体，体现为单位质量气体经过叶轮后温度升高。减少轮阻损失的思路和措施有以下几种：

（1）降低叶轮轮盖和轮盖外侧壁面的表面粗糙度。

（2）选取具有较大的相对宽度 b_2/D_2 的叶轮。

（3）在合理范围内采用较大的流量系数 ϕ_{2r}，采用高速小叶轮。

第三节 相似理论

相似理论的应用是离心式压缩机设计和选型工作中的一项重要内容，其主要解决两方面问题：

（1）性能换算。通常指在满足相似条件的前提下，产品与模型之间的性能换算，包括二者尺寸不同或是运行条件不同时的相互换算。由于这种换算是基于相似理论进行的，所以换算时首先要判断换算的双方是否满足相似条件，满足相似条件的可按照相似理论进行相似换算。

（2）模化设计。通常指将已有的性能优良的离心式压缩机或级作为模型，在满足相似条件的前提下进行适当换算，然后将模型的通流结构按比例放大或缩小，从而直接设计出新的离心式压缩机或级。

由于离心式压缩机是流体机械，所以两台压缩机相似本质是两机之间流动相似。本节内容基于一元定常流动假定，工质符合 $pV=RT$ 状态方程的理想气体，且流动过程中不存在中间冷却，气体压缩过程为无冷却多变压缩过程。

一、流动相似应具备的条件

在流体力学和离心式压缩机中，所谓流动相似，就是指流体流经几何相似的通道时，其任意对应点上同名物理量（如压力、速度等）比值相等。由此就可获得压缩机的流动性能（如压力比、流量、效率等）相似。

流动相似的条件有模型与实物或两台压缩机之间几何相似、运动相似、动力相似和热力相似。对于离心式压缩机而言，经简化分析与公式推导，其流动相似应具备的条件可归结为几何相似、叶轮进口速度三角形相似、特征马赫数相等（$Ma'_{u2}=Ma_{u2}$）和气体绝热指数相等（$k'=k$）。而符合流动相似的两台压缩机，其相似工况的效率相等。即当离心式压缩机在不同转速、周围介质的温度和压力变化条件下工作时，如果保持工况的相似，则压缩机的压比和效率不变。

二、符合相似条件的性能换算

当两台离心式压缩机符合相似条件时，只要知道一台压缩机的性能参数，则可通过相似换算得到另一台压缩机的性能参数。两台离心式压缩机的流道结构中，所有对应的线性尺寸成比例，对应角度相等，把两台压缩机对应半径、长度、宽度尺寸的比值称为模化比，用 λ_L 表示，进而推导出如下组合关系式。

组合转速关系式：

$$n' = \frac{n}{\lambda_L} = \sqrt{\frac{R'T'_{in}}{RT_{in}}} \tag{2-19}$$

组合流量关系式：

$$q'_{Vin} = \lambda_L^3 \frac{n'}{n} q_{Vin} = \lambda_L^2 \sqrt{\frac{R'T'_{in}}{RT_{in}}} q_{Vin} \quad (2-20)$$

组合功率关系式：

$$P' = \lambda_L^2 P \frac{p'_{in}}{p_{in}} \sqrt{\frac{R'T'_{in}}{RT_{in}}} \quad (2-21)$$

式中　n'——相似离心式压缩机的转速，r/min；

λ_L——两台相似离心式压缩机的模化比或者尺寸比；

R'——相似离心式压缩机原料气的气体常数；

T_{in}——离心式压缩机进气条件下的气体温度，℃；

T'_{in}——相似离心式压缩机进气条件下的气体温度，℃；

q_{Vin}——离心式压缩机进气条件的体积流量，m³/s；

q'_{Vin}——相似离心式压缩机进气条件的体积流量，m³/s；

p_{in}——离心式压缩机进气压力，MPa；

p'_{in}——相似离心式压缩机进气压力，MPa；

P——离心式压缩机功率，kW；

P'——相似离心式压缩机功率，kW。

三、通用性能曲线

根据相似条件，对于几何相似和工质 k 相等的所有离心式压缩机，只要保持 ϕ_1 和 Ma_{u2} 相等，就保证流动相似，则它们的压力比 ε、能量头系数 ϕ_{2u} 和效率 η 相等。所以可以用组合参数和 ε、ϕ_{2u}、η 来表示它们的性能曲线，可以得到与离心式压缩机运行条件无关的通用性能曲线。

需要说明的是，必须满足离心式压缩机的流动相似条件，才能使用通用性能曲线。通用性能曲线上的组合参数，实际反映了一系列几何相似但尺寸和运行条件不同的离心式压缩机，在满足相应流动相似条件时所共有的性能。因而也可以利用通用性能曲线换算出这些压缩机在各自具体的运行条件下的性能参数。以 PCL502 管道压缩机为基础（小圆圈为设计工况点），符合相似条件离心式压缩机组的通用性能曲线如图 2-5、图 2-6 和图 2-7 所示，其中 A-F 代表组合转速 $\dfrac{n}{\sqrt{RT_{in}}}$（数值依次增加）。

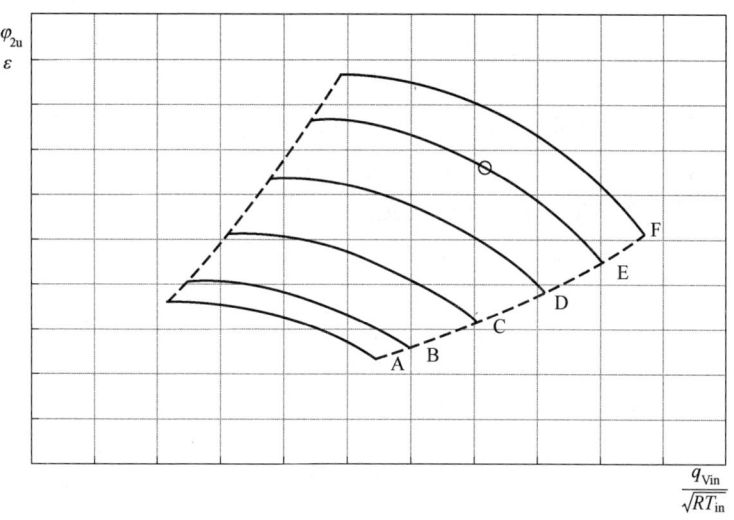

图 2-5 通用性能曲线（能量头系数、压比）

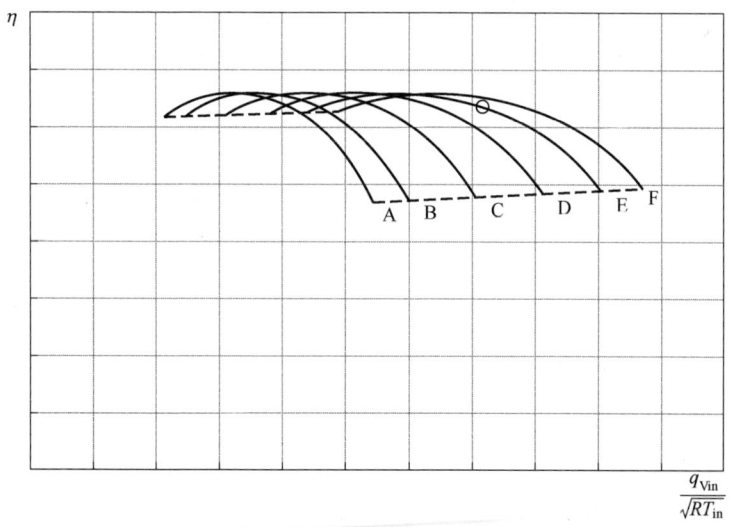

图 2-6 通用性能曲线（效率）

例如，某压气站 PCL502 离心式压缩机组设计处理量为 $2×10^7 m^3/d$，叶轮外径为 500mm，投产初期气田产量为 $1.92×10^7 m^3/d$（所有气量均需要增压外输），此时机组位于最佳工况点，多变效率为 82%。经过 5 年的气田开发，当前产量降至 $1.28×10^7 m^3/d$，进气压力、压比、气质条件都保持不变，此时 PCL502 机组需要倒回流才能稳定运行，多变效率仅为 56%，能耗较高。若根据相似原理对压气站机组进行重新选型，处理量降为投产初期的 2/3，只需将新机组的几何尺寸（吸气室、叶轮、扩压器、弯道、回流器、蜗壳等）减小为 PCL502 机组的 81.65%，叶轮外径降为 408mm，即可保证新机组在当前处理量下处于最佳工况点。

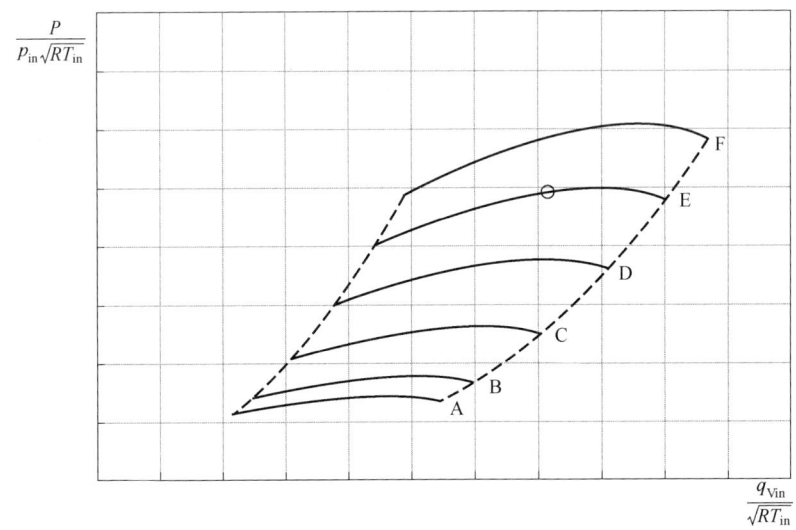

图 2-7　通用性能曲线（组合功率）

第三章 离心式压缩机原理与结构

离心式压缩机组主要由离心式压缩机、驱动机、传动系统、润滑系统、密封气系统、仪表风系统、仪表控制系统、工艺气系统、变频调速系统和供配电系统等组成，如图3-1所示。

图3-1 典型成套离心式压缩机组

离心式压缩机组动力驱动方式有燃气轮机、燃气发动机、电动机。本书以电动机驱动为例介绍。

第一节 离心式压缩机工作原理

离心式压缩机是由叶轮带动气体做高速旋转,通过叶轮对气体做功,使气体压力、速度、温度提高,最后通过排气室排出。离心压缩机组具结构紧凑、运行效率高、流量大、气缸内无须润滑等优点。

从结构形式划分,离心式压缩机主要分为单轴和多轴两种类型。单轴压缩机为一机一轴结构,本书所指的离心式压缩机均指单轴压缩机,图3-2所示为典型的单轴离心式压缩机垂直剖面图。气体从左端下部的吸气室进入压缩机,经90°转弯后沿轴向进入叶轮,高速旋转的叶轮对气体做功使气体速度、压力和温度升高,并沿离心方向流出叶轮进入扩压器,在扩压器中气体速度下降,将动能转化为压力能,气体的压力和温度继续升高,然后通过弯道进入回流器,回流器引导气体进入下一级叶轮,继续压缩把气体的压力提高,最后通过排气室从压缩机中排出。一般压缩后的气体要经过空气冷却器降温后进入管道。上述过程中,气体所通过的流道(如吸气室、叶轮、弯道扩压器、回流器、排气室)为离心式压缩机的通流部分。在实际工业应用中考虑到温度、压力、材质等因素,叶轮一般不超过10级。

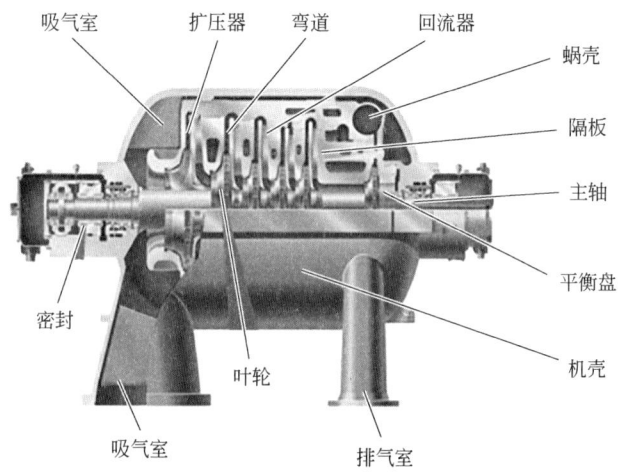

图3-2 单轴离心式压缩机垂直剖面图

多轴离心式压缩机是基于单轴离心式压缩机发展的一种结构形式，通过多轴离心式压缩机与增速齿轮一体化的设计，最终实现多转速运行，如图3-3所示。相比单轴离心式压缩机，多轴离心式压缩机各级的转速尽可能选择最佳转速，各级叶轮也可实现轴向进气和进行压缩后的级间冷却，便于不同压缩流程的组合，所以比较容易进行气动性能的优化。

图3-3　多轴离心式压缩机示意图

级：一个叶轮及与之配合的所有固定元件构成一个级，是离心式压缩机基本增压单元。由叶轮、扩压器、弯道和回流器等组成级，带有吸气室的级称为第一级，带有排气室的级称为末级。

段：气体从吸气室进入压缩机，经压缩后从排气室排出，则吸气室与排气室之间的所有级组成一个段。中间冷却器作为分段的标志，段数等于中间冷却次数加1。

缸：由一根轴上所有的级和段组成。一个机壳为一个缸，多个机壳称为多缸。一个缸内通常只有一根主轴。如果压缩机的压比很高，需要很多级叶轮进行压缩，但由于受临界转速制约，主轴长度就受到限制。一根轴上无法安装所需的全部叶轮，压缩机就经常采用多缸形式，如低压缸、中压缸、高压缸等。图3-4所示为一种一缸两段组合形式压缩机，反映了级、段、缸的关系图。

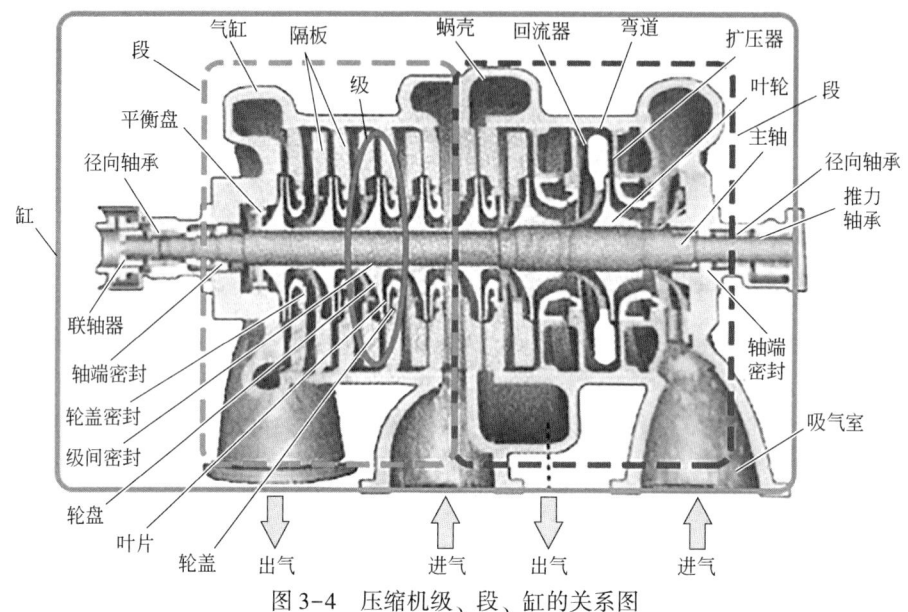

图 3-4 压缩机级、段、缸的关系图

第二节 离心式压缩机结构组成

离心式压缩机主要由转子和定子两部分组成,如图 3-5 所示。转子是压缩机的做功部件,通过旋转对气体做功,使气体流速增加、压力升高;定子是压缩机固定不动的部件。

图 3-5 离心式压缩机结构

一、转子部分

转子由主轴、叶轮、轴套、隔套、轴螺母、平衡盘与平衡管、推力盘、轴承等零部件组成；转子在制造时除要有足够的强度、刚度外，还要进行严格的动平衡试验，防止因不平衡给运行带来严重后果。

（一）主轴

主轴的作用是传递功率，具有一定的刚度和强度。主轴上安装所有的旋转零件，主轴的轴线确定各旋转零件的几何轴线。

主轴有阶梯轴及光轴两种。阶梯轴便于零件的安装，各阶梯的突肩起轴向定位作用，如图 3-6 所示。

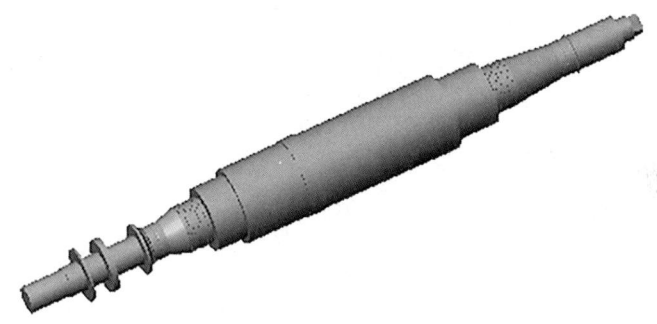

图 3-6　主轴（阶梯轴）

1. 阶梯轴特点

（1）承载能力高。阶梯轴的承载能力较强，能够承受较大的径向力和轴向力。这是由于阶梯轴的轴向强度较高，阶梯部分能够有效地分散载荷，降低局部应力集中。

（2）较高的抗弯强度。采用阶梯设计，使得轴的抗弯强度得到提高。在压缩机运行过程中，阶梯轴能够有效地抵抗弯曲变形，保证轴线的稳定。

（3）便于安装定位。阶梯轴的设计使得轴向定位更加方便。在压缩机维护和检修过程中，可以快速地进行轴向调整，确保压缩机运行在最佳状态。

（4）结构紧凑。阶梯轴结构紧凑，占地面积小，有利于压缩机的整体设计。同时，紧凑的结构也有助于降低压缩机的振动和噪声。

2. 光轴特点

（1）较高的表面粗糙度。光轴表面经过精密加工，具有较高的表面粗糙度。这有助于降低轴与轴承之间的摩擦系数，减少磨损，提高压缩机的运行效率。

（2）良好的抗疲劳性能。光轴采用优质材料制成，具有良好的抗疲劳性能。在压缩机长时间运行过程中，光轴不易产生疲劳裂纹，保证了压缩机的稳定运行。

（3）易于更换和维修。光轴设计简单，结构易于拆卸。在压缩机出现故障时，可以快速地进行更换和维修，降低维修成本。

（4）兼容性强。光轴具有较好的兼容性，可以适应不同型号的离心式压缩机。同时，光轴也可以适应不同的工况环境，满足各种应用场景的需求。

综上所述，离心式压缩机主轴采用阶梯轴和光轴都具有各自的特点和优势。在选择离心式压缩机时，应根据实际需求和应用场景，合理选择主轴类型，确保压缩机的性能和寿命。

（二）叶轮

叶轮又称工作轮，是离心式压缩机对气体做功的唯一部件。气体在叶轮叶片的作用下，随叶轮做高速旋转，并在叶轮里扩压流动，在离心力的作用下压力得到提高。叶轮由轮盘、叶轮盖、叶轮片组成，如图3-7所示。

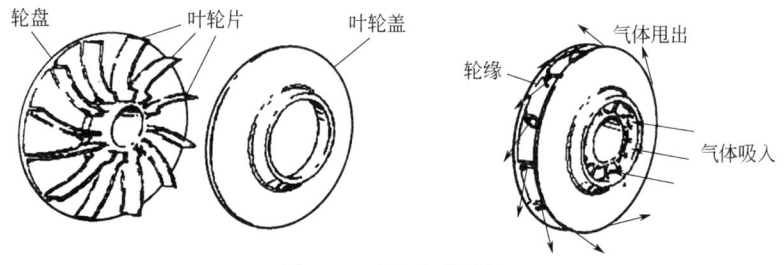

图 3-7 叶轮典型结构

叶轮按外形结构分为闭式、半开式和开式叶轮三种，应根据 API617《石油、化学和气体工业用轴流、离心压缩机及膨胀机—压缩机》的规定对叶轮做超速试验。

（1）闭式叶轮由轮盘、轮盖和叶片组成，气体在密闭的叶轮流道内流动，流动损失较小，效率较高，因此，在压缩机中得到广泛应用，如图3-8所示。

（2）半开式叶轮由轮盘、叶轮片组成。半开式叶轮与开式叶轮相比，结构有所改进，叶轮后面有轮盘封死，前面仍处于敞开状态，漏气损失大。因此，这种叶轮流动损失仍然较大，使用效率低于闭式叶轮，如图3-9所示。半开式径向直叶片具有较高的强度，适用于单级压比较大的场合，单级压比可达6.5。

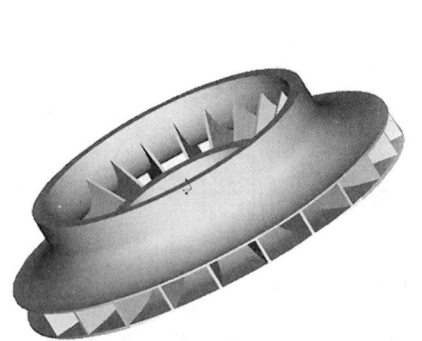
图3-8 闭式叶轮

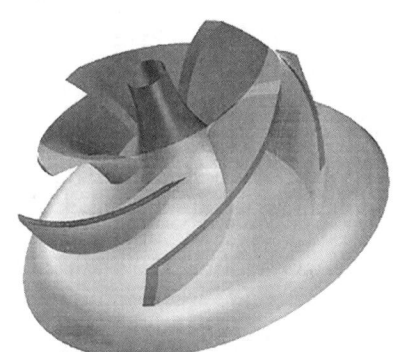
图3-9 半开式叶轮

（3）开式叶轮由轮毂和叶片组成，结构最简单。叶片两侧面无前后盖板，气体的通道直接由机壳构成，气体流动损失较大，效率最低，叶片与机壳易产生摩擦，如图3-10所示。因此，这种形式的叶轮在压缩机中应用较少。

叶轮按叶片出口角分为后向叶轮、径向叶轮和前向叶轮，如图3-11所示。

（1）后向叶轮：叶片出口角$\beta_{2A}<90°$的叶轮，级效率高，稳定工作范围宽，常用于压缩机。

（2）径向叶轮：叶片出口角$\beta_{2A}=90°$的叶轮，性能介于后向叶轮与前向叶轮之间。

（3）前向叶轮：叶片出口角$\beta_{2A}>90°$的叶轮，级效率低，稳定工作范围窄，常用于鼓风机。

图 3-10 开式叶轮

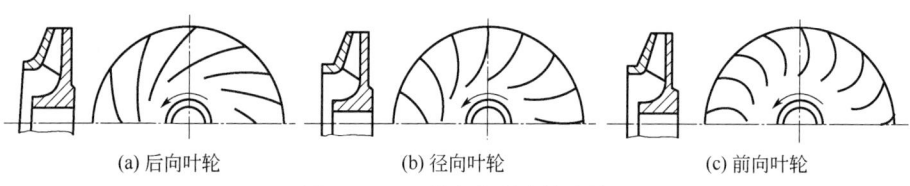

(a) 后向叶轮　　　　　(b) 径向叶轮　　　　　(c) 前向叶轮

图 3-11 三种弯曲形式的叶轮

为了满足离心式压缩机增大流量、提高效率、提高单级压比，并具有较宽的变工况范围的要求，主要压缩机公司都研究开发了三元流叶轮。如图 3-12 所示，三元流叶轮指应用三元流理论设计和计算机仿真技术制造的叶轮，这种叶轮的叶片在空间上是扭曲的，从 x、y、z 三个方向对气流进行

图 3-12 闭式三元流叶轮和半开式三元流叶轮

控制、引导，更接近气体实际流动状态，且效率更高。三元流叶轮的叶片既弯又扭，气流参数变化均匀；三元流的叶轮尺寸比普通叶轮尺寸更小，变工况范围宽；三元流叶轮加工难度高，工艺更为复杂，生产周期长、价格高。三元流叶轮主要分为开式、半开式和闭式三种。

（三）轴套、隔套和轴螺母

轴套：对主轴起到保护作用，与轴过盈配合安装，如图3-13所示。

隔套：隔套热装在轴上，把叶轮固定在适当的位置上，且能保护没装叶轮部分的轴，使轴避免与气体相接触，且起导流作用，如图3-14所示。

图3-13 轴套

图3-14 隔套

轴螺母：主要起轴向固定作用，轴向固定叶轮、轴端密封等，如图3-15所示。

（四）平衡盘与平衡管

平衡盘也称卸荷盘。在离心式压缩机中，由于每级叶轮两侧的气体压力不等，所以转子受到朝向叶轮入口端的轴向推力的作用，即称为轴向力。轴向力影响压缩机的正常运行，它使转子向一端窜动，甚至会出现转子与机壳碰撞的事故，因此必须要设法平衡和消除轴向力。平衡盘就是利用它的两边气体压力差来平衡轴向力的零件。

图3-15 轴螺母

如图3-16所示，平衡盘安装在最后一级叶轮的轴端上，位于高压端。平衡盘、平衡盘密封与轴端上的梳齿密封一起形成了平衡腔，它的一侧压力是末级叶轮轮盘侧的气体压力 p_4，属于高压；另一侧通向大气或通过平衡管通向进气管，它的压力是大气压力或者进气压力 p_0，为低压。使平衡盘的外侧区域受到低压，在平衡盘的作用下形成了一个与叶轮所产生推力方向相反的推力，其大小取决于平衡盘的受力面积。这样轴向推力绝大部分被平衡掉，剩余部分推力即残余推力由推力轴承承受，从而确保转子不能沿轴向移动。

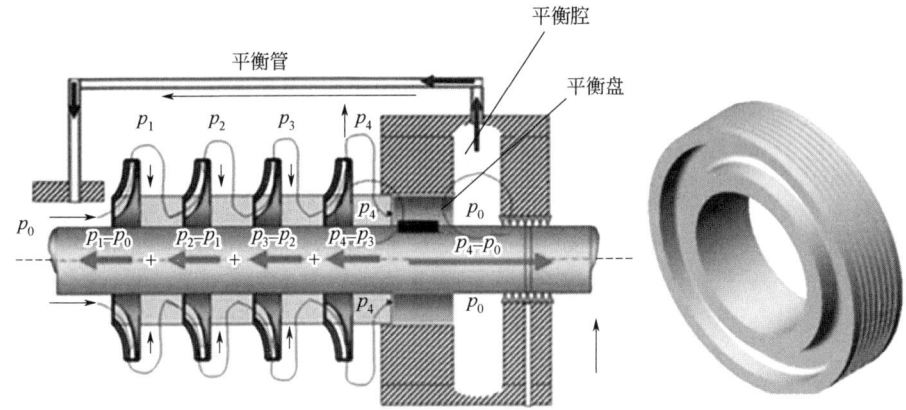

图 3-16 平衡盘与平衡管

图 3-17 离心式压缩机组平衡管

如图 3-17 所示，根据离心式压缩机出口压力大小可设置单根及多根平衡管来平衡腔内气体的压力。一般有连接在压缩机进出口位置的平衡管来抵消轴向压力，也有安装在干气密封位置的平衡管来平衡轴向压力，都可保证压缩机有良好的稳定性能。

（五）推力盘

推力盘主要承受推力轴承的轴向力。叶轮开始旋转就受到吸入侧气体的轴向推力，将轴和叶轮沿轴向推移。一般压缩机的总推力指向压缩机进口，安装平衡盘和推力轴承来平衡这一推力，平衡盘平衡后的残余推力，通过推力盘作用在推力轴承上。推力盘采用锻钢制造而成。如图3-18所示，推力盘安装在压缩机的高压端，在其两侧分别安装止推轴承的正副止推块。当转子发生窜轴的时候，推力盘要接触到止推轴承，止推轴承平衡掉轴向推力，由此保证转子与缸体之间的安全间隙，防止设备的磨损或损坏。

图3-18　推力盘安装图

推力盘的安装方式有两种：一种套在轴上，通过锁紧螺母并紧（加顶丝或锁紧垫圈固定）；另一种是液压安装的方式，需要使用推力盘的专用工具，如高低压泵及接头。

（六）轴承

轴承安装在轴两端端盖外侧，如图3-19所示。离心式压缩机有支撑轴承和止推轴承，通过润滑油站强制循环供油，在轴与轴瓦的运动副建立油膜，起到润滑、冷却作用。

1. 止推轴承

止推轴承又称推力轴承，承受转子及膜片联轴器产生的剩余轴向力，限制转子的轴向窜动，保持转子在气缸中的轴向位置，止推轴承安装在推力盘两侧。止推轴承分为米契尔止推轴承和金斯伯雷型止推轴承，都是采用双面止推。其轴承体水平剖分为上、下两半，有两组止推元件。推力瓦块工作表面浇铸一层巴氏合金，等距离装在固定环的槽内。推力瓦块能绕其支点倾斜，并均匀地承受旋转轴上变化的轴承推力。这种轴承装有润滑油控制环，其作用是当轴在高速旋转时，减少润滑油紊乱的搅动，使轴承损失功率减

图 3-19 轴承安装图

少。在轴衬上方有一销钉卡入轴承压盖孔内,以防轴承体旋转。止推轴承的优点是载荷分布均匀,调节灵活,可以补偿转子的不对中倾斜。

沈鼓集团采用金斯伯雷型止推轴承,每组有 6 个止推块置于旋转的推力盘两侧,如图 3-20 所示;米契尔止推轴承每组有 8 个止推块置于旋转的推力盘两侧,如图 3-21 所示。

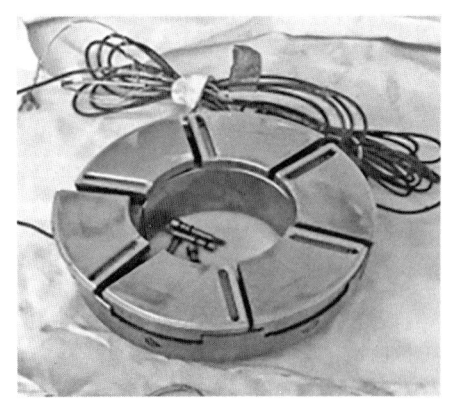 

图 3-20 金斯伯雷型止推轴承　　　图 3-21 米契尔止推轴承

2. 支撑轴承

支撑轴承又称滑动轴承或径向轴承,它支撑转子高速运转,并通过强制流动的润滑油使轴瓦同轴之间建立起油膜，并带走热量。支撑轴承由上、下两部分组成，两部分合起来后，内部形状为圆形。椭圆轴承体由锻钢制成。轴瓦内表面浇铸一层巴氏合金。支撑轴承分为圆瓦支撑轴承、椭圆瓦支撑轴承和可倾瓦支撑轴承。

（1）圆瓦支撑轴承。图 3-22 所示为圆瓦轴承，为了保证上下瓦对正，中心设有销钉或者定位凹凸槽。轴瓦内表面浇铸一层巴氏合金，多用于低速、重载的离心式压缩机上。

（2）椭圆瓦支撑轴承。如图 3-23 所示，椭圆瓦支撑轴承的轴瓦内表面呈椭圆形，轴瓦侧间隙≥轴瓦顶部间隙。这种轴瓦的承载能力比圆瓦支撑低，由于产生上下两个油膜，功率消耗大，在垂直方向减振性好，但水平方向减振性差。

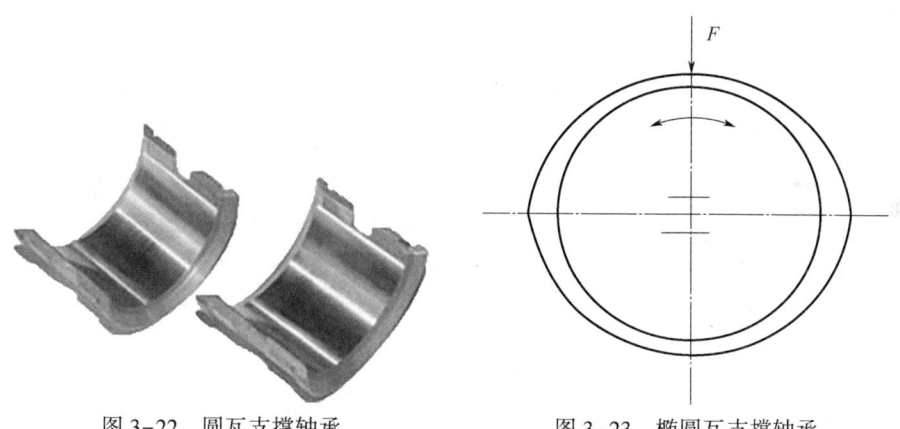

图 3-22　圆瓦支撑轴承　　　　图 3-23　椭圆瓦支撑轴承

（3）可倾瓦支撑轴承。可倾瓦支撑轴承有 5 个轴承瓦块，瓦块可绕其支点摆动，等距安装在轴承体的槽内，以保证运转时处于最佳位置。瓦块内表面浇铸一层巴氏合金，厚度为 1~2.5mm。可倾瓦支撑轴承主要部件有支撑瓦块、轴衬、定位销钉、挡油环，如图 3-24 所示。沈鼓集团采用可倾瓦支撑轴承。

二、定子部分

定子由气缸、隔板、扩压器、弯道、回流器、密封、排气室等零部件组

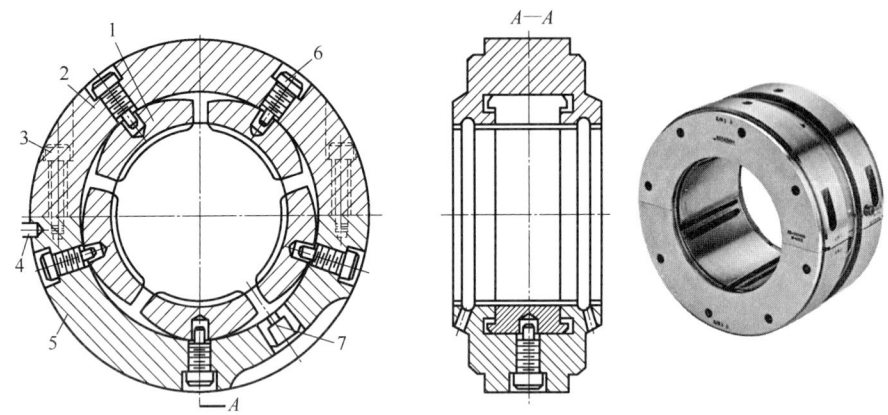

图 3-24 可倾瓦支撑轴承

1—瓦块；2—上轴承套；3—螺栓；4—圆柱销；5—下轴承套；6—定位销钉；7—挡油环

成，也是基本的通流部件，把气体由前一级引导到后一级，并使其具有一定的速度和方向。定子的主体是气缸，气缸也称机壳，吸气室、排气室也是气缸的一部分。它的作用是把气体均匀地引入叶轮，然后畅顺地导出机壳。定子通常采用铸铁或铸钢浇铸而成，有足够的强度来承受气体的压力。气缸的两端设有轴承座，通过轴承为转子提供支撑，如图 3-25 所示。

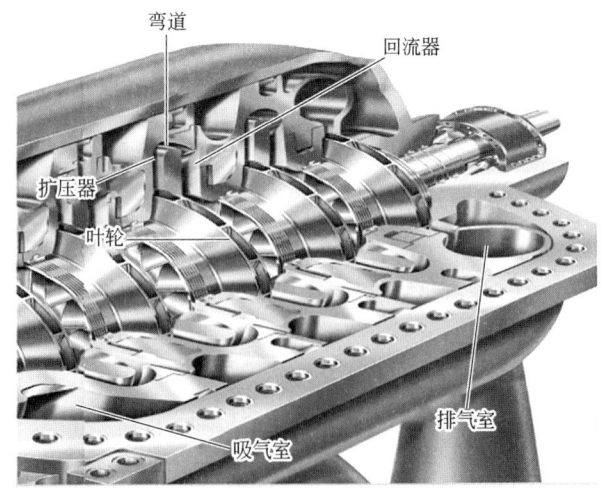

图 3-25 定子结构示意图

（一）气缸

气缸按照结构形式分为水平剖分型和垂直剖分型（又称圆筒形），在高压离心式压缩机中，机壳均采用圆筒形锻钢机壳。

水平剖分型气缸是沿水平中分面剖分成上下两部分，用锥销定位和螺栓连接，接合面的密封采用涂密封胶、密封剂的方式。这种结构的气缸进出口一般布置在气缸壳体的下半部（简称缸体），检修时吊开上半部（简称缸盖），便于拆装和检修内部。该类结构的特点是拆装方便，但不适用于高压气体或小分子量气体，一般用于空气压缩机，排气压力一般不超过 4 ~ 5MPa，如图 3-26 所示。

图 3-26　水平剖分型气缸

垂直剖分型（又称圆筒形）气缸里装入上下剖分的隔板和转子，用螺栓将端盖与筒形机壳连接在一起，用 O 形密封圈密封。密封圈根据介质、温度、压力选择硅橡胶或氟橡胶材料做成。由于气缸是圆筒形，抗内压强，排气压力可达 45MPa 左右，一般 3MPa 及以上采用筒式结构，如图 3-27 所示。

图 3-27　垂直剖分型气缸

吸气室是机壳的一部分，吸气室的作用把气体从进气管道或中间冷却器引入叶轮，使气流从吸气室入口法兰到叶轮的吸气孔产生较小的流动损失，有均匀的流速，气体经过吸气室以后不产生切向旋绕而影响叶轮的能量头，起到减少气体的流动损失的作用，如图 3-28 所示。

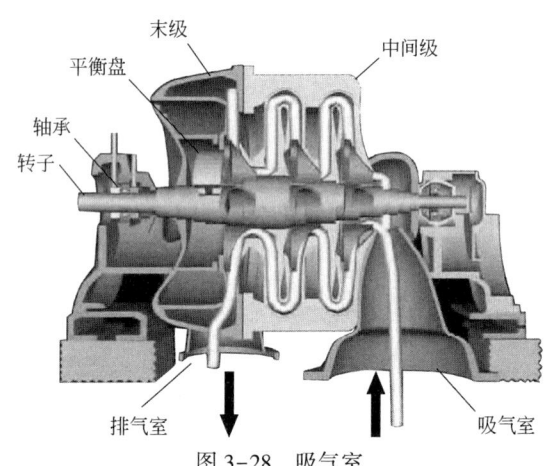

图 3-28　吸气室

吸气室常见的结构形式有轴向进气式和径向进气式。轴向进气式离心式压缩机如图 3-29 所示，其结构最简单，一般应用于单级悬臂式鼓风机或增压器。轴向进气管内流动损失较小，因此比其他形式的吸气室有更好的性能。

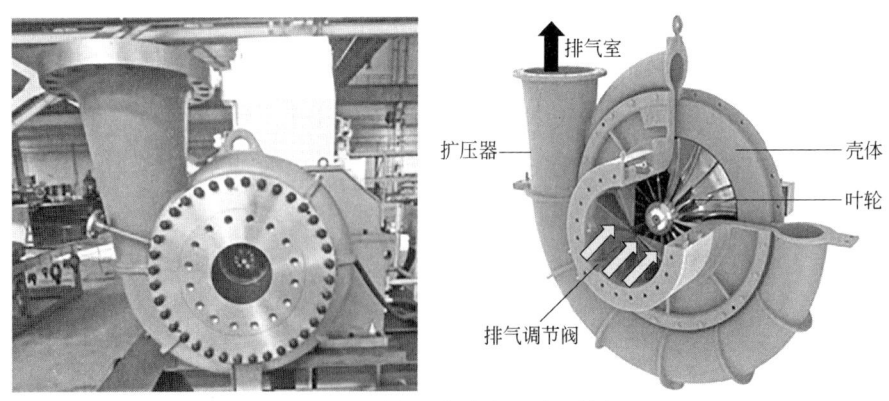

图 3-29　轴向进气式离心式压缩机

径向进气式离心式压缩机如图 3-30 所示。径向进气管常安装在单级悬臂式叶轮之前。因气流有转弯，可能引起叶轮进口处气流不均匀。因而要求设计时，进气管的转弯半径不能太小，使气流在转弯时稍稍加速，以改善流动条件。

图 3-30　径向进气式离心式压缩机

（二）隔板

隔板安装在气缸壳内，与气缸形成压缩机的气体流道，生成扩压器、弯道和回流器。隔板一般采用铸铁件。如图 3-31 所示，隔板分为上、下两半。根据隔板在气缸所处的位置，隔板可分为进气隔板、中间隔板、段间隔板、排气隔板 4 种类型。进气隔板和气缸形成进气室，将气体导流到第一级叶轮入口。中间隔板一是形成扩压室，使气体从叶轮流出后动能减少，压力

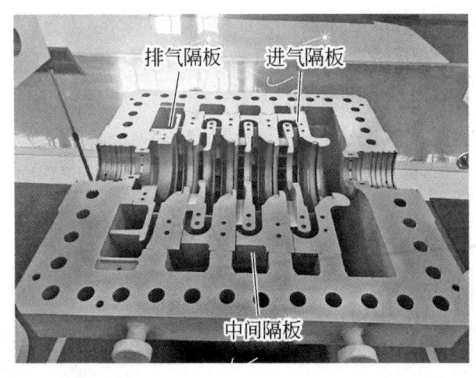 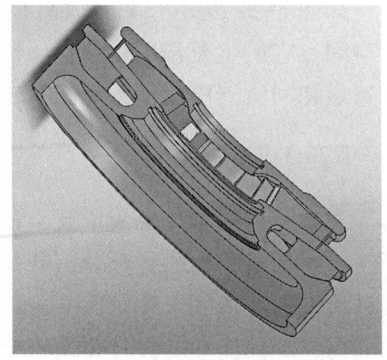

图 3-31　隔板

升高；二是形成弯道进入下级叶轮入口。段间隔板是将前后两段的排气口或者进气口进行分隔。排气隔板除与末级叶轮前隔板形成末级扩压室之外，还形成排气室。

（三）扩压器

为了充分利用气体从叶轮流出时较高的流动速度，在叶轮后面设置了流通面积逐渐变大的扩压器，如图 3-32 所示。气体在扩压器中减速，经过环形通道后速度逐渐降低而压力逐渐升高，再经过弯道、回流器进入下一级叶轮。

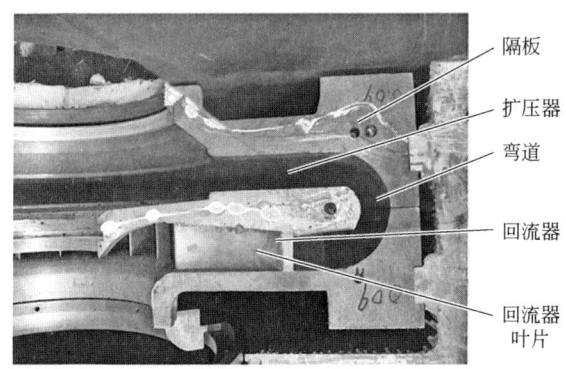

图 3-32　扩压器

（四）弯道

如图 3-33 所示，在多级离心式压缩机中弯道是由机壳和隔板构成的环形空间。它的主要作用是把扩压器出口气流引导到下一级叶轮的进口。气体在弯道和回流器中流动条件相对较差，流动损失相对较大。

（五）回流器

在弯道后面连接的通道就是回流器，使气流按照所需的方向均匀地进入下一级。回流器由隔板和导流叶片铸造构成。如图 3-33 所示，隔板用销钉或外缘凸肩与机壳定位。

弯道和回流器的设计要求流动损失小、效率高、气流均匀、尽量符合轴向均匀进气条件或下一级叶轮需要的进气条件。

第三章 离心式压缩机原理与结构

图 3-33 弯道

（六）密封

密封的作用是防止气体在级间倒流和向外泄漏。离心式压缩机目前常用的密封有两种，即轴向密封和径向密封。

1. 轴向密封

轴向密封包括浮环密封、阻塞密封和迷宫密封。浮环密封是在压缩机转动部件与静止部件（轴或壳体）极小间隙之间，安装浮动金属圆环限制泄漏的非接触式动密封。阻塞密封是通过使用填料等材料将间隙堵住，防止气体或液体泄漏。迷宫密封又称梳齿形密封，是非接触式密封，如图 3-34 所示。迷宫密封原理是利用节流的原理，即利用气体经过密封时产生的阻力来减少泄漏量。气体每经过一个齿片压力就下降一次，经过一定数量的齿片后就形成较大的压差。密封间隙越小，齿数越多，其密封效果越好。迷宫密封主要用于离心式压缩机内轮盖密封、叶轮前后的级间密封和平衡盘密封，一般只设 3~6 齿，轴端密封设 6~35 齿。如图 3-35 所示，压缩机密封采用青铜、铜锑锡合金及铝合金等较软的金属制作，避免划伤轴或轴套，当转子发生振动后与密封碰撞时，防止密封损坏转子。

离心式压缩机组主轴两端一般使用干气密封装置来密封气体。当压缩机内部与外界压差不大或允许存在一定气体外漏的场合，压缩机主轴两端也可使用迷宫密封。如图 3-35 所示，根据迷宫密封在压缩机内部安装位置可分为级间密封和段间密封等。在正压通风型的大型电动机主轴两端对吹扫气采用迷宫密封，一般采用PEEK（聚醚醚酮）制成，具有耐高温、耐磨损、自润滑、高强度、易加工等特点，如图3-36所示。

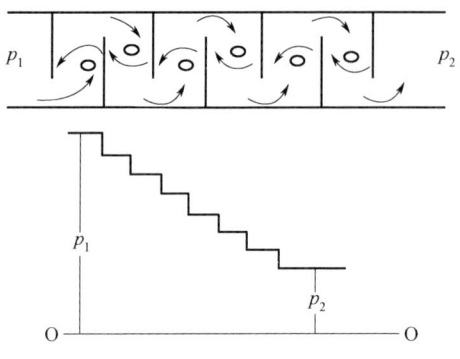

图 3-34　曲折形迷宫密封工作原理

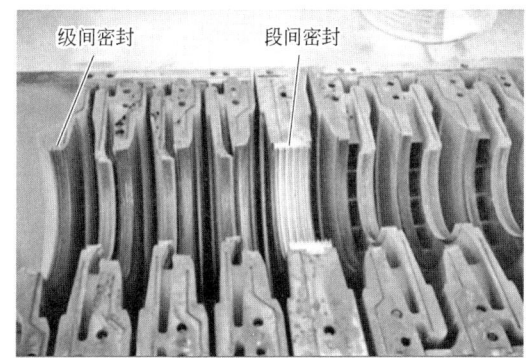

图 3-35　压缩机的密封

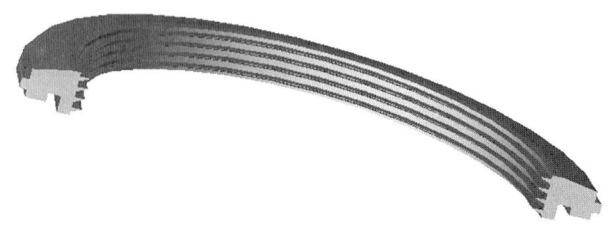

图 3-36　迷宫密封

迷宫密封的结构形式有平滑形、曲折形、台阶形，如图3-37所示。

第三章 离心式压缩机原理与结构

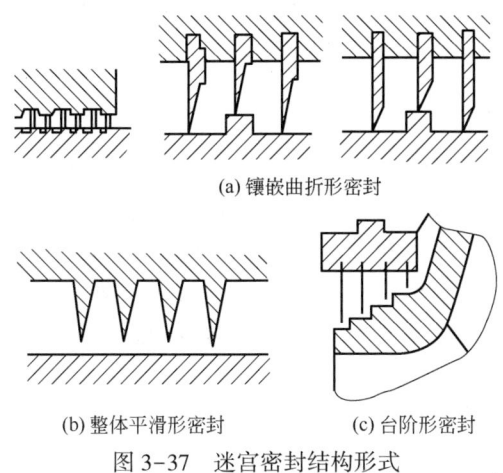

(a) 镶嵌曲折形密封

(b) 整体平滑形密封 (c) 台阶形密封

图 3-37 迷宫密封结构形式

2. 径向密封

径向密封包括干气密封和单端面螺旋槽式机械密封。干气密封是用于离心式压缩机轴端的一种新型密封，属于非接触密封。如图 3-38 所示，干气密封与传统的机械密封类似，密封面由动环和静环组成。其中动环端面上刻有许多沟槽，它们互不相通，在沟槽的末端形成密封堰。当机组处于停机状态，动环与静环的密封面接触。机组运行时，气体被吸入沟槽中的同时也被压缩，遇到密封堰的阻拦，气体压力上升，气体克服静环座弹簧力和作用在静环上的流体静压力，使动环、静环密封面脱离接触，表面之间产生大约

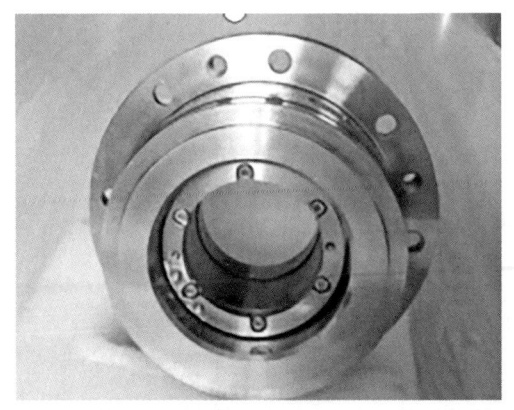
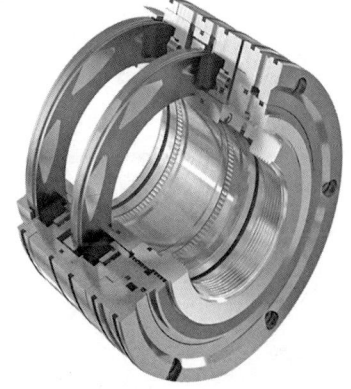

图 3-38 干气密封

3μm 的间隙。通过这种方式使动环、静环密封面保持间隙，流经密封面的密封气同时也起冷却密封元件的作用。

（七）排气室

排气室又称蜗壳，如图 3-39 所示。排气室的主要作用是搜集扩压器后或叶轮后面的气体，并将气体引到压缩机外面，流向输送管道或冷却器进行冷却。在汇集气体的过程中，大多数蜗壳外径和通流截面逐渐扩大，也使气流起到一定的降速扩压作用。排气室设计的基本要求是流动损失小，效率高。排气室的截面形状有圆筒形、犁形、梯形和矩形。

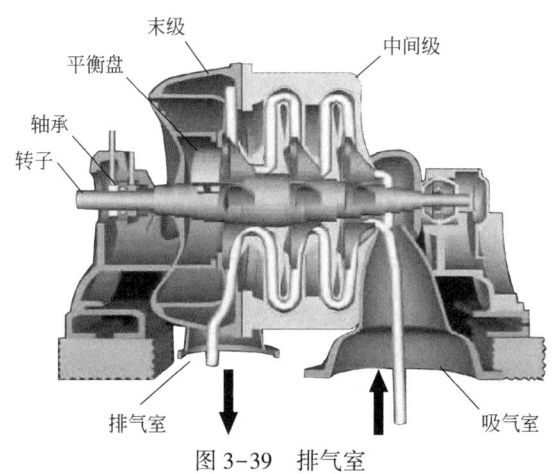

图 3-39　排气室

第四章
离心式压缩机辅助系统

离心式压缩机辅助系统是确保其稳定运行和提高效率的重要组成部分，主要包括驱动系统、变频调速系统、传动系统、仪表风系统、干气密封系统、润滑系统、仪控系统、工艺气系统、电气系统等。这些辅助系统共同工作，以确保离心式压缩机的高效、稳定和安全运行。

第一节 驱动电机及其辅助系统

驱动电机的主要功能是把电能转换为机械能并通过联轴器带动齿轮箱和压缩机转动，通常通过变频调节转速达到调节工况的目的。本节主要以大型离心式压缩机用高压正压型异步电动机为例进行介绍，如图4-1所示。

一、驱动电机型号及结构

（一）电机型号的意义

电机的型号一般由系列代号、冷却方式代号、规格代号、环境代号4部分依次排列组成，例如型号为YZKS630-4-W的电机表示如下：

图 4-1　驱动电机

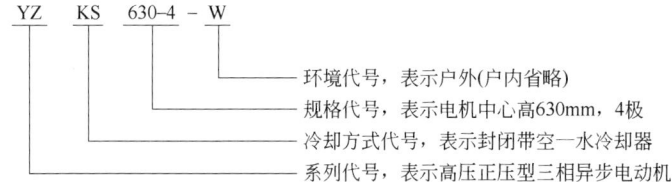

1. 系列代号

YR—高压异步绕线转子电动机；

YZ—高压正压型三相异步电动机。

2. 冷却方式代号

KK—封闭带空—空冷却器；

FKK—火电设备风机用封闭带空—空冷却器；

KS—封闭带空—水冷却器；

FKS—火电设备风机用封闭带空—水冷却器。

3. 规格代号

表示轴中心高（单位 mm），电机极数。

4. 环境代号

W—户外（户内无防护要求时省略）；

F1—防中等腐蚀型；

F2—防强腐蚀型；

TH—湿热带；

TA—干热带。

W 可与 F1、F2、TH、TA 组合成 WF1、WF2、WTH、WTA，分别表示户外防中等腐蚀型、户外防强腐蚀型、户外湿热带型、户外干热带型。

（二）驱动电机主要结构

三相异步电动机由固定的定子和旋转的转子两个基本部分组成，转子装在定子腔内，借助轴承支撑在两个端盖上。结构如图 4-2 所示。

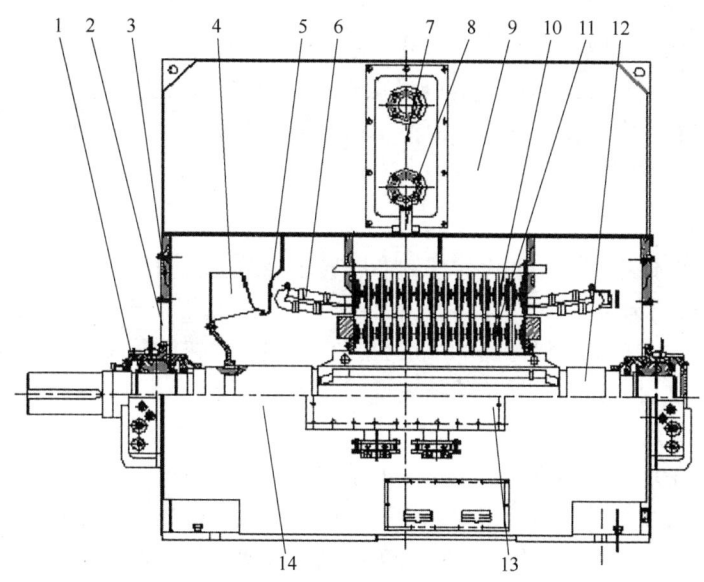

图 4-2　驱动电机结构

1—滑动轴承；2—上端板；3—端盖；4—内风扇；5—挡风板；6—定子线圈；7—空—水冷却器；8—漏水检测器；9—上罩；10—定子铁芯；11—转子铁芯；12—轴；13—接线盒；14—机座

1. 定子

定子由外壳、定子铁芯、定子绕组等部分组成。

1）外壳

外壳包括机座、端盖、轴承盖、接线盒及吊环等部件。

（1）机座：用铸铁或铸钢浇铸成型，它的作用是保护和固定三相电动机的定子绕组。

（2）端盖：用铸铁或铸钢浇铸成型，它的作用是把转子固定在定子内腔中心，使转子能够在定子中均匀地旋转。

（3）轴承盖：也是用铸铁或铸钢浇铸成型的，它的作用是通过轴承固定转子，使转子不能轴向移动，另外起存放润滑油和保护轴承的作用。

2）定子铁芯

定子铁芯是电动机磁路的一部分，装在机座里。为了降低定子铁芯里的铁损耗，定子铁芯是用硅钢片叠压而成的，在硅钢片的两面还应涂上绝缘漆。

3）定子绕组

定子绕组是电动机的电路部分，通入三相交流电，产生旋转磁场。小型异步电动机定子绕组通常用高强度漆包线（铜线或铝线）绕制成各种线圈后，再嵌放在定子铁芯槽内，而大中型电动机则用各种规格的铜条经过绝缘处理后，再嵌放在定子铁芯槽内。

2. 转子

异步电动机转子主要由转子铁芯、转子绕组、转轴和轴承等组成。

1）转子铁芯

转子铁芯是电动机磁路的一部分，它用硅钢片叠压而成。铁芯固定在转轴或转子支架上，整个转子的外表呈圆柱形。

2）转子绕组

高压正压型三相异步电动机一般采用笼型转子绕组，笼型转子绕组在转子铁芯的每个槽里放上一根导体，在铁芯的两端用端环连接起来，形成一个短路的绕组。笼型转子绕组结构简单、制造方便，是一种经济、耐用的电机构件，所以应用极广。

3）转轴

转轴是整个转子部件的安装基础，也是力和机械功率的传输部件。转轴一般由中碳钢或合金钢制成。

4）轴承

电机轴承一般采用滚动轴承和滑动轴承两种形式，由电动机功率大小和转速高低而定。一般离心式压缩机用高压正压型异步电动机都采用端盖式球面滑动轴承，具有自动调心功能，采取循环供油润滑，在设计、制造、使用中应注意以下要求：

（1）与电机轴承的出油口相接的管道应至少向下倾斜15°，以避免轴承油位过高。要求电机轴承的出油口位置至少比润滑油站的回油管高300mm，保证回油管路畅通、无反向压力回油。

（2）正常油位应在轴承油位观察孔1/2~2/3的位置，在润滑油站与滑动轴承间都装有油量调节装置，通过油量调节装置控制轴承进油压力，进油压力一般在0.01~0.10MPa范围内调节，端盖式球面滑动轴承的进油压力一般控制在0.01~0.05MPa。压力太低供油不足，会引起轴瓦温度高；压力太高易引起漏油现象。

（3）轴承温度的报警值和停机值，应根据实际运行情况确定，在最高环境温度和最大负载的情况下，轴承的最高正常工作温度+5℃作为报警值、最高正常工作温度+10℃作为停机值。电机启动前油温不得低于10℃。

另外为保证转子能在定子内自由转动，定子和转子之间必须有一间隙，称为气隙。电动机的气隙是一个非常重要的参数，其大小及对称性对电动机的性能有很大影响。气隙的大小，决定磁通量的大小，如果气隙较大，漏磁就多，那么电机的效率就会降低；如果气隙太小，将会导致电机装配困难、扫膛等问题。气隙不均匀，运行时电机振动、噪声会变大，容易导致温度升高、轴承损坏等问题。

二、驱动电机辅助设备

驱动电机辅助设备包括组合冷却系统、正压通风设备、加热器、检测设备等，主要为保证驱动电机运行过程中温度等运行参数在正常范围内及可靠的安全防爆性能。

（一）驱动电机组合冷却系统

1. 组合冷却系统作用

驱动电机组合冷却系统能确保驱动电机工作在正常温度范围。为确保安全，采用封闭式的电动机。电动机内部的冷却空气靠内置风扇驱动，在电动机内部循环。当冷却空气流经定转子铁芯、线圈等发热部件时，将其热量带走，流经组合冷却器，循环水将热量带走，达到冷却目的，如图4-3所示。

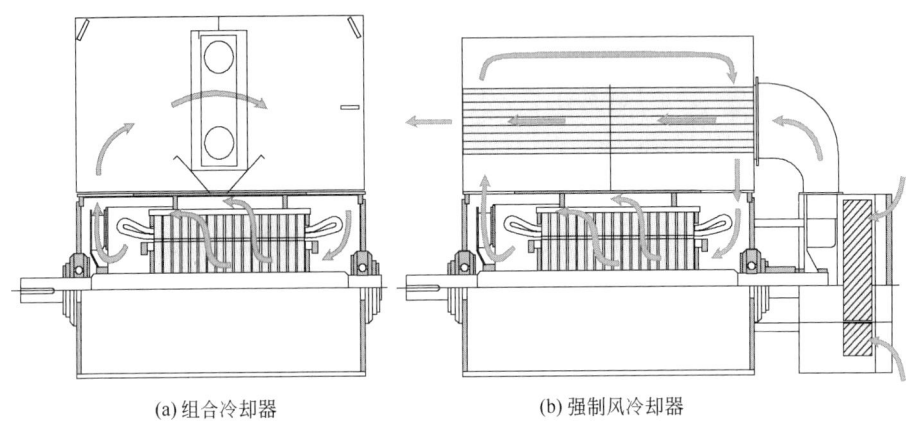

(a)组合冷却器　　　　　　(b)强制风冷却器

图 4-3　典型驱动电机冷却结构

2. 组合冷却系统组成

驱动电机组合冷却系统为离心式压缩机驱动电机提供冷却液,设计为风冷散热器+强制制冷的冷却方案,按系统部件类别分为驱动电机组合冷却器、水风换热器、制冷机、循环管路、控制系统五部分。常见组合冷却系统流程图和 PID 图分别如图 4-4、图 4-5 所示。

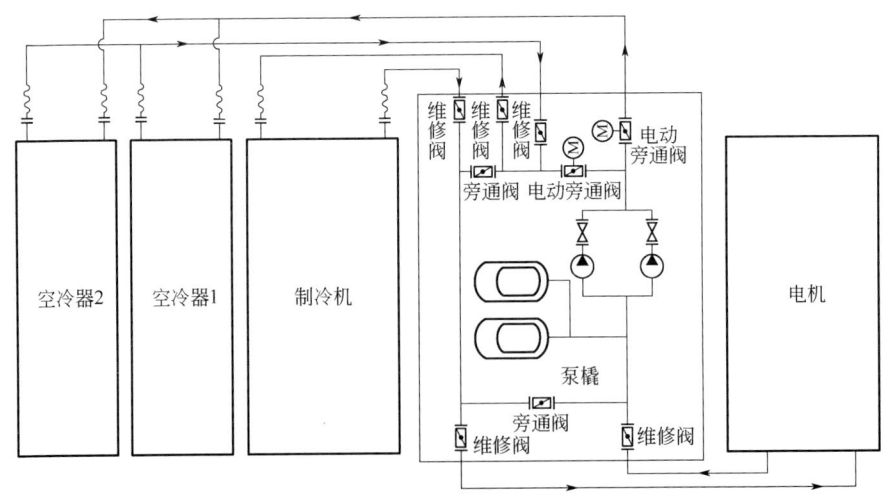

图 4-4　常见组合冷却系统流程图

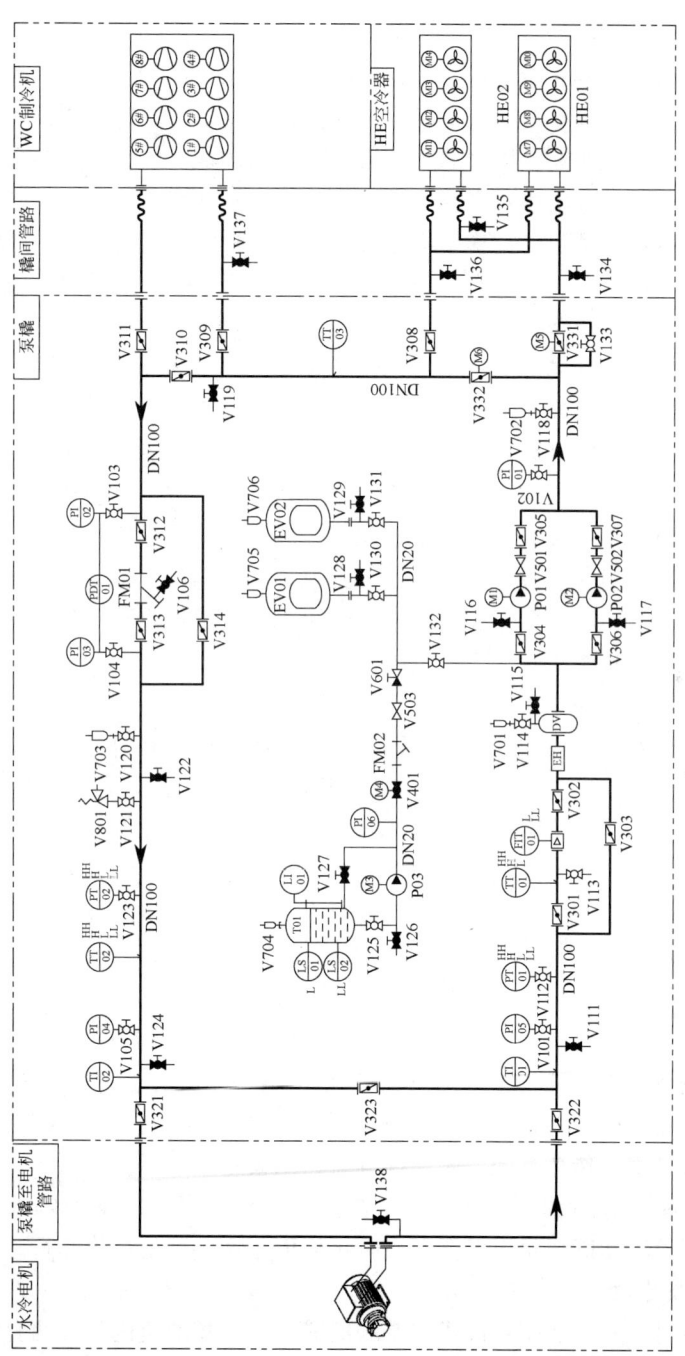

图 4-5 常见组合冷却系统 PID 图

1) 组合冷却器

驱动电机自带的冷却器常分为强制风冷却器和组合冷却器两类。直接冷却电机的介质都是空气,只是对冷却电机的空气采用的冷却方式不同,用空气的是强制风冷却器,用水的就是组合冷却器。本节以相对复杂且大型离心式压缩机组现场应用相对广泛的组合冷却器为例介绍。

组合冷却器是一种紧凑型换热器。冷却器将电机或发电机循环气体的热量传递给冷却水,冷却水在管内流动,热气体通过管外的散热片表面进行散热。电机组合冷却器供水压力一般为 0.2~0.4MPa,运行水量满足厂家规定要求。当初次运行或停用后重新开机时应打开冷却器上的排气孔,放出冷却器管道内的气体。开、停机期间注意观察冷却器的密封情况,发现泄漏要根据情况及时处理。冷却器修复后应装水试压,时间一般为 30min。

为确保驱动电机安全,组合冷却器在其芯体下方设计有集水槽,集水槽安装有无源漏水报警装置。该装置采用先进的音叉式料位开关,音叉式料位开关是一种新型的液位限位开关,音叉由晶体激励产生振动,当音叉被液体浸没时振动频率发生变化,这个频率变化由电子线路检测出来并输出一个开关量,从而实时对集水槽液位进行检测,一旦冷却器芯体泄漏会第一时间报警,以确保设备安全。

设计测温元件检测冷却器的进出风口温度,在通常情况下,在进水温度不大于33℃时,冷却器出风温度应小于40℃。由于冷却器水在冷却器管内产生污垢,而污垢导致冷却器出风温度上升,一般情况下冷却器的设计余量较大。冷却器出风温度上升不会对电机正常运行产生影响,但当污垢增加到一定程度有可能产生局部堵塞。冷却器出风温度应设定高报警,出现报警时建议对冷却器进行清洗。

2) 水风换热器

冷却系统水风换热器部分一般由 2 个换热器模块并联组成,如图 4-6 所示。换热器为 V 形结构,占地面积小,结构紧凑,适应更苛刻的空间条件。换热器采用不锈钢芯管、防腐铝翅片,两种材质通过胀接连接在一起,具有结构紧凑、传热高效、耐腐蚀等特点。设备在水风换热器运行时,通过对顶部风机的分组调节,起到稳定水温的要求,当系统某个风机出现问题时,可以单独切断风机电源开关进行维修而不影响其他风机运行。

3) 制冷机

制冷机一般由 3 个制冷模块并联组成,单个模块机内包括两套独立的制

第四章　离心式压缩机辅助系统

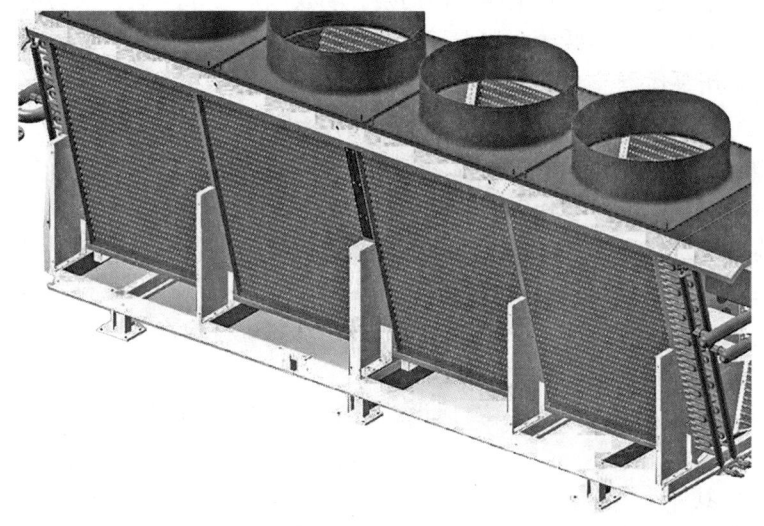

图 4-6　水风换热器

冷系统，选用全封闭涡旋压缩机，具有高能效、振动小、运行稳定、免维护等特点。

制冷散热器采用紫铜芯管、亲水铝翅片，两种材质通过胀接连接在一起，具有结构紧凑、传热高效、耐腐蚀等特点。当水风换热器无法满足换热要求或环境温度升高时，制冷机自动启动介入，逐一启动制冷系统。当系统某个压缩机出现问题时，可以单独切断独立的制冷系统进行维修而不影响其他模块运行。

油气田离心式压缩机水冷系统配套的制冷机通常选用新型环保制冷剂 R407C 或 R410A，主要由氢、氟和碳元素组成，具有稳定、无毒、性能优越等特点。该类制冷剂是一种不含氯的氟代烷非共沸混合制冷剂，是不破坏大气臭氧层的环保制冷剂。制冷或者制热时，工作压力为普通制冷剂如 R22 的 1.6 倍左右，工作更稳定，制冷（暖）效率更高，性能更优越。

4）循环管路

（1）循环泵。

循环泵提供密闭循环流体所需动力，为水冷系统的核心设备之一，采用立式不锈钢离心泵。泵体采用机械密封，接触液体材质不低于 SUS 316 不锈钢。循环泵采用一用一备配置，水泵并联出口设置有止回阀。水泵可随时切换，系统正常运行中水泵定期自动切换，切换周期小于1周，在切换不成功时应能自动切回。当循环冷却水流量低、回水压力低或工作泵故障时，自动切换至备用泵运行。

（2）机械过滤器。

为防止循环冷却水在快速流动中可能冲刷脱落的刚性颗粒进入系统，在进水管路设置精度为200μm机械过滤器，采用网孔标准水阻小的滤芯。过滤器前后设压力表，定期检查压力表压差，当影响设备流量时应及时进行清洗。在现场试运行期间，因管路内在施工时可能留有颗粒及材料碎屑，应该反复取出滤芯进行清洗，在后期运行过程中每年进行检查冲洗。

（3）脱气罐。

在回水口设置脱气罐，罐顶设排气口，用于自动排除系统中的微小气泡。

（4）其他。

除主要部件外，在主循环管路上设置有流量计、压力传感器、温度传感器，用来监测冷却水状态，管路高点设置自动排气阀，低点设置排水阀。

5）控制系统

控制系统通常采用西门子等系列PLC。水冷控制系统操作分为手动模式、自动模式两种模式，通过选择开关实现。

人机界面选用触摸式控制屏作为现场水冷系统的操作界面，操作简单方便，界面能够显示主要循环回路、水泵运行状态、压力值、流量值等，在手动模式下能够通过触摸屏手动控制补水泵、阀门等。

主循环回路的循环泵、系统补水泵、风机、压缩机等设置状态显示，指示当前运行状态，提供对电机的短路、过流和缺相保护。主电源为一路3PH+N，（380±10%）V AC，50Hz，三相四线制。控制电源为一路UPS电源220V AC，50Hz，在电网出现异常时能够保证控制系统维持运行，提供报警等信息。

（二）正压通风设备

1. 正压通风的作用

正压通风的作用是保证电机内部压力大于外部压力。电机启动前，正压通风系统对电机内部进行吹扫，并在规定的时间内将电机内部可能存在的混合气体完全置换为干燥空气或氮气，并在吹扫结束后，保持电机内部压力

(图4-7）大于外部压力，防止可燃气体进入电机内部与高温部件、带电部件接触。吹扫结束后，电机内部无爆炸气体，此时电机方可送电启动。电机进入正常运行状态时，正压通风系统对电机内部进行泄漏补偿，保持电机内部压力高于外部压力，外部气体无法进入电机内部，保证电机的安全运行。

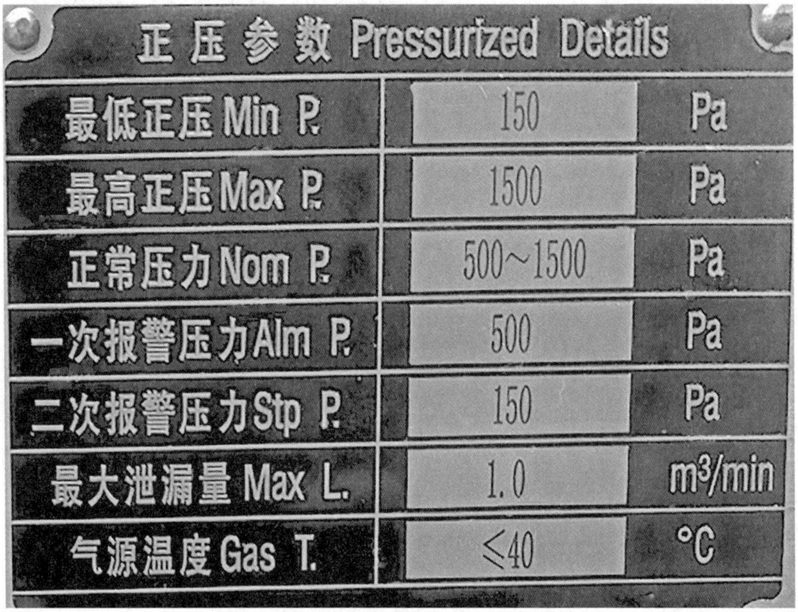

正压参数 Pressurized Details		
最低正压 Min P.	150	Pa
最高正压 Max P.	1500	Pa
正常压力 Nom P.	500~1500	Pa
一次报警压力 Alm P.	500	Pa
二次报警压力 Stp P.	150	Pa
最大泄漏量 Max L.	1.0	m³/min
气源温度 Gas T.	≤40	°C

图4-7 某主电机的正压通风参数

2. 正压通风注意事项

电机启动前首先对内部气体进行置换，换气量为电机内部体积的5倍，气体选择干燥的空气或氮气，压力为0.5~0.8MPa，换气结束后进入泄漏补偿状态。

电机内部限制最大压力为2500Pa，电机泄漏流速应不大于制造厂家规定的最大泄漏流速，确保在泄漏补偿状态下电机的泄漏速度，以便为电动机运行时提供合适的补偿气源。

换气时间一般为30~45min，且实际换气时间不得小于规定的换气时间。

装置应保证在正常运行时所规定的最恶劣条件下，最低正压值应至少高于外部压力25Pa。设备安装了一套自动安全装置，当压力下降到低于制造厂家规定的最低数值时，自动安全装置应联锁保护。

第二节　变频调速系统

变频器是一种电力电子设备，是应用变频技术与微电子技术的原理，通过改变电动机工作电源的频率和电压来调整电动机运行速度的电力控制设备。变频器的应用非常广泛，包括工业自动化、暖通空调、交通运输、电力供应等多个领域。通过变频器，可以提高系统的能效、精确控制和操作的灵活性。

一、变频器基础知识

习惯所称的高压变频器，实际上电压一般为1～10kV，国内主要是3kV、6kV和10kV，与电网电压相比，只能算作中压，因此国外常称为中压变频器（Medium Voltage Drive）。变频器主要由整流、滤波、逆变（直流变交流）、制动单元、驱动单元、检测单元、微处理单元等组成。变频器靠内部IGBT（绝缘栅双极型晶体管）、IEGT（栅极注入增强型晶体管）、IGCT（集成门级换流晶闸管）的开断来调整输出电源的电压和频率，根据由电动机的实际需要来提供所需的电源电压，从而达到节能、调速的目的，另外，变频器还有很多的保护功能，如过压保护、过载保护等。

变频器采用单元级联的形式，级联方式目前有四级（针对10kV）和两级（针对6kV）两种。变压器采用移相变压器，整流输入端变压器已经附带相应的移相角度，实现36脉波整流。单元采用三相全桥整流输入，经直流电容滤波后，以H桥逆变形式输出。单元控制上应用的是带移相角度的多电平SPWM调制技术（正弦脉宽调制法），将每一正弦周期内的多个脉冲作自然或规则的宽度调制，使其依次调制出相当于正弦函数值的相位角和面积等效于正弦波的脉冲序列，形成等幅不等宽的正弦化电流输出。其中每周基波（正弦调制波）与所含调制输出的脉冲总数之比即为载波比。每级单元均采用单极倍频SPWM脉宽调制技术，相邻单元之间进行载波移相。整机的控制方式以无速度传感器矢量控制为主，同时附带其他控制方式。变频器在额定转速以下是恒转矩控制，额定转速以上是恒功率控制。

一般变频器拓扑结构为高压交—直—交形式的电压源型变频器，每相由

第四章 离心式压缩机辅助系统

2个单元串联后输出。变频调速装置输入电压为10kV，输出电压为6kV，每相有2个功率单元，总共6个功率单元。

变频器输入侧采用36脉冲整流技术，每个功率单元由具有不同角度相位差的次级绕组的变压器供电，可以消除35次及以下的谐波，网侧谐波指标达到国家标准要求，无须配置输入滤波器。因此，完全没有了引发电网谐振的诱因，彻底消除了电网谐振的发生。

每相由2个1850V/1000A高压功率单元串联，三相首端N形成Y连接，实现U、V、W三相变压变频的0~6kV/0~50Hz高压变频输出。

变频器由整流单元，直流环节和逆变单元组成。采用单元串联多电平结构，如图4-8所示。

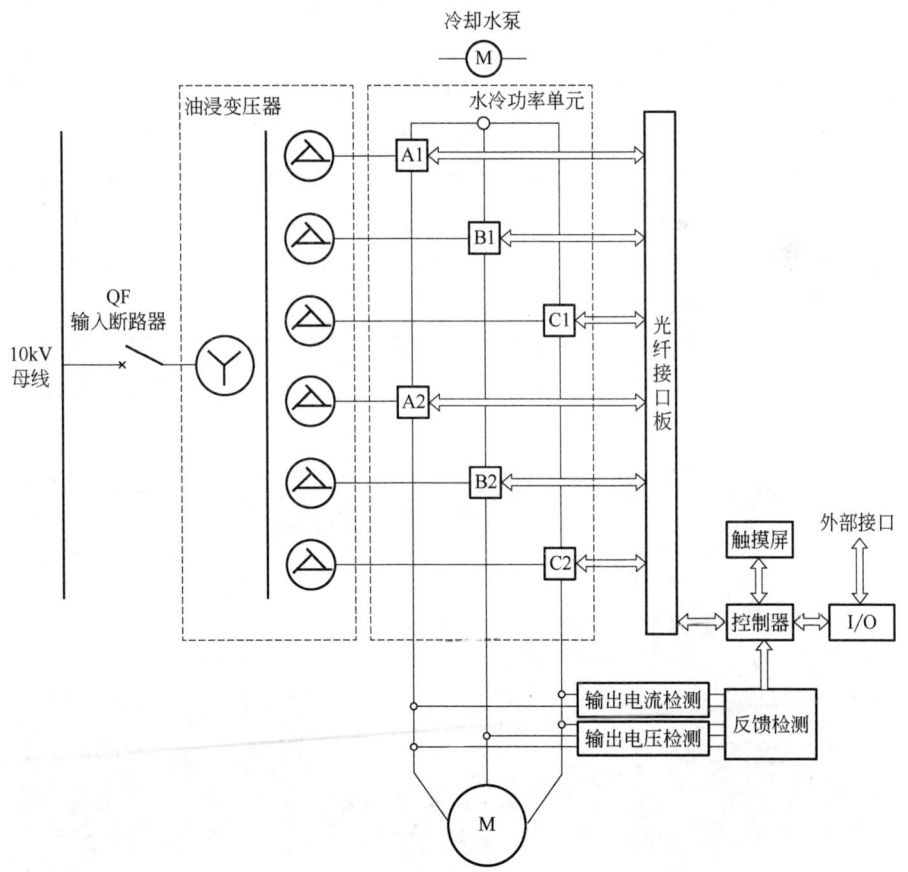

图4-8 变频调速装置组成结构

变频器系统中3电平技术类型或采用了3电平功率单元串联的5电平的技术类型变频器，除配置IGBT、IEGT、IGCT等开关类功率器件外，还必须配置钳位二极管。该钳位二极管跨接在电容和开关类功率器件之间，导致电气结构复杂。而且需构建中性点以获得3电平逆变输出，电容必须串联，带来一个新的问题是必须兼顾串联电容的电压平衡，即必须进行此高压电容中性点的检测来实施不平衡保护。

有的变频器拓扑结构既没有采用3电平方案也没有采用使用3电平功率单元串联的5电平方案，而是采用2电平功率单元直接串联输出的拓扑结构，因此不需要通过电容构建中性点。直流回路直接选用高压电容，无须串联，结构简单，可靠性更高。

主要功能：为电机提供频率可变的交流电，从而达到改变电机转速的目的。可以实现电机软启动，对机械设备冲击力小，启动电流比接触器启动小，越是频繁启动的工况越节能。可以实现无级变速，对于电梯等要求平稳变速的工作要求很容易达到，方便自动化控制，变频器有外部控制和就地控制，可以实现多速度选择，带编码器还可以实现电机准确定位，控制起来很方便。内部保护很完善，变频器都带有各种故障保护功能，当电机或电源出现故障的时候，变频器会主动报故障，同时通过继电器触点输出通断信号，方便切断外部控制接触器和输出警示。

主要设备：高开柜、充电阻尼柜（可选，高压充电方式下有）、隔离变压器、功率单元柜、变频馈出柜、系统控制柜、水冷柜、励磁柜（只同步系统含有）及相应的辅助设备，如图4-9所示。

图4-9 变频器设备示意图

二、变频调速系统的优点

与传统的交流拖动系统相比,利用变频器对交流电动机进行调速控制的交流拖动系统有许多优点,其中节能是最大的优点。对于在工业生产中大量使用的风扇、鼓风机和泵类负载来说,通过变频器调速控制可以代替传统上利用挡板和阀门进行风量、流量和扬程的控制,其节能效果非常明显。与传统的电机定速运行模式相比,变频器在满足电机转速的同时能将能耗降低30%~70%,风扇和水泵类可降低30%~50%,抽油机可降低约35%,压缩机可降低40%,运输载具可降低50%~70%(优化控制某些运行条件下可达90%以上)。

变频调速系统主要具有以下特点:

(1) 调速效率高。由于在频率变化后,电动机仍在同步转速附近运行,基本保持额定转差,只是在变频装置系统中会产生变流损失,以及由于高次谐波的影响,电动机的损耗增加,从而效率有所下降。

(2) 调速范围宽。一般可达20:1,并在整个调速范围内具有高的调速效率。所以变频调速适用于调速范围宽,且经常处于低负荷状态下运行的场合。

(3) 机械特性较硬。在无自动控制时,转速变化率在5%以下;当采用自动控制时,能做高精度运行,把转速波动率控制在0.5%~1%。

(4) 适应性强、退出电网快。变频装置万一发生故障,可以退出运行,改由电网直接供电,泵或风机仍可继续保持运转。

由于变频器可以看作是一个频率可调的交流电源,对于现有恒速运转的异步电动机来说,只需在电网电源和现有的电动机之间接入变频器和相应设备,就可以利用变频器实现调速控制,而无须对电动机和系统本身进行大的设备改造。

三、变频器基本构成和逆变电路基本工作原理

(一)变频器基本构成

变频器的发展已有数十年的历史,在变频器的发展过程中也曾出现过多

种类型的变频器，但是市场主流的变频器基本上都有着图 4-10 所示的基本结构。

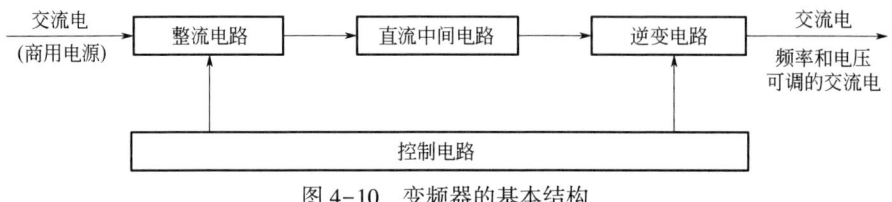

图 4-10　变频器的基本结构

图 4-10 给出了一个典型的电压控制型通用变频器的硬件结构框图。而对于采用了矢量控制方式的变频器来说，由于进行矢量控制时需要进行大量的运算，其运算电路中有时会有一个以 DSP（数字信号处理器）为主的转矩计算用 CPU 以及相应的磁通检测和调节电路。

（二）逆变电路基本工作原理

逆变电路在变频器电路中起着非常重要的作用。逆变电路的基本作用是将直流电源换为交流电源。在这个逆变电路中，由 6 个开关组成了一个三相桥式电路，交替打开和关断这 6 个开关，就可以在输出端得到相位上各相差 120°（电气角）的三相交流电源。该交流电源的频率由开关频率决定，而幅值则等于直流电源幅值。为了改变该交流电源的相序从而达到改变异步电动机转向的目的，只要改变各个开关打开和关断的顺序即可。因为这些开关同时又起着改变电流流向的作用，所以它们又被称为换流开关或换流器件。

在由逆变电路所完成的将直流电源转换为交流电源的过程中，开关器件起着非常重要的作用。由于机械式开关的开关频率和使用寿命都很有限，因而在实际的逆变电路中采用半导体器件作为开关器件。半导体开关器件的种类很多，如晶闸管、晶体管、GTO（可关断晶闸管）、IGBT 等。而变频器本身也常常根据其逆变电路中使用的半导体开关器件的种类而被称为晶闸管变频器、晶体管变频器等。

四、变频器的分类

变频器的分类可以有多种方式，例如可以按其主电路工作方式进行分类，可以按其开关方式进行分类，可以按其控制方式分类，还可以按其用途分类。下面就根据这几种分类方法对变频器进行简单介绍。

(一) 按主电路工作方式分类

当按照主电路工作方式进行分类时，变频器可以分为电压型变频器和电流型变频器。电压型变频器的特点是将直流电压源转换为交流电源，而电流型变频器的特点是将直流电流源转换成交流电源。西南油气田公司范围内项目基本上采用的为电压源型变频器。

(二) 按开关方式分类

通常讲的变频器开关方式是变频器的逆变电路形式。当按照逆变电路的开关方式对变频器进行分类时，变频器可以分为 PAW 控制方式（Pulse Amplitude Modulation，脉冲振幅调制）、PWM 控制方式（Pulse Width Modulation，脉幅调制）和 SPWM 控制方式（Space Vector Pulse Modulation，正弦波脉宽调制）三种。西南油气田公司大多数项目的变频器开关方式采用的是 SPWM 控制。

(三) 按控制方式分类

当按照控制方式对变频器进行分类时，变频器可以分为 V/f 控制方式（单体调试使用）、转差频率控制方式和矢量控制方式（正常投运使用）三种。

(四) 按用途分类

当按照用途对变频器进行分类时，变频器可以分为通用变频器、高性能专用变频器、高频变频器、单相变频器和三相变频器。西南油气田公司大多数项目的变频器为高性能专用变频器。

五、主要设备

(一) 高开柜（高压进线柜）

高压电源从高压侧输入变频系统的高压进线柜，再将电源转接到变压器的一次侧。高压进线柜内有电流互感器和电压互感器以及配套的综保设备。

高压进线柜的主要作用是保障变压器与高压侧进线电气隔离，如果发生极端情况，断路器跳开，保障设备安全，如图4-11所示。

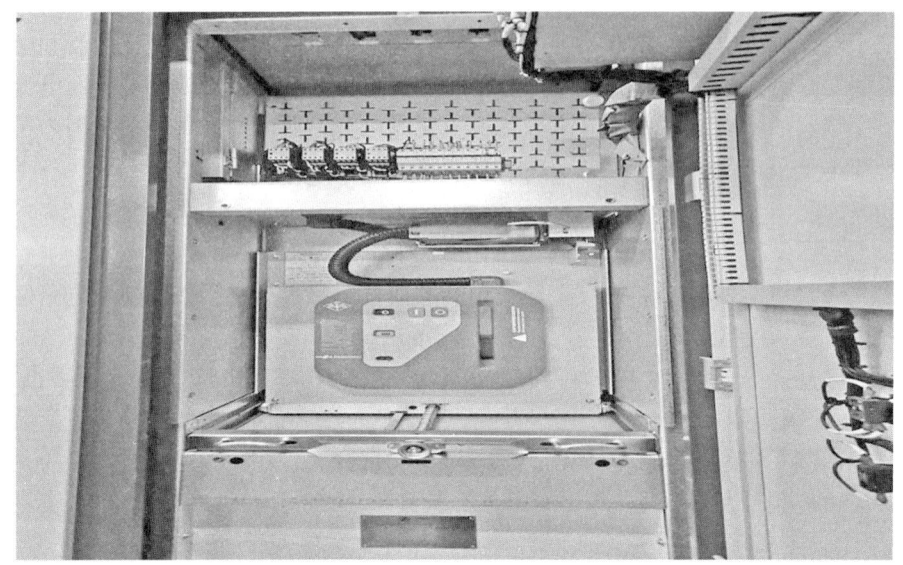

图4-11 高压进线柜内部结构

（二）充电阻尼柜

充电阻尼柜内部主要电气元件为真空断路器和高压限流电阻。在设备高压合闸时真空断路器断开，高压电源通过限流电阻施加到移相变压器一次侧，耦合到二次侧对功率单元进行充电。

充电完成后真空断路器合闸短接掉充电电阻，运行大电流通过真空断路器，设备正常运行。充电阻尼柜内部结构如图4-12所示。

（三）隔离变压器

输入侧采用移相变压器，与三相二极管整流电路一起组成36脉波整流，改善输入电源波形，大大减小了输入侧的谐波。油浸式隔离变压器如图4-13所示。

（四）功率单元柜

功率单元柜是大功率变频器元件和控制核心成套设备。功率单元柜的主

第四章 离心式压缩机辅助系统

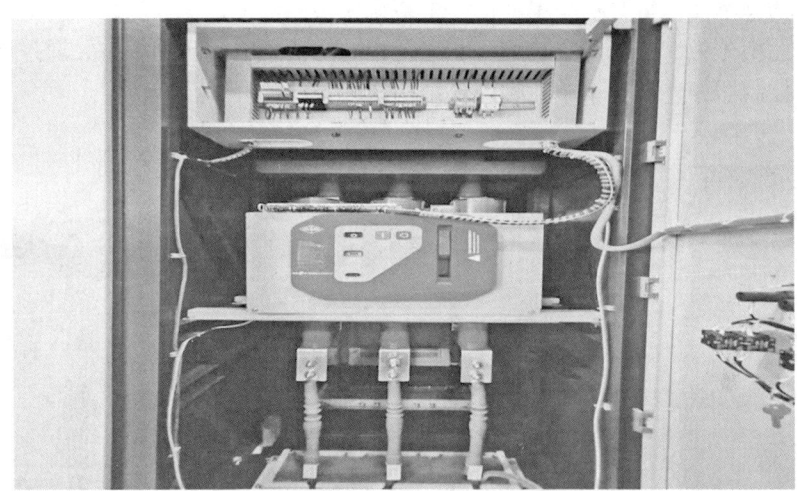

图 4-12 充电阻尼柜内部结构

图 4-13 油浸式隔离变压器

体是功率单元,每套功率单元由一个整流模块和两个逆变模块组成。每面功率单元柜分为3层,每层装配一套完全相同的功率单元,功率单元通过光纤与主控制器相连。功率单元柜内部结构如图4-14所示。

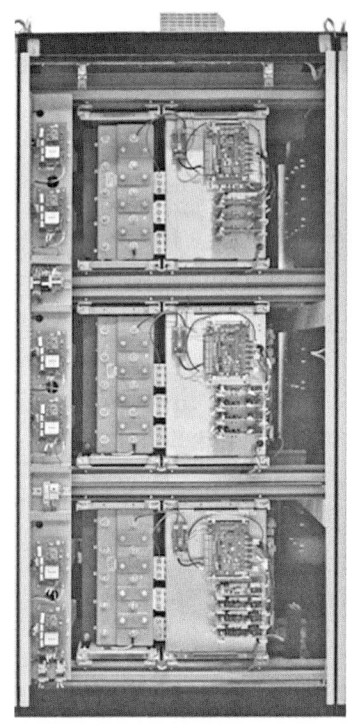

图4-14 功率单元柜内部结构

每个功率单元结构上完全一致,模块化设计,可以互换,电路结构如图4-15所示。

功率单元包含过压、短路、过热等保护,通过光纤和主控系统进行通信。每个功率单元包含一块单元控制板,实现每个功率单元和主控系统通信、IGBT驱动及保护、功率单元的其他保护等。

输入油浸式移相变压器的每一个次级绕组仅给一个功率单元供电。每个功率单元通过光纤接收信息以产生负载所需要的输出电压和频率。与标准的PWM系统不同,加在电机端子上的电压是由许多较小幅度电压叠加所产生的,而不是采用较少的大幅度电压。这样明显的好处是对电机绝缘的电压应力明显减小,而电机电流的质量则明显提高。

第四章 离心式压缩机辅助系统

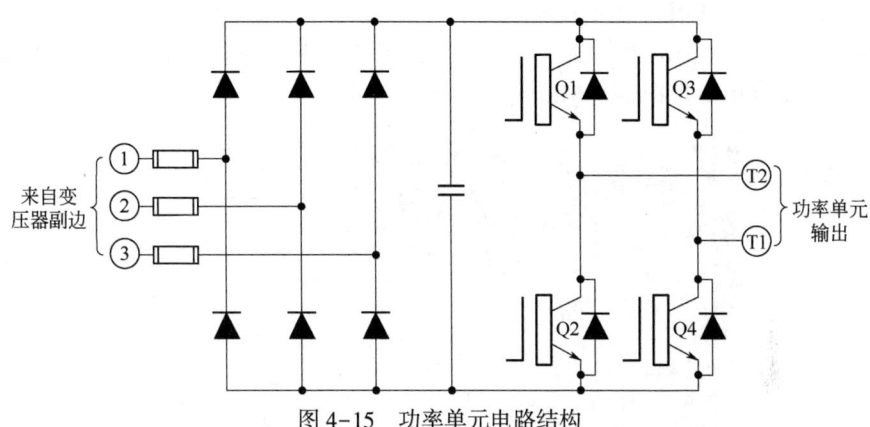

图 4-15 功率单元电路结构

采用功率单元串联多电平拓扑结构，通过控制功率单元各 IGBT 的开通或关断，每个单元输出可以为+DC、-DC 两个电平。每相由 2 个单元串联后输出，通过叠加，最终实现 5 相电平逆变输出。

整流单元由二极管组成，将三相交流电压变为直流电，并通过电容器来保持直流电压稳定。直流母线电压通过 IGBT 逆变单元向电机输出电能。逆变单元采用 PWM 逆变控制，实现不同频率和电压输出到电机的定子绕组。变频器拓扑结构示意图如图 4-16 所示。

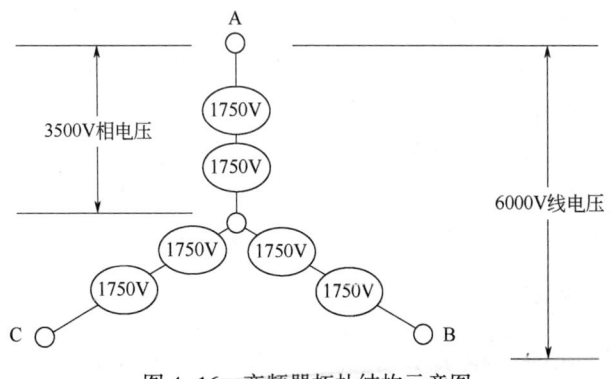

图 4-16 变频器拓扑结构示意图

（五）变频馈出柜

逆变输出从功率单元柜输入到变频系统的变频馈出柜，再将输出转接到电机侧。变频馈出柜内有电流传感器和电压传感器以及输出隔离开关。变频馈出柜的主要作用是保障变频器输出与电机进行电气隔离，方便调试和检修设备。变频馈出柜内部结构如图 4-17 所示。

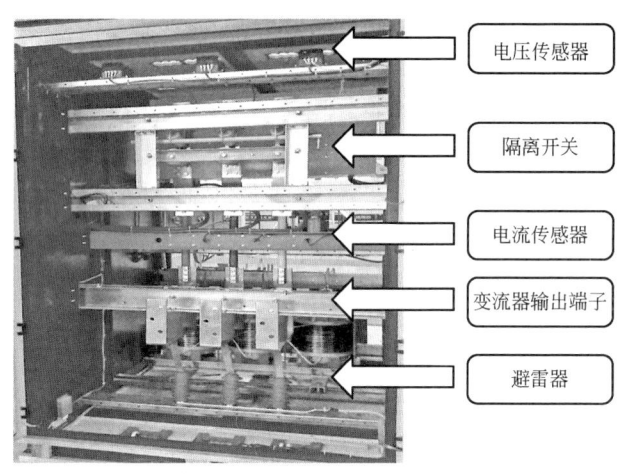

图 4-17　变频馈出柜内部结构示意图

（六）系统控制柜

系统控制柜作为大功率变频器的控制核心，一是可以为其他各柜体进行动力电源和控制电源的配电；二是 HUIC 控制器输出的信号通过控制 IEGT 器件的开通和关断对电机进行变频调速；三是人机界面可进行变频器状态监控、本地变频操作以及变频器状态的录波；四是通过 PLC 系统对变频器启动、停止、故障、报警等流程进行控制，与上位机实时数据通信，采集各柜体设备状态等信号。系统控制柜内部结构如图 4-18 所示。

（七）水冷柜

可变压力和流速的冷却介质源源不断流经换热器进行热交换，散热后再进入功率柜内被冷却器件带走热量，温升水回至高压循环泵的进口。根据热负荷的变化，PLC 根据供水温度的高低来控制进入换热器的冷却水流量，从而达到系统精确控制温度的要求。变频水冷系统主要设备包括变频器水冷板、水冷柜、空冷器等，其结构如图 4-19 所示。

第四章 离心式压缩机辅助系统

图 4-18 系统控制柜内部结构

图 4-19 变频水冷系统示意图

变频装置纯水冷却系统的水路布置，一般采用功率单元柜与水冷柜并排布置的方式，冷却水管沿柜底铺设，功率单元柜内各单元之间水管按层排布，同时考虑电位影响设置等电位电极。

第三节　传动系统

传动系统主要包括齿轮箱、膜片联轴器和电动盘车装置。主电机输出的动力通过膜片联轴器、齿轮箱传递给齿轮箱低速轴，通过大小齿轮增速达到压缩机对气体做功需要的高转速。

一、齿轮箱

现场应用比较广泛的 PCL 系列电驱离心式压缩机组设计的高精度齿轮箱，型号为 70HSR（70 指齿轮箱中心距为 700mm；HS 为 HighSpeed 的缩写，表示高速运转的齿轮箱；R 表示齿轮形式为人字齿）。齿轮箱与驱动机之间、齿轮箱与压缩机之间均采用膜片联轴器直接连接，齿轮箱和压缩机采用联合底座。

HS 型齿轮箱主要由箱体、大齿轮、小齿轮、支撑轴承、推力轴承及迷宫密封等组成，如图 4-20 所示。

图 4-20　HS 型齿轮箱

箱体材料为钢板结构，箱体为焊接箱体，具有足够支撑刚度，在最大负荷作用下能够保持大、小齿轮有良好的对中性。为了能够直观地检查齿面接触，可在上箱盖设置检视孔。同时在上箱盖设有排气口，箱体中产生的油气可以通过排气管统一处理。箱体设有内部油管路，内部油管路设有牢固支撑，为减少油温度升高而产生的油沫，箱体设有辅助底板和排气罩。

大、小齿轮均为人字齿，齿轮材料为锻造合金钢，齿表面经过硬化处理。设计过程中应按疲劳强度计算轴的强度，对标 API613 取安全系数为 1.6，一阶临界转速要大于大、小齿轮最大连续转速的 20%。

齿轮箱大、小齿轮支撑轴承采用可倾瓦轴承。可倾瓦轴承一般有 5 个轴承瓦块，等距地安装在轴承体的槽内，用特制的定位螺钉定位，瓦块可绕其支点摆动，以保证运转时处于最佳位置。轴承采用在瓦块上直接喷油的形式，高效节能，更好降低油温。

齿轮箱推力轴承采用的是米歇尔推力轴承组，该推力轴承的作用主要是承受由膜片联轴器产生的轴向推力，以及对齿轮装置进行定位。米歇尔推力轴承摆动灵活，承载能力高，工作温度低，在齿轮箱上应用比较广泛。轴承由油站供油强制润滑，在轴承箱进油孔处装有节流圈，根据运转时轴承温度高低来调整节流圈的孔径。或者在前管路中设置流量调节器，调节流量调节器阀开度控制进入轴承的油量，压力润滑油进入轴承进行润滑并带走产生的热量。

齿轮箱的轴端密封采用的是迷宫密封，以防止箱体内的润滑油溢出，对周围环境造成污染。迷宫密封是采用铸铝制成，用这种较软的材料主要是为了避免损坏齿轮轴。为避免热膨胀使密封变形，发生抱轴事故，一般将密封体做成L形卡台。密封齿为梳齿状，密封体外环上部用沉头螺钉固定在上箱体侧板上，但不能固定过紧，压到位后需回退0.5~1圈，外环下部自由装在下箱体侧板上。

二、膜片联轴器

膜片联轴器由几组膜片（不锈钢薄板）用螺栓交错地与两半联轴器连接，每组膜片由数片叠集而成，如图4-21所示。离心式压缩机组常用的膜片联轴器采用金属弹性元件挠性联轴器，依靠金属联轴器膜片来连接主动机、从动机传递扭矩，膜片联轴器靠膜片的弹性变形来补偿主动机与从动机之间由于制造误差、安装误差、承载变形以及温升变化等因素所引起的轴

图4-21 膜片联轴器

向、径向和角向偏移。膜片联轴器具有弹性减振、无噪声、不需要润滑的优点，结构较紧凑，强度高，使用寿命长，无旋转间隙，不受温度和油污影响。膜片联轴器具有耐酸、耐碱、耐腐蚀等特点，适用于高温、高速、有腐蚀介质工况环境的轴系传动。

三、电动盘车装置

电动盘车装置主要由电动机、减速箱、离合机构、自动啮合机构、连接装置、限转矩脱扣装置、信号采集器件（接近开关、端子盒）、润滑管件、电控箱等组成。电动盘车装置具有远程操作、就地操作、自动啮合、自动脱离、限转矩脱扣、手动盘车、手动盘车保护等功能，如图4-22所示。

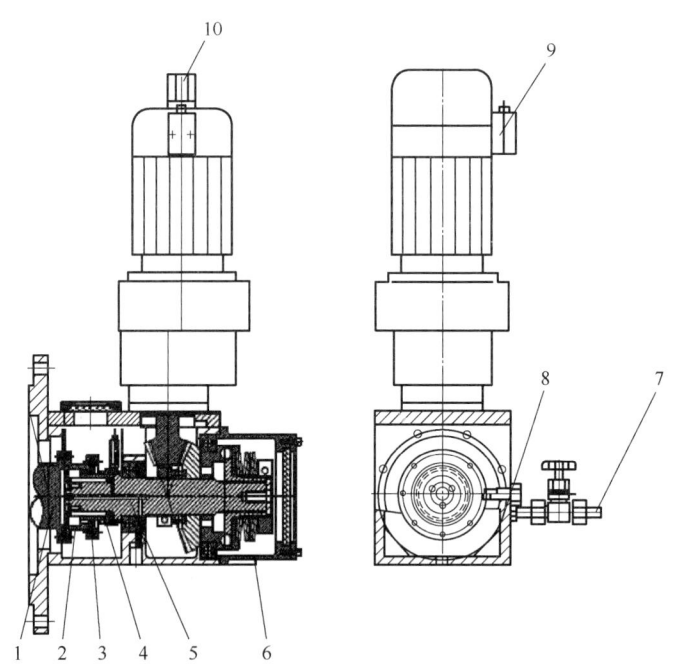

图4-22 电动盘车装置结构
1—减速机齿轮轴头；2—棘爪内齿圈；3—棘爪；4—螺旋齿套；5—传动轴；6—护罩；
7—进油口；8—减速箱；9—电动机；10—电动机尾部六角头

当机组轴系因意外反转，机组轴系的巨大扭矩传递至盘车减速机构，由于减速机构的速比极大，无法瞬时使电机高速旋转释放能量而造成盘车损坏，因此加装了限转矩脱扣装置。限转矩脱扣装置由一组碟簧与钢珠、限矩盘、锁紧螺母等组成。当被盘轴系的扭矩超过设定的力矩时，限矩盘内的钢珠推动碟簧组使得盘车轴与盘车减速机构脱扣，从而保护盘车装置。当外力消失后，钢珠回到限矩盘的圆坑内带动轴系正常盘车。

第四节 仪表风系统

仪表风系统是离心式压缩机组的重要辅助系统之一，由空气压缩机、缓冲罐、冷干机、无热再生干燥机、储气罐、过滤器等组成，如图4-23和图4-24所示。它承担着提供合格驱动气、正压通风吹扫气、制氮原料气等功能。

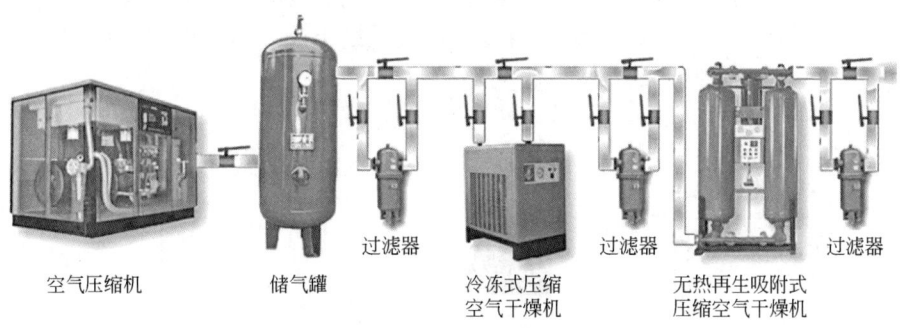

图4-23 仪表风系统常见组成

图4-24 仪表风系统

仪表风系统的主要功能：仪表风系统提供过滤 3μm 及以上粉尘，干燥后水露点达到-45℃以下，冷却后温度为 20~40℃的合格仪表风；向离心式压缩机干气密封提供隔离气；向离心式压缩机主电机提供正压通风吹扫气；向气动设备提供驱动气；向制氮橇块提供原料气等。

一、空气压缩机

空气压缩机是将原动机（通常是电动机）的机械能转换成气体压力能的装置，是压缩空气的气压发生装置，通过对压缩空气的一系列干燥处理，为离心式压缩机提供隔离保护气以及为现场生产仪表、气动及控制设备提供合格的气源。大型离心式压缩机场站最常用的是螺杆式空气压缩机，常见的厂家如英格索兰、阿特拉斯等。螺杆空气压缩机一般由主机/电机系统、冷却/分离系统、气路/调节系统、控制/电气系统组成。本节以现场应用广泛的螺杆空气压缩机为例介绍，如图 4-25 所示。

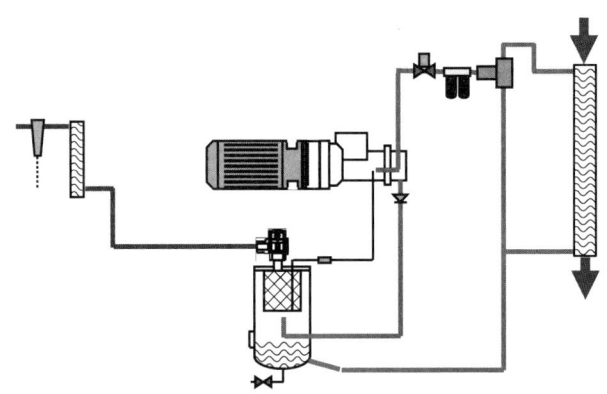

图 4-25　螺杆空气压缩机示意图

螺杆空气压缩机是容积式压缩机中的一种，空气的压缩是靠装于机壳内互相平行啮合的阴阳转子齿槽的容积变化而实现的。转子副在与它精密配合的机壳内转动，使转子齿槽之间的气体不断地产生周期性的容积变化，而沿着转子轴线由吸入侧推向排出侧，完成吸入、压缩、排气三个工作过程。

二、冷干机

冷干机是冷冻式压缩空气干燥机的简称。它是根据冷冻除湿原理，将含有大量饱和水汽的压缩空气强制通过蒸发器进行热交换而降温，使压缩空气中气态的水和油经过等压冷却，凝结成液态的水和油，并夹带尘埃，经汽水分离和通过自动排水器排出，从而获得清洁的压缩空气。冷干机组成如图4-26所示。

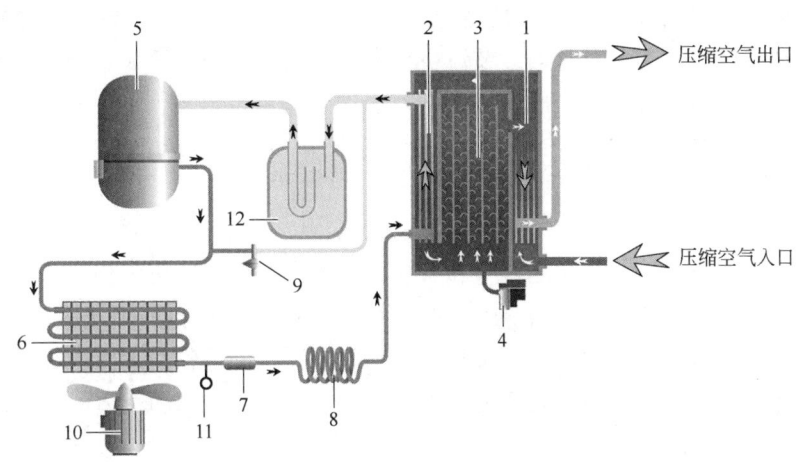

图4-26 冷干机组成

1—热交换器；2—蒸发器；3—分离器；4—排水口；5—制冷压缩机；6—冷凝器；
7—过滤器；8—毛细管；9—旁通阀；10—风扇；11—开关；12—液体分离器

冷干机包括以下四大部件。

（一）制冷压缩机

制冷压缩机是制冷系统的心脏，它的作用是从蒸发器吸入低温低压制冷剂蒸气，经压缩变为高温高压制冷剂蒸气送往冷凝器。

（二）冷凝器

冷凝器的作用是将制冷压缩机排出的高压、过热制冷剂蒸气冷却成为液态制冷剂，其热量被冷却水或冷却空气带走，使制冷过程得以连续不断进行。

（三）蒸发器

蒸发器是冷干机的主要换热部件，压缩空气在蒸发器中被强制冷却，其中大部分水蒸气冷却而凝结成液态水排出机外，从而使压缩空气得到干燥。

低压冷媒液体，在蒸发器里发生相变变为低压冷媒蒸气，在相变过程中吸收周围热量，从而使压缩空气降温。

（四）热力膨胀阀

热力膨胀阀（毛细管）是制冷系统的节流机构。在冷干机中，蒸发器制冷剂的供给及其调节是通过节流机构来实现的。高温高压液态制冷剂通过热力膨胀阀的节流降压变成低温低压液体进入蒸发器蒸发。

三、无热再生干燥机

吸附式干燥机分为无热再生和有热再生两大类，无热再生相对有热再生而言结构更加简单，环境适应性更强，所以目前油气田生产现场应用较多。无热再生吸附式压缩空气干燥机是一种利用多孔性固体物质表面的分子力来吸取气体中的水分，从而获得较低露点温度、更干燥、洁净气体的净化设备（图4-27）。无热再生干燥机是基于变压吸附原理而设计的，这就是说，将压力状态下吸附水分达到饱和的吸附剂迅速降压到大气压，此时，被吸附水

图4-27　无热再生干燥机

分自行脱附，实现吸附剂的再生，脱附出的水分扩散到机外。利用上述原理进行再生的方法称为压力降法。由于利用吸附剂在吸附过程中产生的热量，加之用干燥空气的一小部分通入需再生的吸附剂中，使吸附剂再生，所以压力降法又称无热再生。干燥机为双塔结构，当空气流经一个塔被干燥时，另一个塔则通以微量干燥压缩空气，采用降压、吹洗的方法，使已经吸附了水分的干燥剂进行解吸再生，即干燥剂解吸并将水分排出机外，双塔交替连续工作输出干燥洁净的压缩空气。其净化空气含水量可达露点-40℃以下，从而获得深度干燥的无水无油的高纯度的压缩空气满足用气的需要。

四、过滤器

大气环境下的自由空气经空气压缩机压缩后，其中的水汽、尘埃、油雾等有害物质随同压缩空气一起被送入气动装置和仪表，不需要多久这种高温高湿高压的气流将对昂贵的气动装置、仪表及管道造成严重的锈蚀和污染，除影响产品品质外，往往还会因仪表及装置失准而造成设备及人身事故。另外，许多工业设备本身就要求气源气纯净干燥，不允许气源气含水、含油、含尘，所以对气源气进行净化处理使之达到生产要求是必不可少的重要手段，采用压缩空气干燥机和与之配套的精密过滤器是满足这一要求的可靠保证。不同型号过滤器性能见表 4-1。

表 4-1 过滤器性能对比表

型号	结构与功能	应用范围
HC 级主管路过滤器	内部支撑特殊连接件保持滤芯稳定不受振荡。 分两段过滤： 第一段由不锈钢网状核心制成，利用离心力分离 10μm 或更大的固态粒子。 第二段由可替换的玻璃纤维做成，可完全过滤 3μm 或更大的固态粒子，重力作用将水分带到过滤器底部排出。 上游气体水分负载允许达 256000mL/m^3。去除 99% 水分，油雾剩余含量 5mL/m^3	后部冷却器的分离器，冷冻式干燥机的分离器，主管路的前置过滤器
HT/FC 级油雾/粉尘过滤器	内部支撑特殊连接件保持滤芯稳定不受振荡。 多层玻璃纤维过滤 1μm 或更大的固态粒子。 多孔式外部圆筒使过滤后的空气迅速排出至过滤器出口。 上游气体水分负载允许达 2000mL/m^3。 去除 100% 水分，油雾剩余含量 1mL/m^3	吸附式干燥机的前后置过滤器，更精密过滤器的前置过滤器，气动工具、马达气缸的前置过滤器，保护自动控制系统、空气系统的主管路过滤器

续表

型号	结构与功能	应用范围
HA级微油雾过滤器	内部支撑特殊连接件保持滤芯稳定不受振荡。 内部弹性海绵层具有前置过滤能力，经特殊设计及表面处理的微玻璃纤维，可过滤 0.01μm 的固态粒子。 外部海绵层吸收并排出油雾。 去除 99.99%油雾，油雾剩余含量 0.01mL/m³	对精密仪器、喷漆、食品和药品及电子等制造业提供无油压缩空气。有油空气压缩机配置 HC、HT、HA 级过滤器可以代替无油空气压缩机且维修方便
HF级超高效除油过滤器	内部支撑特殊连接件保持滤芯稳定不受振荡。 涂膜封闭式泡沫套筒，进行预过滤和气流分散。 多层矩阵复合纤维特殊设计，可过滤 0.01μm 的固态粒子及微粒。 油雾剩余含量 0.003mL/m³	关键应用场合的无油空气供气、气流接触产品的场合。空气相关产品传输、搅拌、电子元件的制造、氮气替换。前置式后置过滤器
HH级除油除臭超精过滤器	内部支撑特殊连接件保持滤芯稳定不受振荡。 精密的活性炭层过滤 95%油雾及碳氢化合物。 特殊专利纤维层过滤更微细的颗粒及残余油雾。 微玻璃纤维过滤 0.01μm 固态粒子，多孔式外部海绵防止纤维滤材流失。 残留的 0.003mL/m³ 油气不含任何臭味	食品及药物制造业的输送、搅拌、酿造、发酵用气，呼吸及潜水保护作业用气，去除工作环境的臭味

由于各种型号的滤芯液体负载能力不一样，选配和安装过滤器必须严格遵循 HC-HT/FC-HA-HF-HH 的序列，绝对不能倒置错配，否则不仅达不到预定的过滤效果，还将过早损坏滤芯器件。一般来说，当过滤器前后压差达到 0.07MPa 时，说明过滤器中滤芯已堵塞，应及时更换或清洗。

第五节 干气密封系统

干气密封是一种非接触式轴密封，其概念是 20 世纪 60 年代末期从气体润滑轴承的基础上发展起来的，其中以螺旋槽密封最为典型，广泛应用于离心式压缩机组。干气密封系统通常由干气密封、干气密封控制系统、增压橇等组成。

一、干气密封

（一）干气密封的工作原理

1. 非接触性

典型的干气密封结构如图 4-28 所示，通常由一个可以轴向浮动的静环和一个固定在轴套上的动环构成。静环背后有弹簧对其施加贴合作用力，动环随压缩机转子做高速旋转，动环表面加工有一定数量的螺旋槽，其深度为 3~15μm。

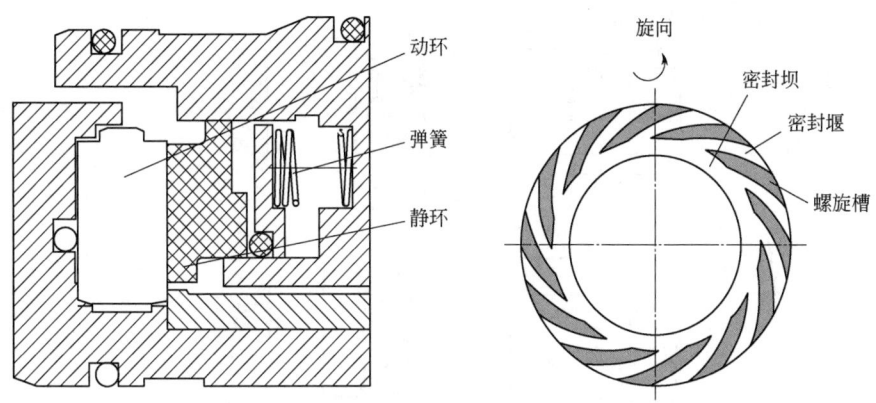

图 4-28　干气密封结构

干气密封的主要原理是流体静压力和流体动压力的平衡。高速旋转的动环产生的黏性剪切力带动气体进入螺旋槽内，由外径向中心运动，密封坝提供流动阻力，节制气体流向低压侧，于是气体被压缩压力升高，密封面分开，形成一定厚度的气膜（一般为 3μm）。当流体的静压力和弹簧负载的闭合力等于气膜内产生的开启力时，就形成了径向面之间的稳定间隙，由此密封实现非接触运转。密封面间形成的气膜具有一定的正刚度，保证了密封运转的稳定性，同时还可对摩擦副起到润滑作用。

2. 自平衡性

图 4-29 所示为螺旋槽干气密封的作用力，从图上可以看出气膜刚度是如何形成的，以及如何保证密封运转的稳定性。在正常情况下，密封的闭合力等于开启力。当受到外来干扰（如工艺或操作波动），气膜厚度变小，则气体的黏性剪力增大，螺旋槽产生的流体动压效应增强，促使气膜压力增大，开启力随之增大，为保持力平衡，密封恢复到原来的间隙；反之，密封受到干扰气膜厚度增大，则螺旋槽产生的动压效应减弱，气膜压力减小，开启力变小，密封恢复到原来的间隙。因此，只要在设计范围内，当外来干扰消除后，密封即能恢复到设计的工作间隙，从而实现干气密封的稳定可靠运行。衡量密封稳定性的主要指标就是密封产生气膜刚度的大小。气膜刚度是气膜作用力的变化与气膜厚度的变化之比，气膜刚度越大，表明密封的抗干

扰力越强,密封运行越稳定。

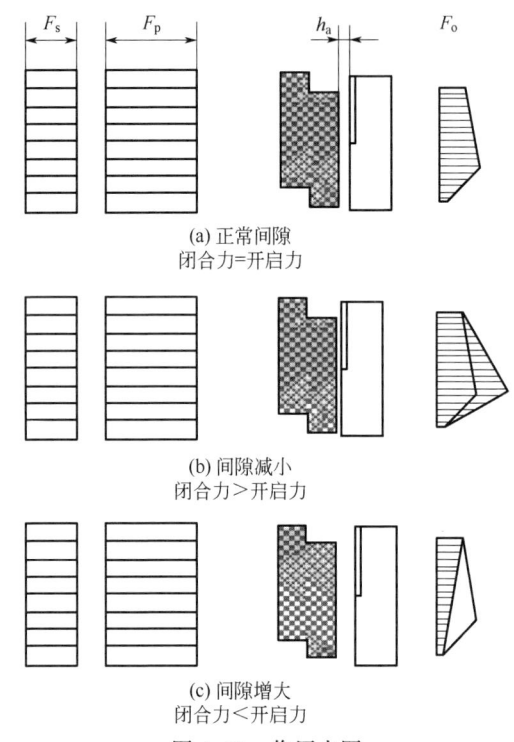

图4-29 作用力图

F_s—弹簧作用力;F_p—介质作用力;F_o—气膜反力;h_a—气膜厚度;闭合力=F_s+F_p 开启力=F_o

(二)干气密封的典型结构

对于不同的工况条件,可采用不同的干气密封结构。实际应用中,用于离心式压缩机的干气密封主要有下面四种基本结构。

1. 单端面干气密封

单端面干气密封的结构相对简单,主要由一对动环、静环和弹簧、O形环、轴及组装套等组成,主要用于中、低压条件下,允许少量介质气体泄漏到大气环境中的场合,如图4-30所示。

2. 双端面干气密封

双端面干气密封相当于面对面布置的两套单端面干气密封,如图4-31

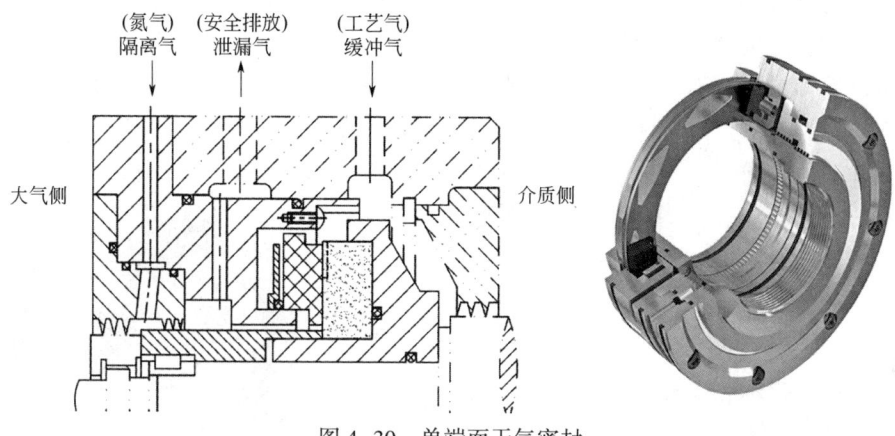

图 4-30 单端面干气密封

所示。通过在两组密封之间通入密封气而成为一个性能可靠的阻塞密封系统,控制密封气的压力使其始终维持在比工艺气体压力稍高(0.5MPa 左右)的水平,这样气体泄漏的方向总是朝着工艺介质气体和大气,从而保证了工艺气体不会向外泄漏。

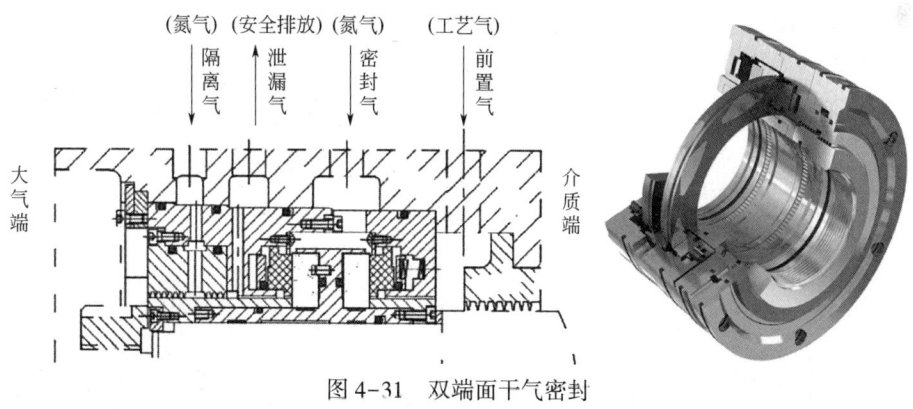

图 4-31 双端面干气密封

3. 带中间迷宫的串联式干气密封

该结构在主密封和安全密封之间增设一道迷宫密封,在迷宫密封和二级密封间通入密封气作为二级密封气,如图 4-32 所示。通过一级密封泄漏出的少量工艺气体,被迷宫侧压力稍高的二级密封气阻挡,全部引入高点排空。而通过二级密封泄漏出的气体则全部为密封气,并引入高点排空,完全不会对环境构成污染。安全密封由于其摩擦副始终保持在非接触状态下运行,没有任何磨损,因此能一直处于理想的运转状态。一级密封如失效,二级密封即可迅速做出反应起到密封作用,可避免密封失效时工艺气外泄。

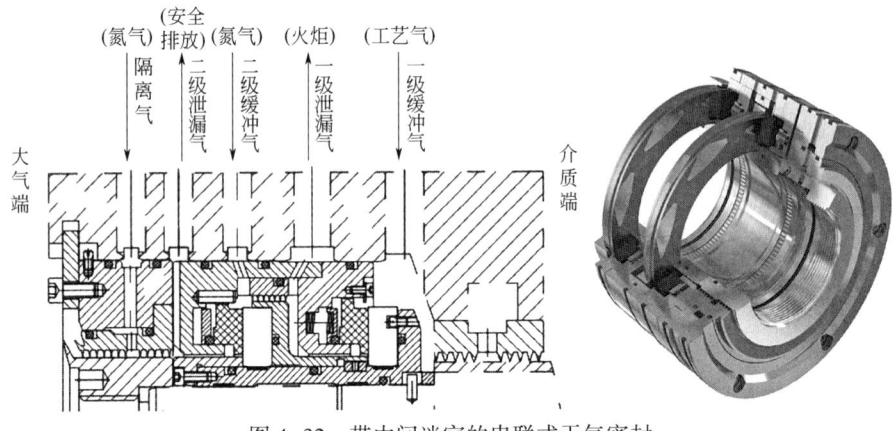

图 4-32　带中间迷宫的串联式干气密封

4. 串联式干气密封

其结构与带中间迷宫的串联式干气密封基本相似,只是结构上取消了中间梳齿,系统设计上取消了二级密封进气,如图 4-33 所示。该结构主要应用在改造项目中进出气孔较少的设计上,或地域偏僻,没有氮气源的场合。

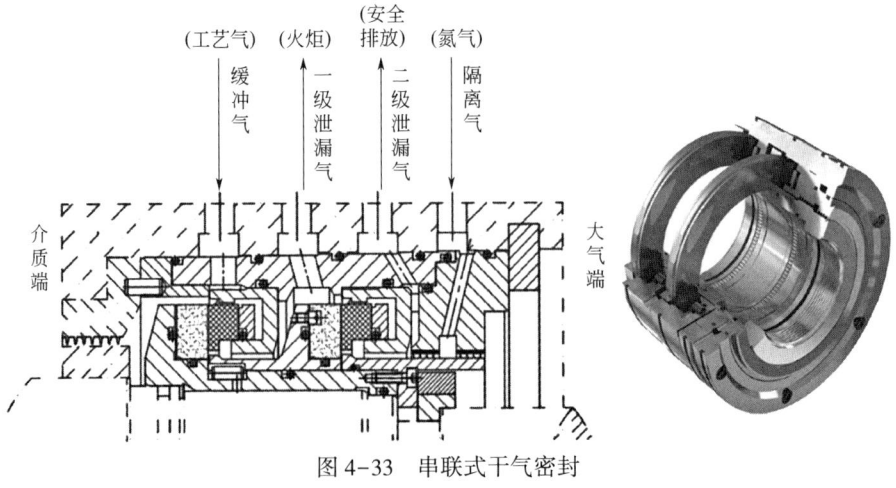

图 4-33　串联式干气密封

四种典型干气密封性能对比见表4-2。

表4-2 四种典型干气密封性能对比表

密封类型	单端面干气密封	双端面干气密封	带中间迷宫的串联式干气密封	串联式干气密封
压力适用范围	负压~高压	负压~2.0MPa	负压~高压	负压~高压
优点	结构紧凑、泄漏量极少，性价比高	实现工艺介质零泄漏，会有微量的氮气泄漏至压缩机内部	安全性、可靠性最高。工艺气不会泄漏至大气环境中，外部氮气也不会进入工艺流程内	安全性、可靠性高。尤其适用于没有氮气的工作场合
缺点	无安全密封、存在隐患	会有微量的氮气泄漏至压缩机内部	结构复杂，成本较高	结构复杂，成本较高。有极微量工艺气通过二级端面泄漏
适用场合	主要用于不具危险性的气体，当密封失效后允许介质气体泄漏到大气环境中的场合	用于允许微量氮气进入工艺流程，压力不高的易燃、易爆、有毒介质，要求零泄漏的场合	基本适用于所有易燃、易爆、危险的流体介质	基本适用于所有易燃、易爆、危险的流体介质
应用实例	氢气压缩机、空气压缩机、二氧化碳压缩机及高转速多轴压缩机等	富气压缩机、解析气压缩机、火炬气压缩机等	氨气压缩机、天然气压缩机、循环氢压缩机、冷剂压缩机、循环气压缩机等	氨气压缩机、管线压缩机、混合冷剂压缩机等

在油气田离心式压缩机通常选用的是带中间迷宫的串联式干气密封，常见隔离气采用现场仪表风作为供气气源，导致二级泄漏气（隔离气部分会进入二级泄漏气管路）排放为空气和天然气的混合气体，如果天然气浓度在爆炸极限5%~15%范围内会有爆炸风险。为了保证二级泄漏气现场高点排放的安全性，同时又要兼顾隔离气阻挡轴承箱油雾的功能，必须保证二级泄漏气天然气浓度低于爆炸极限下限值，因此需有足量的隔离气，例如PCL402机组的隔离气注入量必须满足不低于$80m^3/h$。

二、干气密封控制系统

（一）干气密封控制系统的作用

为了保证干气密封运行的可靠性，每套干气密封都有与之相匹配的监测控制系统，使密封工作在最佳设计状态，当密封失效时系统能及时报警，有利于快速处理。干气密封控制系统用于调节、控制、监测干气密封运行的相关参数，主要有以下作用和功能：对提供给密封的气体进行过滤，以除去颗粒和液体，为密封提供干燥、干净的气源；对提供给密封的气体进行控制，以满足密封对气体压力、流量和温度的要求；通过对密封气或密封泄漏气的压力、流量等参数的测量来监测密封运行状况；提供隔离气隔绝轴承润滑油污染密封。

（二）干气密封控制系统的组成

以 PCL402 机组干气密封控制系统为例，如图 4-34 所示。

1. 一级密封供气单元

（1）正常运行时，从压缩机出口端引出一路工艺气作为一级密封供气气源。

（2）气体引入后，通过聚结器对气体中存在的微小液滴进行凝聚除液，聚结器设置有差压变送器监测过滤器滤芯的使用情况，提醒用户及时更换滤芯。

（3）除液后，通过过滤器（一开一备）对其进行过滤，除去气体中不小于 1μm 的固体颗粒，并附带除去气体中仍然存在的微量液滴。过滤器设置有差压变送器监测过滤器滤芯的使用情况，提醒用户及时更换滤芯。

（4）气体经过滤处理后，经过控制阀减压，将阀后压力控制在高于二次平衡管压力 0.5MPa。控制阀由差压信号进行控制，以维持正常工作时阀后压力与平衡管之间恒定的差压。

（5）减压后的气体进入电加热器加热，使其加热后的温度维持在约 60℃。

（6）通过节流阀调节流量后，最终分别进入压缩机驱动端和非驱动端一级密封腔。通过两个流量计分别指示两端的进气流量，正常投用时约为 150m³/h。

（7）一级密封气体绝大部分经机组迷宫密封返回机壳内，阻止机壳内脏的工艺气进入密封腔污染密封，少量的气体经过一级密封端面泄漏至一级泄漏气单元安全排放。

2. 一级泄漏气单元

（1）正常运行时，一级密封端面泄漏的少量工艺气进入一级泄漏气单元，引至室外安全排放。

（2）进入一级泄漏气单元的工艺气经过孔板节流，同时通过背压阀调压，使孔板前一级密封气泄漏气压力在正常运行时维持在 0.17MPa 左右。

第四章 离心式压缩机辅助系统

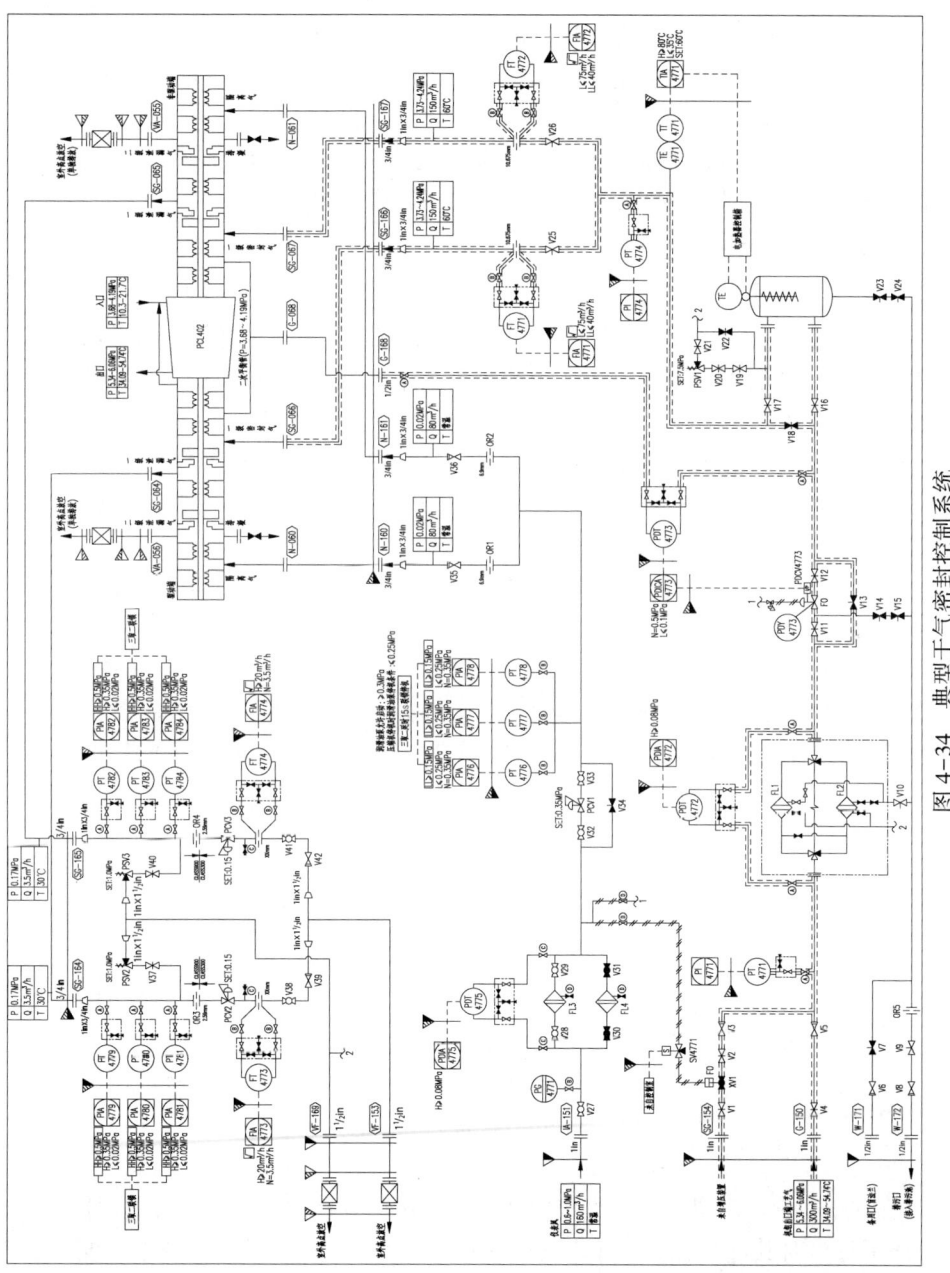

图 4-34 典型干气密封控制系统

（3）一级泄漏气单元在孔板前设置有压力变送器，用于指示两端的一级密封气泄漏气压力，同时在背压阀后还设置有流量计，监测两端干气密封端面的泄漏量。该压力与流量都能反映干气密封的运行情况，以及时对相应情况进行分析处理。

（4）在一级密封出现大量泄漏时，安全阀用来及时对密封腔进行泄压，防止一级密封失效时更多的工艺气从二级密封端面泄漏。

3. 隔离密封供气单元

（1）隔离密封一般采用现场仪表风作为供气气源。

（2）气体引入后，通过过滤器对其进行过滤，除去气体中不小于1μm的固体颗粒。过滤器设置有差压变送器监测过滤器滤芯的使用情况，提醒用户及时更换滤芯。

（3）气体经过滤处理后，经过自力式减压阀减压，将阀后压力恒定在0.35MPa。阀后压力变送器用来监测其压力，并参与控制压缩机润滑油泵的启动。

（4）减压后的气体经孔板节流后分别进入压缩机驱动端和非驱动端隔离密封腔。

（5）部分隔离气通过介质侧迷宫泄漏与二级密封泄漏气混合后通过二级密封泄漏气通道引至室外安全排放，另一部分通过大气侧迷宫泄漏至机组轴承箱内，通过轴承箱上的放空孔排出，其目的是防止润滑油污染密封。

三、增压橇

增压橇的作用是在压缩机启动时，一级密封气气源压力不足的情况下，提供满足干气密封开车阶段需要的流量。因密封系统不断更新换代，部分密封系统增压单元整合到其他单元，因此此部分重点对增压单元单独成橇的密封系统进行介绍。

增压橇主要由增压气单元、驱动气单元、泄漏气单元三个部分组成。

（一）增压气单元

由空冷器后管汇引出工艺气作为增压气气源。气体引入后，通过过滤器（一开一备）对其进行过滤，除去气体中不小于1μm的固体颗粒，并附带除去气体中可能含有的微量液滴。过滤器设置有差压变送器监测过滤器滤芯的使用情况，提醒用户及时更换滤芯。气体经过滤处理后分为两路，一路进入增压泵在需要时对其进行增压；另一路作为增压泵旁路，在气源压力足够不需要增压时，直接引至干气密封控制系统使用。经过增压泵增压后的气体进入缓冲罐减小气流的脉冲后，引至干气密封控制系统使用。

过滤器压差不小于 80kPa 或者使用超过一年，必须更换滤芯。过滤器最大压差为 0.5MPa，超过该值会造成滤芯损坏。

（二）驱动气单元

引仪表风作为增压泵驱动气气源。气体引入后，通过过滤器对其进行过滤，除去气体中不小于 1μm 的固体颗粒。气体经过滤处理后，一路经减压阀减压进入增压泵驱动气入口，作为增压的动力源；另一路则经过电磁阀，进入增压泵先导口，作为内部执行机构的动力源，增压泵的启停就是靠控制这路气的通断来实现的。

增压泵工作为往复式运动，活塞密封的可靠使用寿命通常为循环动作 100 万次。在使用过程中应尽可能避免不必要的运行，延长增压泵的使用寿命。增压泵上配有计数器，可根据使用次数对其进行计划检修。在输出流量足够时，可以调节减压阀，一般将增压泵的动作频率控制在 70~80 次/min，延长其活塞密封的使用寿命。

（三）泄漏气单元

增压泵活塞密封圈在工作一段时间后有一定磨损，微量的工艺气会向活塞的大气侧泄漏，泄漏出的工艺气进入泄漏气单元管路，引至室外安全排放。泄漏管路上设置有孔板节流，同时在孔板前设置有压力变送器监测其压力，该压力能反映活塞密封圈的密封性能，以提醒用户需要及时更换活塞密封圈。

第六节　润滑系统

润滑系统主要对驱动电机轴承、齿轮箱、压缩机轴承提供质量可靠、压力稳定、温度正常的润滑油，起到冷却、润滑、清洁、密封、带走金属磨屑的作用，如图 4-35 和图 4-36 所示。离心式压缩机组润滑油按照厂家建议或用户手册选用正确的润滑油，通常可选用汽轮机油，按随机文件推荐一般选用 ISO VG46 号汽轮机油，带齿轮箱的机组推荐选用极压汽轮机油。

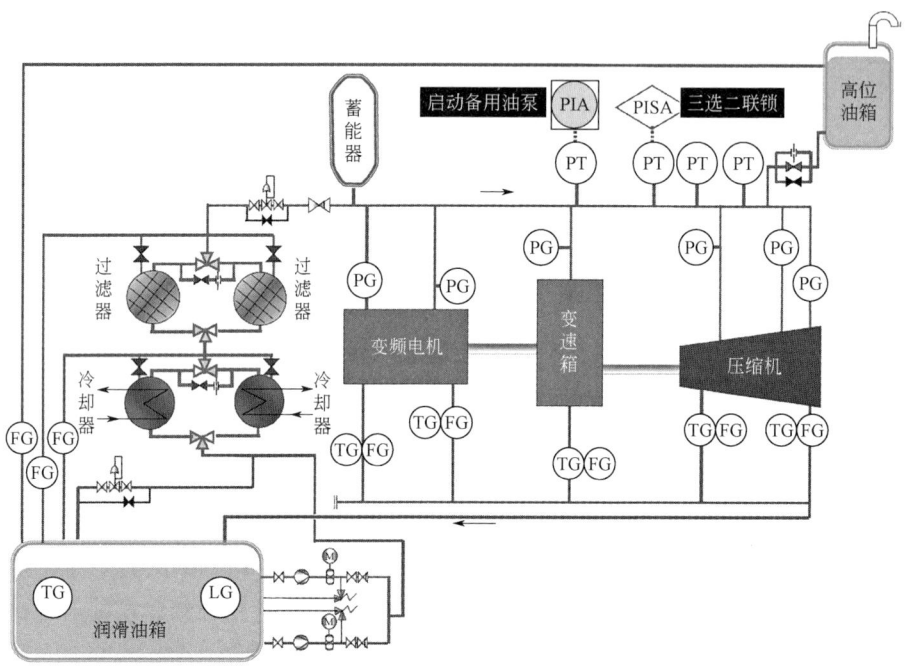

图 4-35　润滑系统流程图

图 4-36　润滑系统

润滑系统主要设备包括油箱、主副油泵、油过滤器、润滑油空冷器、高位油箱（事故油泵）、压力调节阀、安全阀、蓄能器、油雾分离器、油加热装置、各种检测仪表以及油管路和阀门等。

高位油箱（事故油泵）的设置是在主润滑油供油系统发生故障时，保证备用润滑油的足够供给需要而采取的预防措施，应满足适用的惰转时间、全冷时间和停车时间。

一、油泵

未设置高位油箱的润滑系统中一般设置有3台油泵，即主油泵、备用油泵和事故油泵，油泵通常采用三螺杆泵。正常工作时主油泵即可满足整个机组所需的全部油量要求。事故油泵电机使用不间断电源（UPS），用于停电等情况下，主油泵、备用油泵均无法正常工作时的机组安全停机供油。各油泵吸油口至油箱之间装有截止阀和泵吸入过滤器（粗滤器），在各油泵排油口设有止回阀以防止回流，止回阀的下游设有截断阀，维修油泵时应关闭油泵进出口的截断阀。此外，润滑油系统中还设置了低压联锁报警装置，当润滑油总管的油压下降到联锁报警压力时，联锁报警装置发出报警信号并自动启动备用油泵，当系统油压恢复正常值后，停止备用油泵。

二、高位油箱

对于设置有高位油箱的润滑系统，在停电或故障时，油站中两个油泵同时停机，机组同时也随之联锁停车。由于机组转子转动惯性很大，需经过一段时间才能完全停下来，该段时间称为惰转时间。API614标准中规定：油箱尺寸满足从低位报警至低位停机应有10min流量，停机后不应少于3min正常润滑流量，常用机组高位油箱的容积设计为满足4~6min的压缩机惰转时间，确保安全。

高位油箱安装需要注意的事项如下：

（1）高位油箱的设置高度，除特殊机型外，通常为从压缩机中心线到高位油箱底部（或进、出油口中心）的距离为6m。

（2）高位油箱除设置高度按规定值进行设置外，平面方向的位置应距压缩机和油站安装位置越近越好。若由于安装位置所限，需要安装在远一些的地方，此距离必须严格限制在油箱内油量能够充分满足油站正常运行中的油循环，不得出现液位低报警及液位低停机。

（3）若高位油箱特殊原因必须放置在室外时，则必须对高位油箱及连接管路进行保温处理。

三、油过滤器

油站上设置了两个油过滤器，一用一备，每个油过滤器均能单独满足机组全部润滑油的过滤要求。两个油过滤器的进出口用一台切换阀连接在一起，且在两个油过滤器之间设置了一条旁通管线，在旁通管线中设有截止阀及节流孔板，在油过滤器顶部设有排气管线回油箱，在排气管线中设有截止阀、节流孔板及流量视镜。正常工作时旁通管线、排气管线中的截止阀均处于开启状态，使得备用油过滤器始终充满油，并使得备用油过滤器与在用油过滤器的油压相同且温度相近，始终处于待命状态。这样就保证了在两个油过滤器切换过程中油压不会降低到启动备用油泵的压力设定值以下。

在油过滤器进出口的管道上设有差压变送器，用来显示油过滤器进出口间的压差，当压差达到 0.15MPa 时，说明油过滤器的滤芯堵塞严重，此时需立即更换滤芯。

四、蓄能器

蓄能器是一种为蓄积受压液体而设计的液压辅件，液体是不可压缩的，它利用气体的可压缩性来达到储存液体的目的。当压力升高时，油液进入蓄能器压缩气囊使气体得到压缩，当压力下降时，压缩气体膨胀，油液压入回路，其工作原理如图 4-37 所示。蓄能器在液压系统中起着储存能量、稳定压力、减少功率消耗、补偿渗漏、吸收压力脉动及冲击力等作用。

离心式压缩机组润滑油站现场常用的为囊式蓄能器，它就是一个机械外壳里面安装一个气囊，当气囊内充入氮气，让其维持一定的工况压力并把它安装在生产设备的管路上，一旦系统压力出现波动，气囊就会自动反弹，让损失的压力得到补偿，确保系统压力可以保持在稳定状态。离心式压缩机润滑系统一般以系统压力的 65%~90% 为充气压力。

囊式蓄能器主要由壳体、气囊、充气阀等组成，如图 4-38 所示。

第四章 离心式压缩机辅助系统

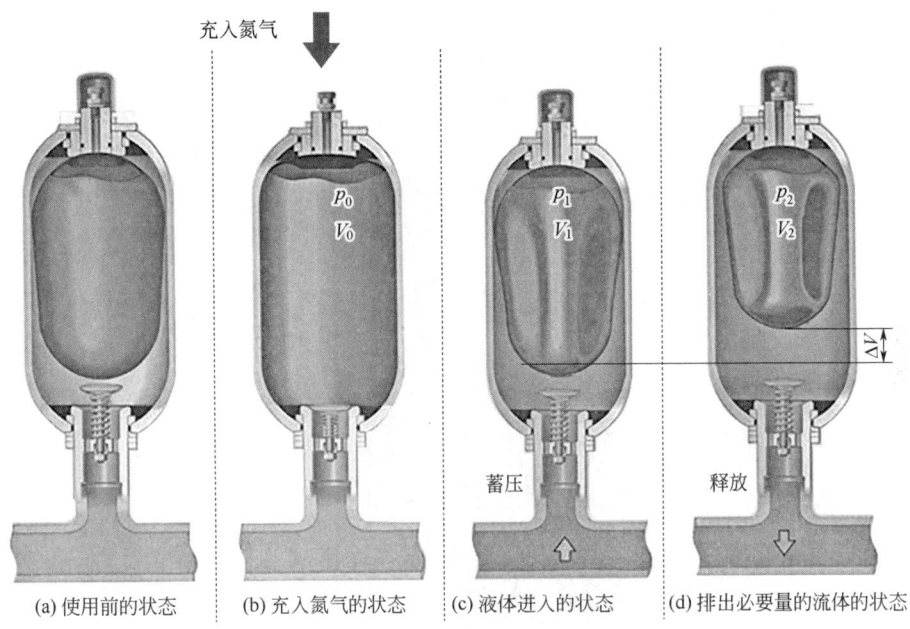

(a) 使用前的状态　(b) 充入氮气的状态　(c) 液体进入的状态　(d) 排出必要量的流体的状态

图 4-37　囊式蓄能器工作原理图

五、油雾分离器

油雾分离器是设计用于除去大型、高速运转设备润滑油系统中产生的可见油烟，它同时还用于油箱和整个油系统中真空度的产生和调节。

油雾分离器主要由风机、滤芯部件、调节阀门、仪表以及连接管路等组成。

油雾分离器由高效风机提供动力，将油槽顶部的油烟雾经吸雾管吸入分离器内部的滤芯。油烟雾在高速气流带动下，撞击滤芯滤材，从滤芯内圈向外逐步凝结成油滴，油滴到达滤芯最外层时，在重力的作用下，沿外层纤维向下滑落滴入下部的集油箱内，分离后的空气则经风机直接排出。油雾分离器原理如图 4-39 所示。

油雾分离器运行维护管理注意事项如下：

（1）正常情况下风机入口压力保持在 -5~-2kPa，从风机真空压力表 PG01 观察，风机允许静压最高为 -10kPa，小于 -10kPa 时应当更换油雾分离滤芯。

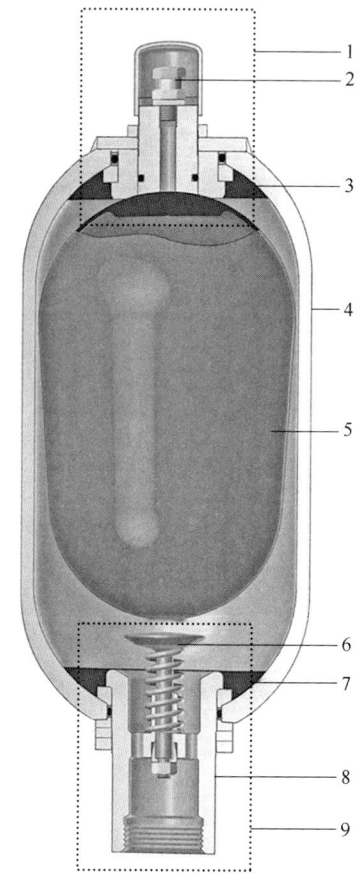

图 4-38 囊式蓄能器结构图

1—上部的维护：若更换蓄能器胶囊时，无须由下部油口配管上拆卸下蓄能器（AB 系列）；2—充气阀：氮气的充入、排出口；3—橡胶托环：保护膨胀时的胶囊；4—壳体：容器，符合最高使用压力的设计；5—胶囊；6—菌形阀：保护膨胀时的胶囊；7—橡胶托环：保护膨胀时的胶囊；8—油阀口：流体进、出口，配管连接部件；9—下部维护：下部油阀的更换，胶囊的更换等

（2）当油雾分离器入口压力高于 $-2kPa$ 时，整个压缩机中的润滑油烟气无法进入润滑油箱，同时润滑油箱中的润滑油烟气也无法被排烟风机吸入排出，导致烟气最后从离心式压缩机轴和齿轮箱的四周冒出。

（3）当油雾分离器入口压力低于 $-5kPa$ 时，将导致油雾分离器分离出的油液，从 MV02 蝶阀排至离心式压缩机厂房外部造成污染。

（4）调整时要缓慢，认真观察，最佳状态为离心式压缩机周围无油烟溢出，高位排气口无油液滴落。

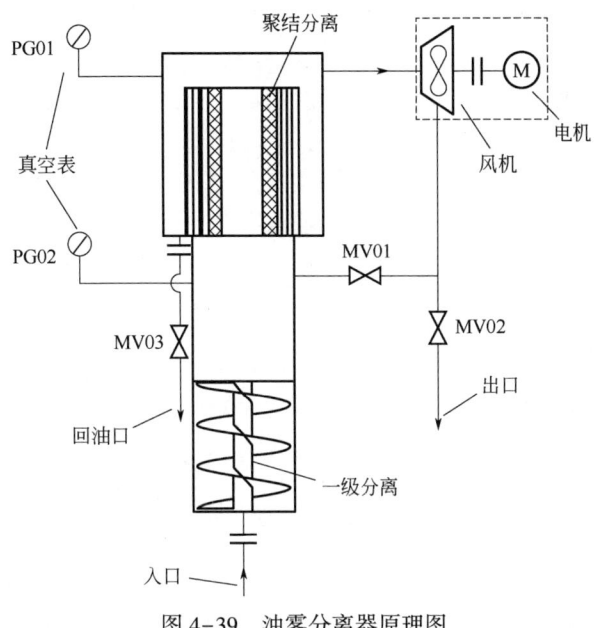

图 4-39 油雾分离器原理图
MV01，MV02—蝶阀；MV03—球阀

第七节 仪表控制系统

一、压缩机控制系统

压缩机控制系统（Unit Control System，UCS），是以计算机为核心的用于自动、连续地监视和控制压缩机组及其辅助系统运行的控制系统，实现压缩机组正常运行监控、安全联锁保护、多机组负荷分配控制等功能。

（一）系统构成

压缩机控制系统从结构来讲可分为上位机和下位机。下位机根据功能配置不同还可划分为各类子系统。

1. 上位机

上位机是具有人机界面（HMI）的计算机，一般为微型计算机。上位机有显示器或触摸屏、鼠标和键盘，实现人机交互，偏重人机界面，实现报表、趋势图、数据库、阈值报警等高级功能。按照操作权限和功能上位机可划分为工程师站和操作员站。

上位机的人机界面主要包括以下内容：测点清单，停机联锁，负荷分配，防喘振，启动机组，气路系统，油路系统，轴系系统，密封系统，历史趋势，报警历史，通信参数，联锁记忆等。

2. 下位机

下位机是直接控制设备和获取设备仪表状况信息的计算机，一般为可编程逻辑控制器（PLC）。下位机由中央处理器（CPU）、输入输出模块、信号隔离安全栅、防浪涌保护器、继电器、接线端子、网络交换机、机柜等构成，实现与现场各类仪表和执行器的交互，偏重算法和逻辑控制。

PLC是专门为工业环境设计的数字运算操作装置。在其内部存储和执行逻辑运算、顺序控制、计数和算术运算等操作指令，通过数字式或模拟式的输入输出信号来控制各种类型的电气设备和机械设备，实现生产过程监控。PLC的数据也可传输至调控中心。

下位机负责监视和控制现场仪表和设备状态，以及与压缩机辅助控制系统的通信传输和联动控制。

3. 各类子系统

压缩机控制系统（UCS）包括机组单元控制盘、紧急停车装置、负荷分配控制盘、机械保护系统、超速保护器等子系统。

（1）机组单元控制盘（Unit Control Panel，UCP）：用于控制单台压缩机及其辅助设备系统的控制盘，负责压缩机组正常运行的监控、机组的时序启动、复位和启动变频器等。

（2）紧急停车装置（Emergency Shutdown Device，ESD）：用于在单台压缩机组发生危险工况时实施紧急安全停车的保护装置，以保障生产安全，避免造成人员伤害及设备系统损失。负责压缩机紧急停车、停止变频器等。

（3）负荷分配控制盘（Main Control System，MCP）：用于控制多台压缩机组联合运行及负荷分配控制的主控制盘。负责多台压缩机的负荷分配、电机转速控制、各系统之间的时钟同步等。

（4）机械保护系统：用于压缩机、驱动电机和齿轮箱轴承运行状态的监测，负责轴瓦温度、位移、振动、转速信号的采集和处理，达到危险值时向 ESD 系统发出联锁信号，触发保压停机。

（5）超速保护器：用于压缩机转速的监测和超速保护。负责采集齿轮箱高速轴转速信号，超过设定值时向 ESD 系统发出联锁信号，触发保压停机。

（二）系统主要功能

系统可实现压缩机组启机/停机时序控制、防喘振控制、负荷分配控制、机组联锁保护、超速保护等监视和控制功能。

1. 启机时序控制

控制系统自动判断机组是否达到启动条件，条件为机组联锁状态、润滑油系统运行状态、防喘振阀状态、电机正压通风状态、站控系统允许启动信号。

进行启动操作后，按照预设时序逐一控制相关系统和设备进行启动或动作，每一步时序达到目标状态后，才能执行下一步动作，时序执行完成后压缩机达到最低转速。时序控制的设备有电机水冷系统、润滑油系统、密封气系统、压缩机进出口阀、加载阀、变频器等。启机时序界面如图 4-40 所示。

图 4-40　时序启机界面

2. 停机时序控制

进行停机操作后,按照预设时序进行打开防喘振阀、打开干气密封电磁阀、打开加载阀、逐步降低压缩机转速、关闭压缩机进出口阀等操作,自动完成机组停机。

3. 防喘振控制

对于离心式压缩机,防喘振控制系统用于维持最低的流量,避免压缩机发生喘振。该系统通过打开防喘振阀,让机组出口的气体循环返回到入口,无论压缩机的压比为多少,始终保证压缩机的吸入流量大于喘振流量,以此来实现防喘振功能。

防喘振控制采用了 p_d/p_s—h_s/p_s 的计算方法,通过坐标转换,包括了分子质量、流量、进口压力、进口温度、出口压力、出口温度的变化影响,控制模型更加靠近喘振线,从而保证压缩机组最大的工作区域。p_d/p_s 表示出口压力和入口压力的比值,h_s/p_s 表示入口流量和入口压力比值的近似值,如图 4-41 所示。

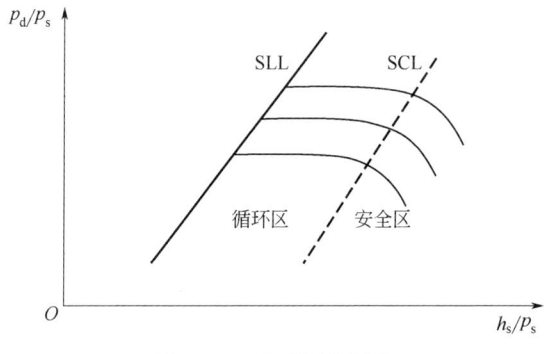

图 4-41 防喘振控制线
SLL—喘振线;SCL—防喘振线

图 4-41 中,SCL 的右侧为安全区,SLL 和 SCL 之间为循环区,无论任何原因使工作点在性能曲线上移动并到达 SCL,防喘振控制系统必须打开防喘振阀,由此吸气流量增加,工作点再次移向安全区,这时防喘振阀关闭。当机组正常停机或联锁停机时,控制系统使防喘振阀快速全开,避免停机过程发生喘振。防喘振控制界面如图 4-42 所示。

第四章　离心式压缩机辅助系统

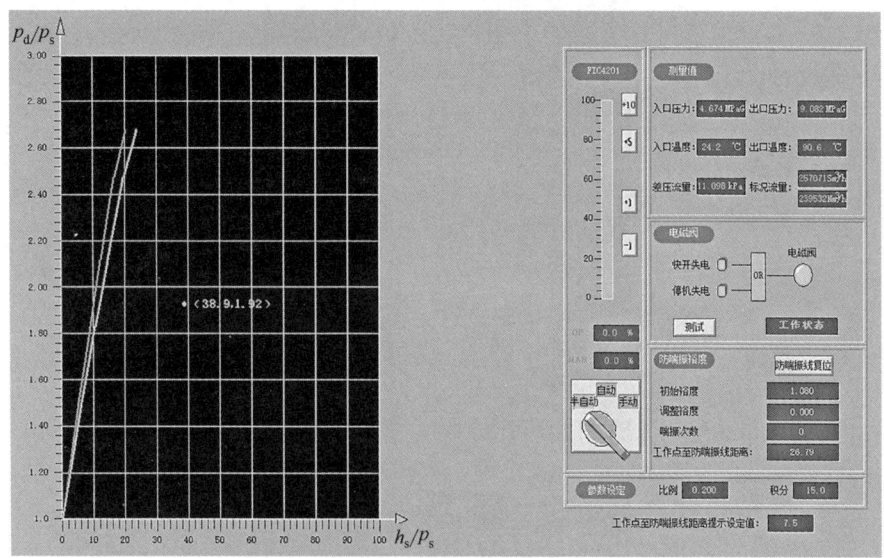

图 4-42　防喘振控制界面

4. 负荷分配控制

根据生产需要，可将单台或多台压缩机组置于负荷分配控制模式。在负荷分配控制模式下，可将压缩机入口总管压力或者出口总管压力作为控制运行目标值，系统自动调整压缩机的运行转速及负荷，同时将并联运行的多台压缩机的工作点自动控制在与防喘振线 SCL 等距的位置上。负荷分配压力调节界面如图 4-43 所示。

5. 机组联锁保护

机组联锁保护功能分为保压联锁停机和泄压联锁停机两种方式。当工况达到危害机组安全运行的临界状态时，将触发保压联锁停机。当可能出现压缩机内介质泄漏的临界工况时，将触发泄压联锁停机。

（1）保压联锁停机触发条件如图 4-44 所示，一般包括以下内容：

① 压缩机、齿轮箱和驱动电机的轴振动过大。

② 压缩机、齿轮箱和驱动电机的轴位移过大。

③ 压缩机、齿轮箱和驱动电机的轴承温度过高。

④ 压缩机出口压力过高。

⑤ 压缩机出口温度过高。

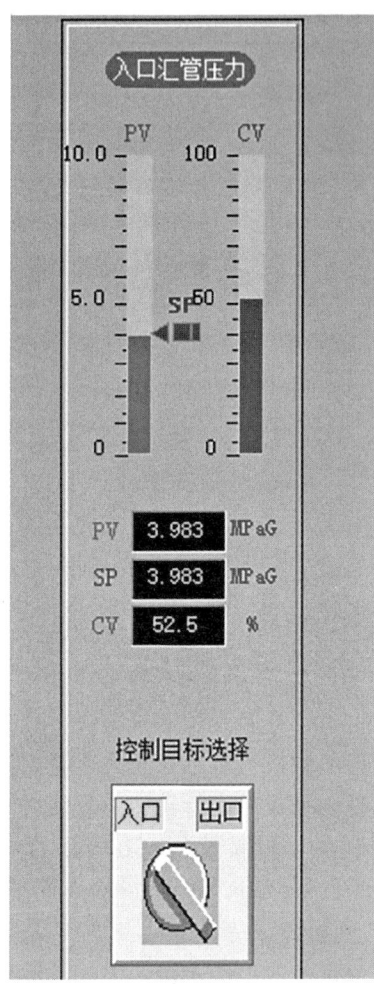

图 4-43 负荷分配压力调节界面

⑥ 润滑油总管压力过低。
⑦ 齿轮箱壳体振动过大。
⑧ 压缩机入口过滤器差压过高。
⑨ 超速保护器联锁停机。
⑩ 主电机水冷系统故障联锁停机。
⑪ 变频器重故障联锁停机。
⑫ 变频器紧急联锁停机。

⑬ 站控系统保压联锁停机。
⑭ 保压紧急停机按钮。

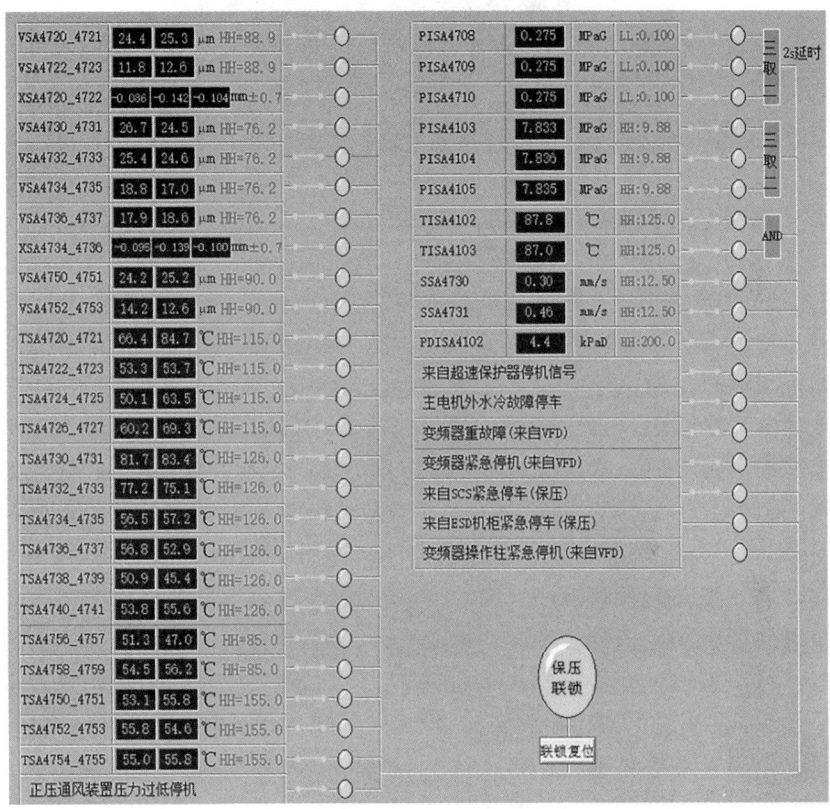

图 4-44　机组保压联锁停机画面

（2）泄压联锁停机触发条件如图 4-45 所示，一般包括以下内容：
① 压缩机驱动端一级泄漏气压力过高。
② 压缩机非驱动端一级泄漏气压力过高。
③ 仪表风减压后压力过低。
④ 站控系统泄压联锁停机。
⑤ 泄压紧急停机按钮。

6. 超速保护

通常在齿轮箱的高速端设置电涡流传感器，将采集的压缩机转速信号传

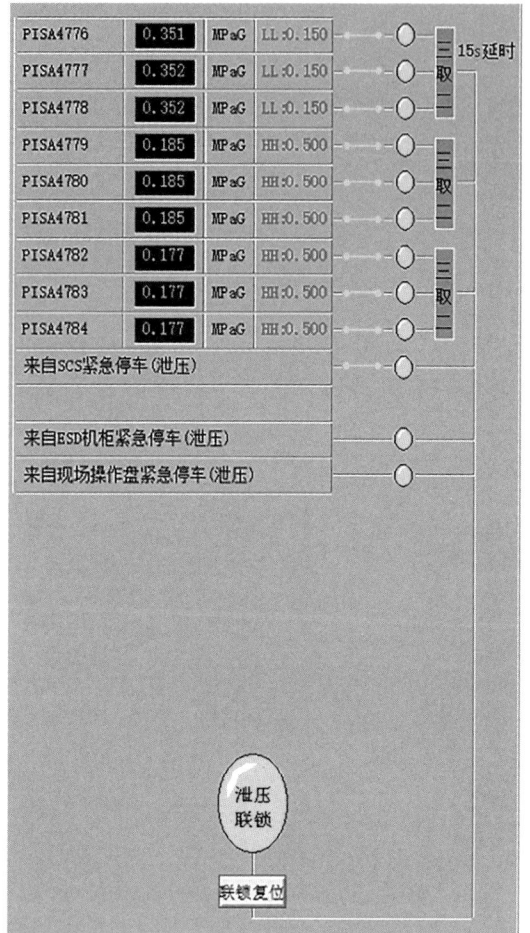

图 4-45 机组泄压联锁停机画面

输至超速保护器。当压缩机转速达到跳闸保护设定值时,由超速保护器向压缩机 ESD 系统发送联锁信号,触发保压联锁停机,以实现压缩机的超速保护功能。

二、压缩机辅助控制系统

压缩机辅助控制系统主要有电机水冷控制系统、变频器控制系统、变频水冷控制系统、MCC 控制系统，负责各类别压缩机辅助系统的自动运行控制，接收压缩机控制系统的控制指令，并传输各子系统的设备运行状态信号。压缩机控制系统与辅助控制系统关系如图 4-46 所示。

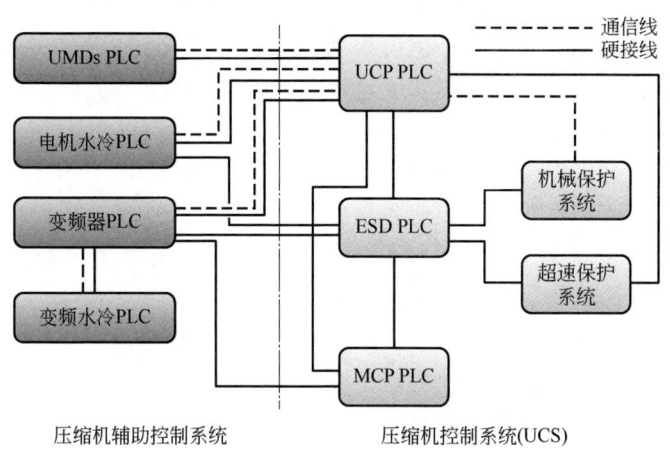

图 4-46　压缩机控制系统与辅助控制系统关系图
UMDs—工业驱动不间断电源系统

三、仪表及信号

（一）仪表类型

就地显示仪表：压力表、双金属温度计、磁翻板液位计、浮子流量计等。

数字仪表：压力变送器、差压变送器、液位变送器、温度变送器、埋入式铂热电阻、电涡流传感器（振动、位移、转速）、电接点压力表、流量开关、涡轮流量计等。

执行器：气动执行机构、电动执行机构、电磁阀、变频控制器、接触器等。

（二）主要仪表选型

压力变送器，主要用于检测压缩机入口、压缩机出口、润滑油、一级密封气、一级泄漏气、隔离气、仪表风、电机水冷、变频水冷等部位或管路中的介质压力。

差压变送器，主要用于检测压缩机加载阀、密封气过滤器、隔离器过滤器、增压泵工艺过滤器、润滑油过滤器、润滑油箱、工艺气空冷器、密封气与平衡管等部位的介质差压；也可检测压缩机入口文丘里管、一级密封气、一级泄漏气、增压泵后气体等部位或管路节流装置的介质差压，再通过控制系统换算为相应介质流量。

温度变送器，主要用于检测压缩机入口、压缩机出口、工艺气空冷器、润滑油、密封气、电机水冷、变频水冷等部位或管路中的介质温度。

电涡流传感器，主要用于检测压缩机、驱动电机及齿轮箱传动轴的振动、位移、转速信号。

埋入式铂热电阻，主要用于检测压缩机、驱动电机及齿轮箱支撑轴承和推力轴承的轴瓦温度，驱动电机定子温度。

位于爆炸区域内的仪表需具备 Exd Ⅱ BT4 防爆等级认证，涉及联锁保护的仪表需具备 SIL Ⅱ 及以上安全等级认证。

（三）信号类型

控制系统使用的信号分为模拟量信号、开关量信号、通信信号三种类型。参与逻辑运算、主要控制操作和重要数据监视的信号数据，均使用模拟量信号和开关量信号进行传输，俗称硬接线，可靠性高。而对可靠性要求不高，不直接影响设备运行的信号数据，通常使用通信方式传输。例如，电机水冷系统的启停操作、综合报警、故障联锁停机等使用开关量信号，而系统的运行过程参数均使用通信信号传输至压缩机控制系统。

（1）模拟量信号：工业上一般用 4~20mA 的电流信号或 1~5V 的电压信号来表示模拟量的数值，一对信号线只能实现一个数据的传输。模拟量信号可细分为模拟输入信号（AI 信号）和模拟输出信号（AO 信号）。

AI 信号主要包括压力、差压、温度、流量、阀位、液位、振动、位移、转速、电流、电压、频率等。

AO 信号主要包括阀位控制、驱动电机转速控制、风机转速控制、百叶窗开度控制等。

（2）开关量信号：是指非连续性信号的采集和输出，它只有"0"和"1"两种状态，一般开关量装置通过内部继电器实现开关量的输出。通常使用 24V DC 作为信号的输入电压，一对信号线只能实现一个数据的传输。开关量信号可细分为数字输入信号（DI 信号）和数字输出信号（DO 信号）。

DI 信号主要包括阀开、阀关、故障、远程/就地、运行、正压通风吹扫完成、变频器准备就绪、MCC 故障、电机轴振动过大等。

DO 信号主要包括开阀、关阀、复位变频器、启动变频器、机组运行状态去 ESD、启动/停止风机、润滑油泵允许启动去 UCP、机组紧急停车去变频器等。

（3）通信信号：是指通过数字通信协议，在控制器之间传输数据包，1 个数据包可包含多组数据，数据类型不限。常用的通信协议有 Modbus、TCP/IP 和 Hart 等，通信传输可使用有线或无线方式。一对信号线可以传输多个信号数据。

第八节　工艺气系统

离心式压缩机工艺气系统设置有立式分离装置、过滤分离装置、回流装置、计量装置、防喘振装置、放空装置、压缩机入口计量装置、后空冷装置等，主要设备包括立式分离器、卧式分离器、回流阀、气体超声波流量计、防喘振阀、文丘里管流量计、管道过滤器、工艺气冷却系统等。离心式压缩机工艺气系统流程如图 4-47 所示。

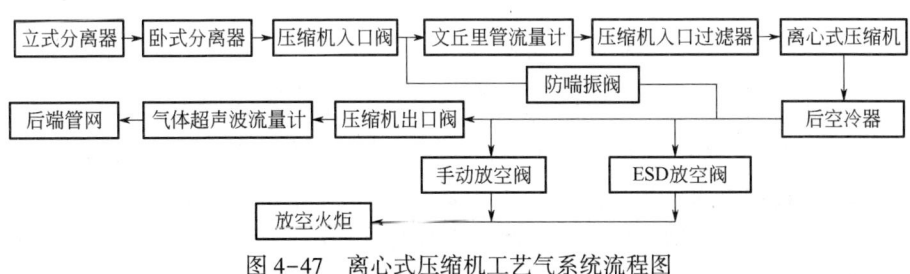

图 4-47　离心式压缩机工艺气系统流程图

一、立式分离器

立式分离器的主要作用是除去输送介质气体中携带的固体颗粒杂质和液

滴，实现气固液分离，以保证管道及设备的正常运行。

立式分离器主要分为多管干式分离器、立式重力式分离器。

多管干式分离器的工作原理：天然气通过入口进入旋风分离区，当含杂质气体沿轴向进入旋风分离管后，气流受导向叶片的导流作用而产生强烈旋转，气流沿筒体呈螺旋形向下进入旋风筒体，密度大的液滴和尘粒在离心力作用下被甩向器壁，并在重力作用下，沿筒壁下落流出旋风管排尘口至设备底部储污物区，从设备底部的排污口流出。旋转的气流在筒体内收缩向中心流动，向上形成二次涡流经导气管流至净化天然气室，再经设备顶部出口流出。多管干式分离器结构如图4-48所示。

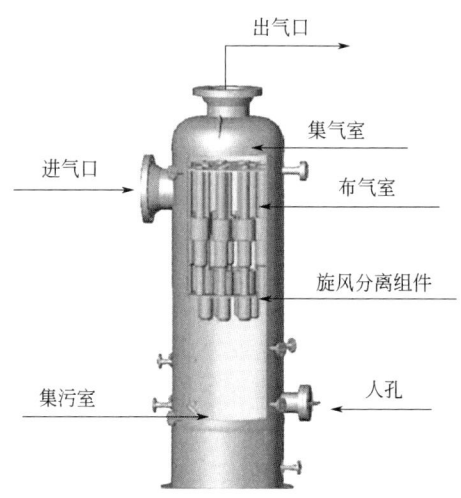

图4-48 多管干式分离器结构示意图

立式重力式分离器主要由筒体、进口管、出口管和排污管等组成，如图4-49所示，按功能可分为四个功能段，即分离段、沉降段、除雾段、储存段。为提高分离器的分离效果，筒体内还装有伞形罩和捕雾器等。天然气由进口管进入分离器筒体内，筒体横截面积远远大于进口管横截面积，使天然气体积膨胀，流速降低。由于天然气和液体、固体杂质密度不同，造成液滴和固体杂质的沉降速度大于气流的上升速度，液体、固体杂质沉降到分离器底部，气体从分离器顶部的出口管输走，从而实现气体、液体和固体杂质的分离。为了减少了气流击拍液面，造成气流携带液体的现象，在分离器内装有伞形罩。为了提高重力式分离器的效率，进口管线多以切线进入，利用离心力对液体、固体进行初步分离。捕雾器利用碰撞原理分离微小的雾状液滴，雾状液滴不断碰撞到已被润湿的捕雾器丝网表面，并不断聚积，当直径增大到使其重力大于气流上升的升力和丝网表面的黏着力时，液滴就会沉降下来。

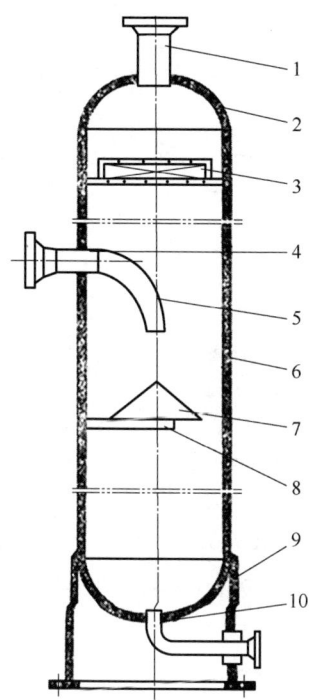

图 4-49　立式重力分离器结构示意图
1—出口管；2—上封头；3—捕雾器；4—进口管；5—进气管；6—筒体；7—伞形罩；
8—伞形罩支架；9—裙座；10—排污管

二、卧式分离器

卧式分离器的结构及工作原理：当带有液体、固体杂质的天然气进入分离器后，在初始分离段中，过滤管将使流经这些管子的气体中的液沫聚集成较大的液滴，然后由其他捕雾元件所构成的第二段将这些聚积的液滴脱出除掉。分离器可以100%地有效脱除大于 $2\mu m$ 的所有颗粒，99%地脱除小到

0.5μm 的微粒。卧式分离器多用于矿场增压站的压缩机入口和仪器仪表气的净化过滤，结构如图 4-50 所示。

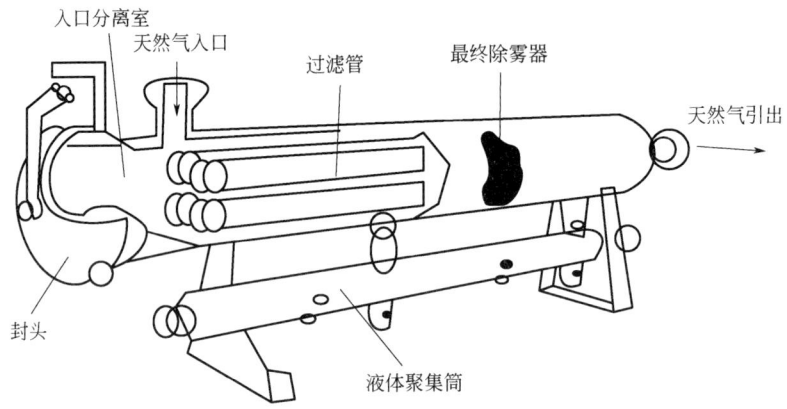

图 4-50　卧式分离器（带聚集筒）结构示意图

卧式分离器在运行过程中，由于天然气杂质增多或固体颗粒较多，引起分离器前后压差增大，当压差超过 0.1MPa 时，表明过滤器内部出现堵塞，应及时停运并更换滤芯。若 2 台以上卧式分离器同时运行时，当某台分离器后的流量计的流量值比其他几路小 30%（此设定值可在运行时调整）时，表明这路分离器可能堵塞，需进行检修或更换滤芯。

三、气体超声波流量计

超声波流量计是一种基于超声波在流动介质中传播速度等于被测介质的平均流速与声波在静止介质中速度的矢量和的原理开发的流量计，主要由换能器和转换器组成。

气体超声波流量计的工作原理：超声脉冲穿过管道从一个传感器到达另一个传感器，当气体不流动时，超声脉冲以相同的速度在两个方向上传播。如果管道中的气体有一定流速，则顺着流动方向的超声脉冲会传输得快一些，而逆着流动方向的超声脉冲会传输得慢些。因此通过接收到的超声波就可以检测出流体的流速，从而通过函数关系换算成流量，如图 4-51 所示。

气体超声波流量计的安装要求及特点：

（1）传感器应装在上游距超声波流量计 30D 位置或下游距超声波流量

第四章 离心式压缩机辅助系统

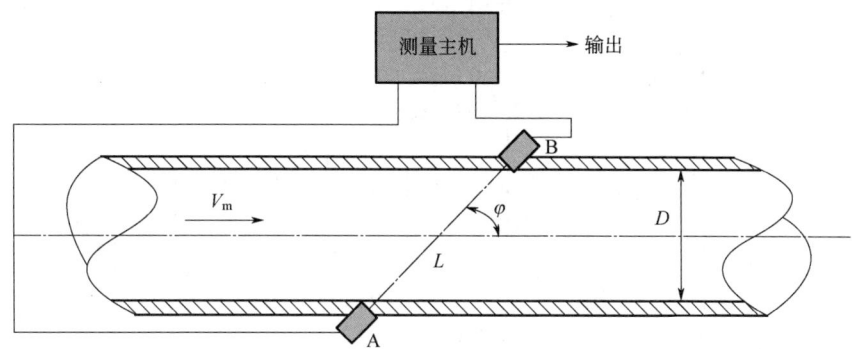

图4-51 气体超声波流量计测量原理示意图

V_m—管道内流体流速，m/s；φ—超声波传播路径与流体流动方向的夹角，(°)；
L—超声波在两个换能器（A和B）之间传播的路径长度，m；D—管道直径，m

计10D位置。

（2）传感器应安装在远离振动源的地方或安装在改变流态装置的上游。

四、文丘里管流量计

文丘里管流量计是新一代差压式流量测量仪表，以能量守恒定律—伯努力方程和流动连续性方程为基本测量原理。文丘里管由圆形测量管和特型芯体所构成。特型芯体的径向外表面具有与经典文丘里管内表面相似的几何廓形，并与测量管内表面之间构成一个异径环形过流缝隙。流体流经文丘里管的节流过程与环形孔板的节流过程基本相似。文丘里管在使用过程中不存在类似孔板节流件的锐缘磨蚀与积污问题，并能对节流前管内流体速度分布梯度及可能存在的各种非轴对称速度分布进行有效流动调整（整流），从而实现了高精确度与高稳定性的流量测量，如图4-52所示。

（一）文丘里管流量计的作用

文丘里管流量计对离心式压缩机入口的天然气进行计量，为机组的工况工作点的准确计算提供基础数据支撑。

文丘里管流量计是离心式压缩机最常用的流量计，根据实际需要，也可以使用均速管流量计、孔板阀等其他类型的流量计。

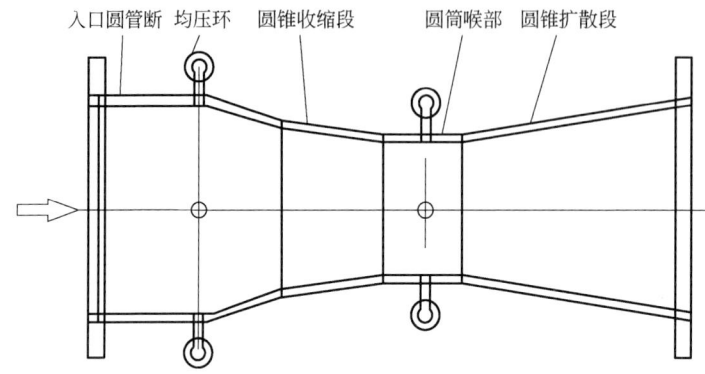

图 4-52 文丘里管流量计原理示意图

（二）文丘里管流量计分类

（1）经典文丘里管流量计：应用于各种介质的流量测量，具有压力损失小、前后直管段长度短、寿命长等特点，为离心式压缩机主要配套的流量计。

（2）套管式文丘里管：主要应用于石化行业各种大口径管道并且高压或者危险介质的流量测量和控制。

（3）文丘里喷嘴：适用于各种介质的测量场合，具有永久压力损失小、要求的前后直管段长度短、寿命长等特点，本体安装长度比经典文丘里管短。

（三）文丘里管流量计优缺点

（1）优点：应按照 ASME 标准精确制造，测量精度可以达到 0.5%，目前国产文丘里管流量计测量精度能达到 4%。在使用过程中文丘里管流量计维护保养工作量小是其最突出的优点。

（2）缺点：喉管和进口/出口材质一样，流体对喉管的冲刷和磨损严重，无法保证长期测量精度。文丘里管流量计流量测量范围最大/最小流量比很小，一般为 3~5，很难满足流量变化幅度大的流量测量需求。

（3）文丘里管流量计与孔板流量计相比具备的优点：

① 结构简单：文丘里管由一圆形测量管和置入测量管内并与测量管同轴的特型芯体所构成，其结构简单，故障率相对较低。

② 压损小：文丘里管收缩段和扩散段的作用使压力损失大大降低，压力损失为孔板的 1/5~1/3。

③ 耐磨损、寿命长：文丘里管的几何特性决定，其磨损小，表面经特

殊处理后更耐磨、耐腐蚀，寿命很长，甚至可用于固液混合计量，这是与孔板相比最大的优点。

④ 维护量少：因文丘里管不需经常清洗和定期检查、更换，日常维护工作量大大减少。

⑤ 精度较高：在测量气体和液体流量时能够提供相对准确的结果。

（四）文丘里管流量计的安装注意事项

（1）首先截取两段与取压弯管相同管径的直管段，长度在1倍直径以上。

（2）在条件较好的平台（或平地）上，将截取的两段直管段与取压弯管焊接，呈90°垂直状态，并保证焊接质量。

（3）传感器与工艺管道焊接，尽可能使其在水平空间状态下工作。当现场不具备水平安装条件时，可在垂直空间状态下安装。

（4）传感器与工艺管道采用法兰连接，可按传感器标志流向，与工艺管道呈水平空间状态对接。

（5）安装时，前端直管段长度应大于5倍直径，后端直管段长度应大于2倍直径。

五、管道过滤器

（一）管道过滤器的主要作用

天然气在进入离心式压缩机叶轮后，气体速度急速增加，若存在一定污物，将对高速运转的叶轮造成不可逆的损伤，因此在天然气进入压缩机前，需要进行一次精过滤。一般过滤器滤网精度应不大于20目，滤芯、套筒焊接完成后，进行打磨处理，并进行酸洗钝化处理。管道过滤器有效通流面积不小于150%管道横截面积。

（二）管道过滤器的结构

管道过滤器由过滤套筒、壳体、过滤网、法兰及紧固件等组成，安装在管道上，较大固体杂质颗粒被过滤网阻挡，保障压缩机能正常工作和运转。管道过滤器可拆卸、清洗后继续使用，使用维护方便。管道过滤器结构如图4-53和图4-54所示。

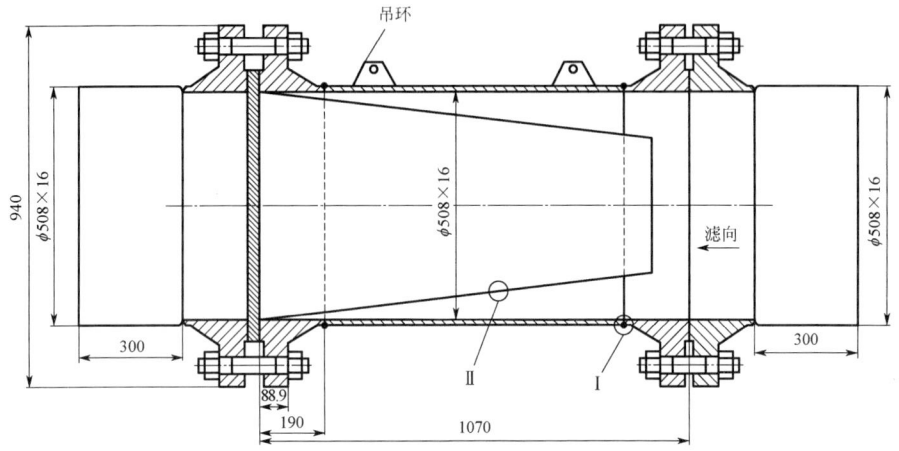

图 4-53 管道过滤器结构示意图

Ⅰ—管道过滤器上游法兰；Ⅱ—管道过滤器滤网

图 4-54 管道过滤器现场图

六、防喘振阀

（一）防喘振阀的作用

防喘振阀的作用是防止喘振现象的发生，保障压缩机的稳定运行。防喘振阀能够在压缩机接近喘振工况时迅速打开,增加气体的回流或旁通,从而增大压缩机的进气流量,避免压缩机进入喘振区域。这有助于保护压缩机的叶轮、轴系等关键部件免受喘振带来的巨大冲击和损坏,延长压缩机的使用寿命。同时,防喘振阀的及时动作可以维持压缩机的出口压力和流量相对稳定,保障整个压缩系统的连续、可靠运行。

（二）防喘振阀的主要类型

为快速对离心式压缩机实现防喘振保护,防喘振阀从全关到全开的动作时间一般需要控制在 2s 以内,防喘振阀一般采用轴流式阀（图 4-55 和图 4-56）、Globe 阀（图 4-57 和图 4-58）等。

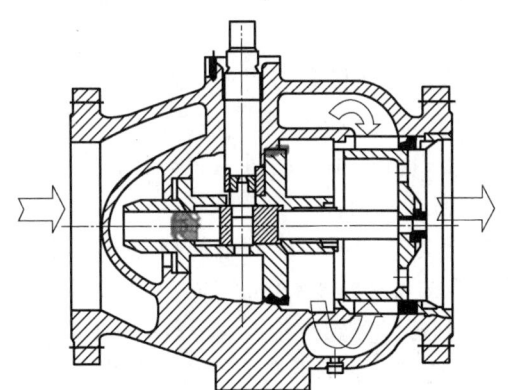

图 4-55 轴流式防喘振阀结构示意图

图 4-56 轴流式防喘振阀实物图

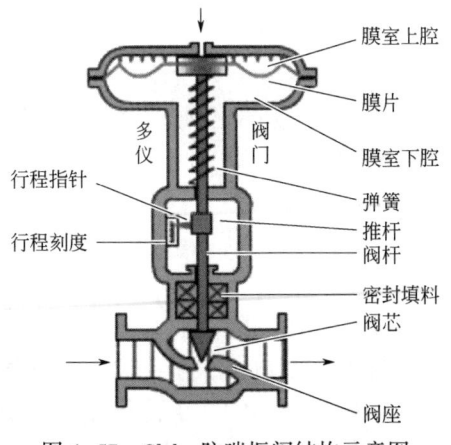

图 4-57 Globe 防喘振阀结构示意图

图 4-58 Globe 防喘振阀实物图

（三）防喘振阀的工作原理

通过执行器驱动阀芯运动，来改变内部流通面积，对流体进行节流降压控制，进而实现流量或者压力的调节或者控制目的。轴流是指在阀的内体和外体间直线对称和无障碍的流道。当介质从轴向弧状流道进入外壳，锥形导流罩壳可以梳直流体，使流体速度分布均匀，这样能量损失较小，然后经过套筒窗口，向套筒中部集中，流出阀门。

（四）防喘振阀的主要特点

（1）防喘振阀应带有快速排气阀的执行机构，应配有一个高速、高精度的阀位定位器。

（2）防喘振阀必须能够满足大差压、低噪声的要求，阀内件应有足够的阻力通道或减压级，以保证天然气在最恶劣的工况下连续流过阀内件时，其速度头（动能）低于480kPa，阀出口流速不应超过0.2马赫。在最恶劣的工况下，在距阀1m处的噪声不得超过85dB。

（3）防喘振阀的气动执行机构应为气动薄膜或活塞类型。执行机构通常在20~100kPa范围内工作。执行机构可接收4~20mA DC的模拟信号，输出4~20mA DC的阀门开度信号和开到位、关到位接点信号（DPDT）。执行机构的推力应足够大，以便能够承受阀座上的不平衡力，在冲击的情况下稳定操作，给阀门提供所需的切断力。

（4）执行机构发生任何故障均应使喘振控制阀全开。

（五）防喘振阀的维护保养

根据防喘振阀实际使用频率，每两年宜对防喘振阀进行打开检查，确认阀芯及阀座状况，及时开展维护及维修工作。

七、工艺气冷却系统

工艺气冷却系统主要作用是将压缩机增压后的高温高压天然气进行降温，将进入后端管网的天然气温度控制在55℃以下，避免对后端设备（设备密封面以及管道防腐材料等）造成不可逆的影响。工艺气冷却系统主要分为干式空冷器和湿式空冷器两种。

（一）干式空冷器

干式空冷器是离心式压缩机站场最常使用的工艺气冷却装置，执行空冷器设计的国际标准为 ASME+API661，国内一般执行 NB/T 47007—2018《空冷式热交换器》标准，是利用空气冷却热流体的换热器。空冷器以空气作为冷却介质，主要由管束、支架和风机组成。空气冷却器热流体在管内流动，空气在管束外吹过。由于换热所需的通风量很大，而风压不高，因此多采用轴流式通风机。管束的形式和材质对空冷器的性能影响很大。由于空气侧的传热系数很小，因此常在管外加翅片，以增加传热面积和流体湍动，减小热阻。空冷器大都采用径向翅片。空冷器中通常采用外径为 25mm 的光管，翅片高为 12.5mm 的低翅管和翅片高为 16mm 的高翅管。翅片一般用热导率高的材料制成，缠绕或镶嵌到光管上。低噪声的干式空冷器能将噪声控制在 65dB 以下。

（二）湿式空冷器

湿式空冷器执行 NB/T 47007—2018《空冷式热交换器》标准，根据喷水方式，可分为表面蒸发型、增湿型和喷淋型 3 种，在石化工业中多使用增湿型和喷淋型。相较于干式空冷器，在炎热的夏季，环境气温较高时，应用湿式空冷器更为有利。但是，湿式空冷器在管内流体温度超过 70℃ 时，就极易结垢。

（三）工艺气干式冷却器的设计主要技术要求

（1）压缩机单独配置工艺气后空冷器系统。工艺气后空冷器机组配置定频和变频（至少保证一台变频）电机。

（2）室外各防爆电器的防爆等级应不低于 ExdIIBT4Gb，防护等级不低于 IP65。空冷器需配置现场操作柱，具备电源切断功能。

（3）工艺气后空冷器应是水平结构，装备两端装有清管丝堵的冷却管箱，四周装备防虫网，并提供带有便于现场检修的快开式工作门。

（4）翅片管一般采用 KL 型或者 DR 型翅片管，同时应设计风机叶片断裂损坏翅片管的保护措施，冷却管和散热片应便于清洗和吹扫。管束形式与代号见表 4-3。

表4-3 管束形式与代号

管束形式	代号	管箱形式	代号	翅片管形式	代号	接管法兰密封面形式	代号
鼓风式水平管束	GP	丝堵式管箱	S	L型翅片管	L	突面	a
斜顶管束	X	可卸盖板式管箱	K1	LL型翅片管	LL	凹凸面	b
引风式水平管束	YP	可卸帽盖式管箱	K2	滚花型翅片管	KL	榫槽面	c
—	—	集合管式管箱	J	双金属轧制翅片管	DR	环连接面	d
—	—	半圆管式管箱	D	镶嵌型翅片管	G	—	—

常用的翅片管如图4-59所示。

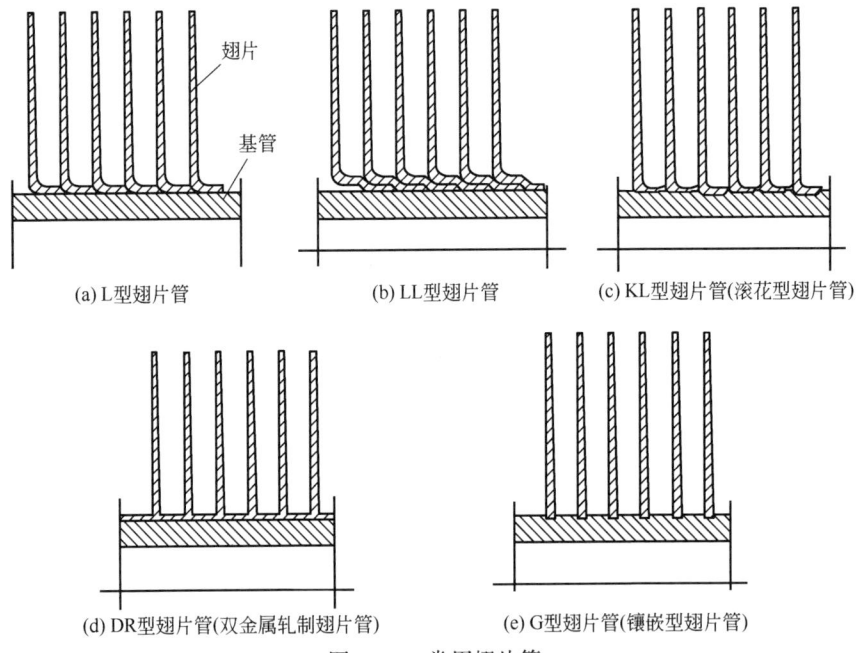

图4-59 常用翅片管

（5）工艺气后空冷器电机润滑脂选择应考虑站场所在地区环境温度，考虑防冻措施，避免冬季润滑脂冻凝。

（6）空冷器风扇底部（鼓风式）或风箱底部（引风式）距地面应不低于2.0m。

（7）空冷器平台、斜梯（至少一个斜梯）、风机及百叶窗设计必须满足 NB/T 47007—2018 规定要求。

（8）离心式压缩机的工艺气出压缩机冷却后温度不宜超过 55℃，保证卸载回流和防喘回流情况下安全运行。

（9）空冷器换热面积应保证 20% 余量，工艺气后空冷器的最大压差不得大于 0.05MPa。

（10）空冷器本体应设置低点排污。

第九节 电气系统

目前大多数离心式压缩机采用电驱式，供电系统应满足离心式压缩机站场负荷等级及电能质量要求。压缩机组配套供电系统主要由电力线路、变配电设备、应急电源、无功补偿装置、继电保护系统、接地系统、电机及其附属设施等组成，相关设备设施的安全平稳可靠运行是确保离心式压缩机组正常运行的基础。本节主要介绍离心式压缩机组场站电力线路、现场电气设备等。

一、离心式压缩机组场站电力线路

（一）电力线路的组成

离心式压缩机组场站电力线路包括以下三个部分：

（1）外部供电线路。外部供电线路是上级电网与站场内供电系统相联络的高压进线，其作用就是从上级电网受电，并向降压变电所（站）或配电所供电。外部供电线路的电压等级主要根据上级电网电压、供电半径、负荷等级、压缩机组功率等因素综合确定，通常情况下采用 35kV 或 110kV。

（2）内部高压配电线路。内部高压配电线路的作用是从降压变电站（所）或配电所，降压至场站用电设备所需求的电压等级送电。变电站，顾名思义就是改变电压的场所，是电力系统中对电能的电压和电流进行变换、集中和分配的场所。为保证电能的质量以及设备的安全，在变电所中还需进行电压调整、潮流（电力系统中各节点和支路中的电压、电流和功率的流向及分布）控制以及输配电线路和主要电气设备的保护。典型压气站 35kV 变电站主接线图如图 4-60 所示。以 6kV 或 10kV 电压向配电站或高压用电设备供电。

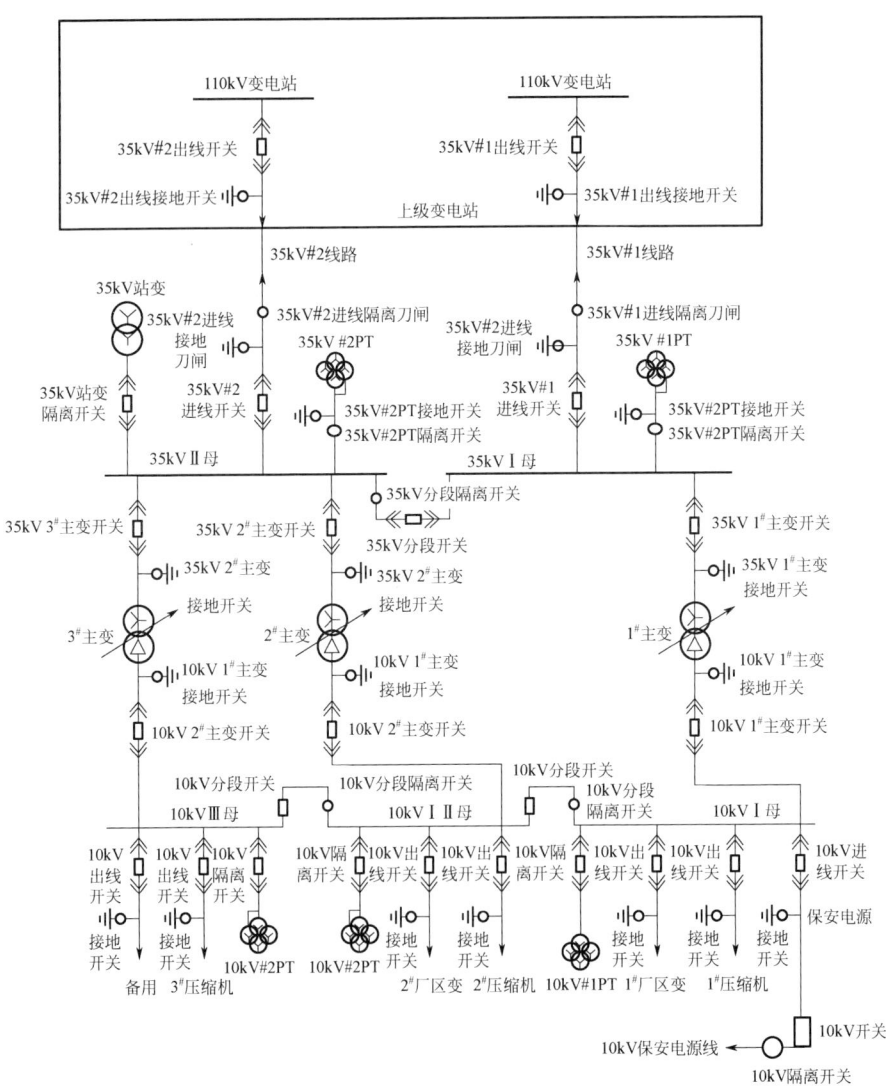

图 4-60　典型压气站 35kV 变电站主接线图

（3）低压配电线路。低压配电线路的作用是从配电站以 380/220V 的电压向现场各低压用电设备供电。

（二）常用线路的接线方式

离心式压缩机组场站因其负荷等级较高，高压线路一般采用双回路放射式线路的接线方式，以确保供电可靠性。部分场站还配备了10kV的保安电源（检修电源），为场站提供应急电源或检修电源。低压线路一般采用放射式的接线方式，以满足多回路电气设备用电需求。

二、电站内部电气设备

（一）变压器

变压器的最基本功能是改变交流电压。它利用电磁感应原理把一种电压变成同频率的另一种电压，是电力系统中必不可少的电气设备。在电力的远距离输送中，为了减少能量的损耗，通常都采用将电压升高的方式，例如升到220kV、500kV，甚至向更高的定电压发展。可是，发电机由于结构上的限制，通常只能发出10kV电压。因此，必须通过变压器的升压，才能进行远距离输送。电能送到目的地后，为了使用上的安全性，又要通过变压器将电压降低，变为用户需要的10kV、6kV、380V或者220V的电压等级。

1. 变压器的结构

变压器的基本结构是在一个闭合的铁芯上绕有两个不相关的绕组，如图4-61所示。一个接到外加电压上，称为一次绕组或原边绕组，另一个称为二次绕组或幅边绕组。铁芯和一、二次绕组就从原理上构成了一个完整的变压器。变压器的主要部件有高压套管、低压套管、分接开关、净油器、绕组、铁芯、安全气道、油位计、油枕、呼吸器、散热器、油箱等。

2. 变压器的工作原理

当一次绕组加上外加电压 u_1 就会产生一个电流 i_1，这个电流在铁芯中产生了一个磁通 Φ_1，它既穿过一次绕组，也穿过二次绕组。根据法拉第电磁感应定律，这个磁通会在两个绕组中同时产生感应电势，如图4-62所示。

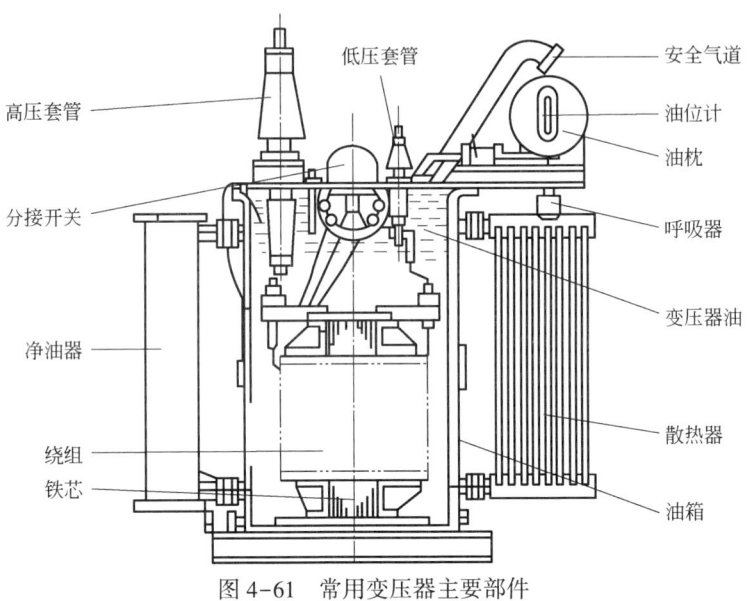

图 4-61 常用变压器主要部件

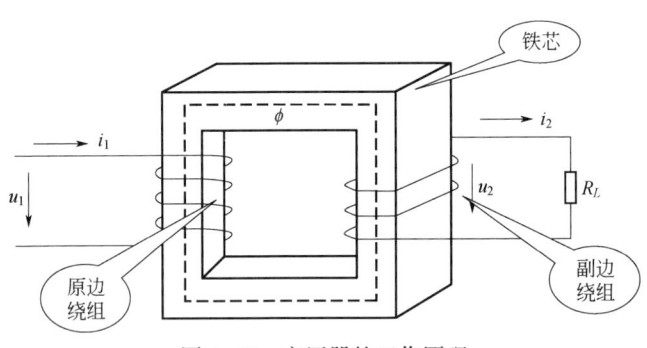

图 4-62 变压器的工作原理

当变压器的次端接上负载时,二次绕组就会产生一个电流 i_2,这个电流将会影响空载时的主磁通。变压器的主磁通基本上取决于一次电压,一次电压不变,主磁通也基本上保持恒定。为了抵消二次电流对主磁通的影响,一次电流也要相应改变。由于一、二次电流在相位上近于反向,因此,二次电流的出现将导致一次电流的增加。也就是说,一次电流除原来的激磁电流外,还加上了一个电流,这就是负载电流,由于一次电流相应改变,最后使得变压器的主磁通仍保持空载时的大致水平。

3. 变压器的分类

由于变压器的用途极广、种类繁多，分类的方法相应也很多。

按变压器的相数，变压器可分为单相变压器和三相变压器。

按变压器的绕组数，变压器可分为单绕组变压器（自耦变压器）、双绕组变压器和三绕组变压器。

按变压器的冷却方式，变压器可分为油浸自冷式（ONAN）、强迫风冷式（AF）、强迫油冷式（OFAF）和水冷式（WF）。

按绝缘材料，变压器可分为油浸式绝缘、环氧树脂（干式）绝缘。

按变压器的用途，变压器可分为电力变压器和特种变压器。特种变压器种类繁多，例如：电炉变压器、焊接变压器、整流变压器、试验变压器、隔离变压器、控制变压器、中频变压器、船用变压器、矿用变压器、电压及电流互感器等。各种变压器的用途不同，结构也不完全一样。本节主要介绍变配电中常见的油浸式变压器和干式变压器。

1) 油浸式变压器

油浸式变压器是指绕组采用绝缘油作为绝缘介质的变压器，图4-61所示就是常见的油浸式变压器。由于油的电气强度和机械强度均比空气高得多，且绝缘性能优良，所以油浸式变压器的冷却方式可以是自然冷却、强迫风冷或强制风冷。油浸式变压器的绕组采用绝缘油作为绝缘介质，可节约大量能源。因此，油浸式变压器广泛应用于各种大、中型发电厂、变电所和工矿企业，并具有以下优点：

(1) 冷却效果好，容量大，过载能力强。

(2) 绝缘电阻高，电气绝缘性能好。

(3) 工频铁损小，效率高。

(4) 运行安静，噪声低。

(5) 油浸式变压器具有较好的防潮性能。

2) 干式变压器

干式变压器广泛用于局部照明、高层建筑、机场等场所。简单地说干式变压器就是指铁芯和绕组不浸渍在绝缘油中的变压器，如图4-63所示。冷却方式分为自然空气冷却（AN）和强迫空气冷却（AF）。自然空冷时，变压器可在额定容量下长期连续运行。强迫风冷时，变压器输出容量可提高50%。干式变压器常用于防火、防爆等性能要求高的场所并具有以下特点：

（1）浇注线圈的整体机械强度高、耐受短路的能力强。

（2）耐受冲击过电压的性能好，基准冲击水平（BIL）值高。

（3）防潮及耐腐蚀性能特别好，尤其适合在极端恶劣的环境条件下工作。

（4）可制造大容量的干式变压器。

（5）局放小，运行寿命长。

（6）可以立即从备用状态下投入运行而不需要热备。

（7）损耗低，过负荷能力强。

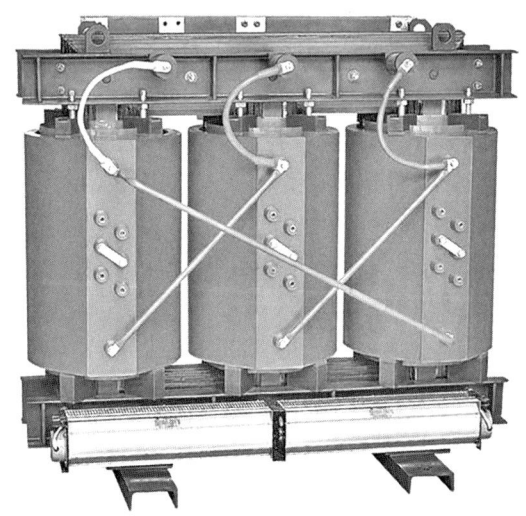

图 4-63　干式变压器外形

（二）高压开关柜

高压开关柜主要用于发电、输电、配电和电能转换。开关柜的柜体为组装式结构，开关柜不靠墙安装。高压开关柜具有架空进出线、电缆进出线、母线联络等功能。柜体由壳体、电气元件（包括绝缘件）、各种机构、二次端子及连线等组成。主要电气元件有高压断路器、高压隔离开关与接地开关、高压负荷开关、高压自动重合与分段器、高压操作机构、高压防爆配电装置等。

高压开关柜一般组合形式由高压进线柜、高压计量柜、避雷柜、母联柜、变压器柜、出线柜、电容补偿柜组成，如图 4-64 所示。高压进线柜就是从电站过来的电源，首先进来的柜子，然后经过进线柜又分给各个用电设备或变压器。高压计量柜就是计算用电量的电能计量柜，柜门一般由上级供电公司铅封。母联柜是当系统有两路电源进线，且两路互为备用时，需要将两路电源的主母线进行连通，连通两段母线的开关柜称为母联柜。注意：母联柜与两路进线柜一般禁止同时闭合。电容补偿柜能补偿无功功率，提高电能质量，降低损耗，同时也能提供配电运行数据。

图 4-64　高压开关柜组合体

（三）环网柜

环网是指环形配电网，即供电干线形成一个闭合的环形，供电电源向这个环形干线供电，从干线上再一路一路地通过高压开关向外配电。这样的好处是，每一个配电支路既可以由它的左侧干线取电源，又可以由它右侧干线取电源。当左侧干线出了故障，它就从右侧干线继续得到供电，而当右侧干线出了故障，它就从左侧干线继续得到供电。这样一来，尽管总电源是单路供电的，但对于每一个配电支路来说却得到类似于双路供电的实惠，从而提高了供电的可靠性。

所谓"环网柜"就是每个配电支路设一台开关柜（出线开关），如图 4-65 所示。这台开关柜的母线同时就是环形干线的一部分。也就是说，环形干线是由每台出线柜的母线连接起来共同组成的。每台出线柜就称为"环网柜"。实际上单独拿出一台环网柜是看不出"环网"的含义的。

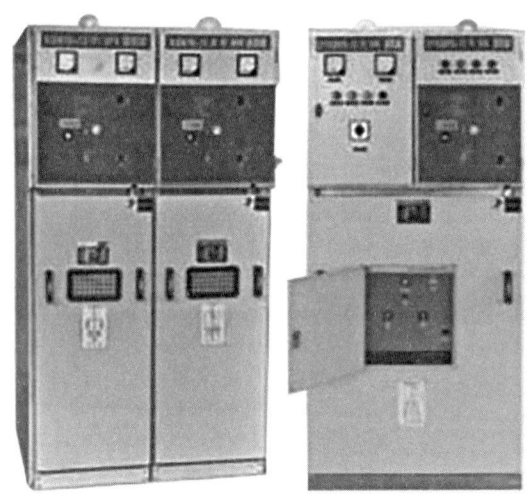

图 4-65 常见环网柜

（四）互感器

互感器属于特种变压器，包括电流互感器和电压互感器，是一次系统和二次系统的联络元件，分别向测量仪表、继电器的电压线圈和电流线圈供电，以便正确反映电气设备的正常运行和故障情况，如图 4-66 所示。

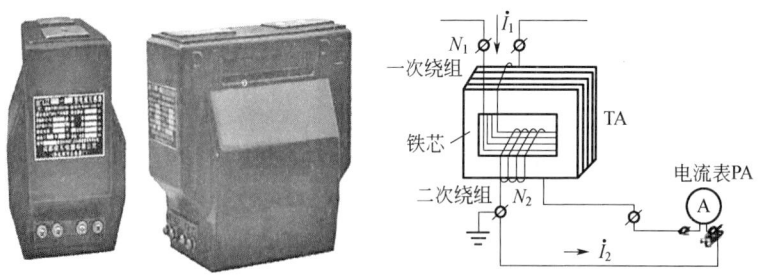

图 4-66 互感器图例及内部示意图

电流互感器精度分为 5 级，即 0.2 级、0.5 级、1 级、3 级和 10 级，一般情况下 0.2 级的用于电能计量、高精度电压测量、电力系统保护、控制和信号传输及电力设备测试，0.5 级和 1 级的用于计费电能表和变电所的盘式电气测量仪表，3 级和 10 级的用于测量和继电保护。

电压互感器精度分为4级，即0.2级、0.5级、1级和3级。一般情况下0.2级的用于电能计量、高精度电压测量、电力系统保护、控制和信号传输及电力设备测试，0.5级和1级的用于计费电能表和变电所的盘式电气测量仪表，3级的用于测量和某些继电保护。

（五）断路器

断路器又名自动开关，它是一种既有手动开关作用，又能自动进行失压、欠压、过载和短路保护的电器，是供配电系统必不可少的电器之一，如图4-67所示。它可用来分配电能，对频繁启动的异步电机、电源线路及电动机等实行保护，当它们发生严重的过载或者短路及欠压等故障时能自动切断电路。

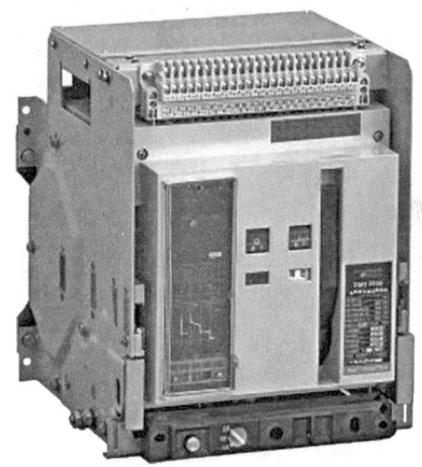

图4-67　断路器

断路器由操作机构、触点、保护装置（各种脱扣器）、灭弧系统等组成。主要部件包括主触点、自由脱扣机构、过电流脱扣器、分励脱扣器、热脱扣器、欠电压脱扣器、停止按钮。断路器的主触点是靠手动操作或电动合闸的。主触点闭合后，自由脱扣机构将主触点锁在合闸位置上。过电流脱扣器的线圈和热脱扣器的热元件与主电路串联，欠电压脱扣器的线圈和电源并联。当电路发生短路或严重过载时，过电流脱扣器的衔铁吸合，使自由脱扣机构动作，主触点断开主电路。当电路过载时，热脱扣器的热元件发热使双金属片上弯曲，推动自由脱扣机构动作。当电路欠电压时，欠电压脱扣器的衔铁释放，也使自由脱扣机构动作。分励脱扣器则作为远距离控制用，在正常工作时，其线圈是断电的，在需要远距离控制时，按下启动按钮，使线圈通电，衔铁带动自由脱扣机构动作，使主触点断开。

（六）交流接触器

交流接触器是一种常用的电力控制器件，它的作用是通过一个电磁铁，控制一组触点的闭合和断开，以实现电路的开关。通常和断路器配合使用，实现通断电流的目的。交流接触器的工作原理基于电磁感应和磁通量的变化。当接触器的电磁铁通电时，会产生一个磁场，使得接触器的动触点和静触点产生吸引力，从而闭合电路。反之，当电磁铁断电时，磁场消失，动触点和静触点产生弹力，从而断开电路。在实际应用中，交流接触器通常由一个电磁铁和两组触点组成，其中一组为动触点，一组为静触点。总之，交流接触器是一个很实用的电力控制器件，可以帮助控制交流电路中的高负载电器，从而实现电路的开关。交流接触器的接线方式主要分为星形接线和三角形接线。星形接线是将三相交流电源的三个相线分别连接到接触器的每个触点上，同时将三个中点通过电流互感器（CT）连接在一起。三角形接线则是将三个相线分别连接到接触器的每个触点上，并将三个触点直接连接起来，如图4-68所示。在实际使用中，应根据实际情况选择恰当的接线方法。交流接触器的主要作用是控制交流电路中的高负载电器，例如电动机、电磁阀等，从而实现电路的开关。通过控制接触器的闭合和断开，可以实现对电器的启停、转向和速度的调整等功能。

（七）熔断器

熔断器是利用金属导体作为熔体串联于电路中，当过载或短路电流通过熔体时，因其自身发热而熔断，从而切断电源，防止故障扩大，如图4-69所示。熔断器结构简单，使用方便，广泛用于电力系统、各种电工设备和家用电器中作为保护器件。熔断器主要由熔体、外壳和支座3部分组成，其中熔体是控制熔断特性的关键元件。熔体的材料、尺寸和形状决定了熔断特性。熔体材料分为低熔点和高熔点两类。低熔点材料如铅和铅合金，容易熔断，由于其电阻率较大，因此制成熔体的截面尺寸较大，熔断时产生的金属蒸气较多，只适用于低分断能力的熔断器。高熔点材料如铜、银，其熔点高，不容易熔断，但由于其电阻率较低，可制成比低熔点熔体较小的截面尺寸，熔断时产生的金属蒸气少，适用于高分断能力的熔断器。熔体的形状分为丝状和带状两种。改变截面的形状可显著改变熔断器的熔断特性。

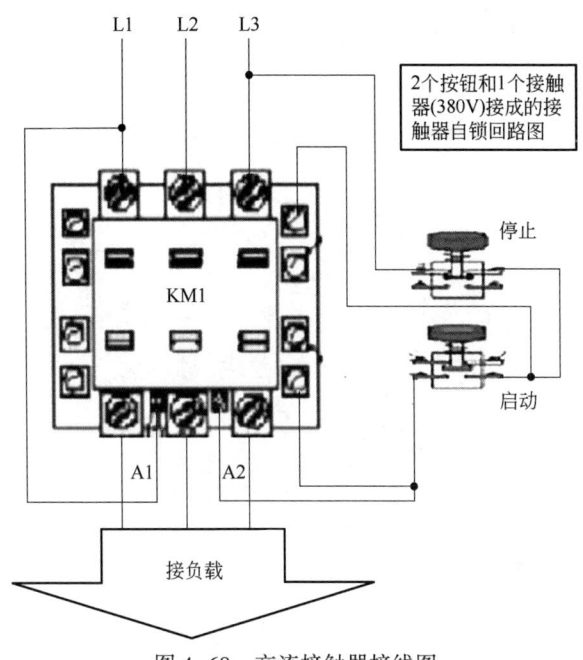

图 4-68　交流接触器接线图

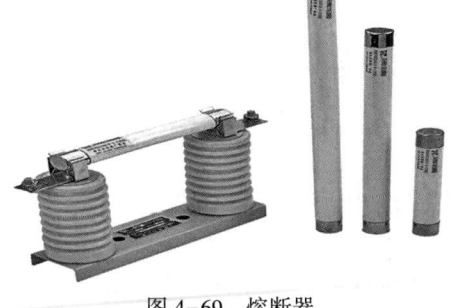

图 4-69　熔断器

（八）隔离开关

隔离开关主要用来将高压配电装置中需要停电的部分与带电部分可靠地

隔离，以保证检修工作的安全，如图4-70所示。隔离开关的触头全部敞露在空气中，具有明显的断开点。隔离开关没有灭弧装置，因此不能用来切断负荷电流或短路电流，否则在高压作用下，断开点将产生强烈电弧，并很难自行熄灭，甚至可能造成飞弧（相对地或相间短路），烧损设备，危及人身安全，这就是所谓"带负荷拉隔离开关"的严重事故。隔离开关还可以用来进行某些电路的切换操作，以改变系统的运行方式。

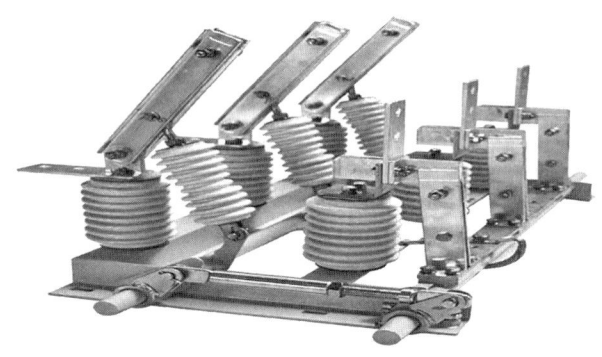

图4-70　隔离开关

（九）高压负荷开关

高压负荷开关是一种功能介于高压断路器和高压隔离开关之间的电器。高压负荷开关常与高压熔断器串联配合使用，用于控制电力变压器，如图4-71所示。高压负荷开关具有简单的灭弧装置，因此能通断一定的负荷电流和过负荷电流。但是它不能断开短路电流，所以它一般与高压熔断器串联使用，借助熔断器来进行短路保护。

（十）电容器

电容器是由两片接近并相互绝缘的导体制成的电极所组成的存储电荷和电能的器件。电容也称作"电容量"，是指在给定电位差下的电荷储藏量，记为C，国际单位是法拉（F）。变电站内常用的是电力电容器。电容器电容的大小，由其几何尺寸和两极板间绝缘介质的特性来决定。一般来说，电荷在电场中会受力而移动，当导体之间有了介质，则阻碍了电荷移动而使得电荷累积在导体上，造成电荷的累积储存，储存的电荷量则称为电容。电容是指容纳电场的能力。任何静电场都是由许多个电容组成的，有静电场就有

第四章 离心式压缩机辅助系统

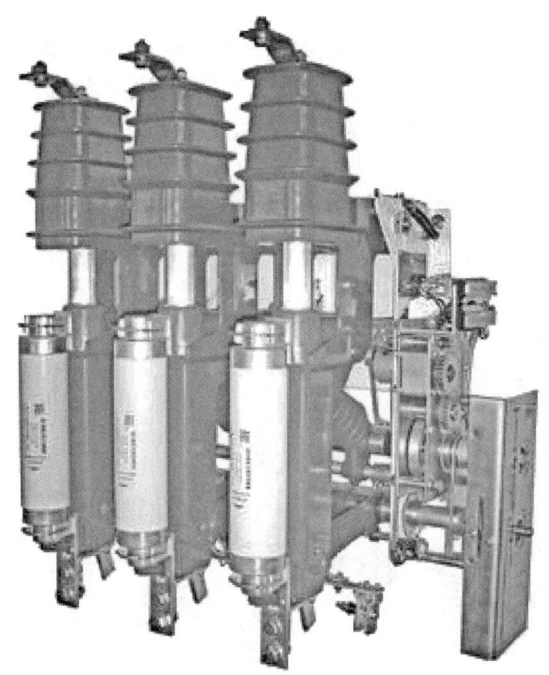

图 4-71 高压负荷开关

电容，电容是用静电场描述的。一般认为孤立导体与无穷远处构成电容，导体接地等效于接到无穷远处，并与大地连接成整体。电容从物理学上讲，它是一种静态电荷存储介质，可使电荷永久存在，这是它的特征。其用途较广，主要用于电源滤波、信号滤波、信号耦合、谐振、滤波、补偿、充放电、储能、隔直流等电路中。

（十一）避雷器

避雷器是一种能释放过电压幅值的设备，如图 4-72 所示。当过电压出现时，避雷器将过电压产生的冲击电流导向大地，从而使设备电压不超过规定值，免受过电压损坏。过电压作用后，避雷器能使系统迅速恢复正常状态。结构上，避雷器分为管式避雷器、阀式避雷器。

（十二）继电器

继电器主要用于二次回路的特殊控制、保护。继电器分为时间继电器、热继电器、中间继电器、电磁继电器等。时间继电器，用于控制过程中延时；中间继电器用于电气信号与仪表信号联络；热继电器用于系统保护等。常见继电器如图 4-73 所示。随着电动机保护器使用越来越普遍，以前用于电动机回路保护的热继电器已逐渐减少。

110kV　66kV　110kV 35kV　35kV　　10kV　10kV　6kV
图 4-72　常见避雷器

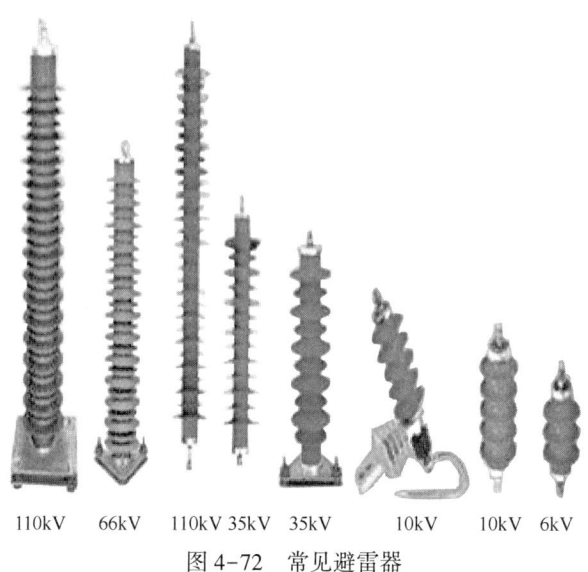

图 4-73　常见继电器

（十三）直流屏、事故应急电源、不间断电源

1. 直流屏

直流屏是直流电源操作系统的简称。简单地说，直流屏就是提供稳定直流电源的设备，如图 4-74 所示。在有 380V 输入电源时，直接通过整流输出 DC110V、220V，电源输入中断时，直接由蓄电池提供 DC110V、220V，是一种工业专用应急电源。

图 4-74 常见直流屏

2. 事故应急电源

正常状态下，直接由市电 AC220V 提供电能，在电源异常时，由事故应急电源（EPS）提供电能输出，主要为事故照明电源等提供应急电力供应，如图 4-75 所示。

3. 不间断电源

不间断电源（UPS）是能够提供持续、稳定、不间断的电源供应的重要外部设备，分为后备式、在线式和在线互动式三大类。在线式 UPS 正常状态时由市电经过整流逆变提供电能供应，电源异常时由蓄电池提供电能，可以做到无间断输出，如图 4-76 所示。

UPS 为重要负载提供不受电网干扰、稳压、稳频的电力供应。一般电驱离心式压缩机场站 UPS 主要供电设施有 BPCS（站控系统）机柜、SIS（安全联锁系统）机柜、计量机柜、状态监测机柜、MCP（负荷分配系统）

机柜、UCP（压缩机控制系统）机柜、工业电视、传输系统设备、门禁系统、控制室 UPS 配电箱、变频装置控制柜、分析小屋、压缩机电机外水冷控制柜、压缩机 UMDs（不间断电源系统）、变频设备间环网柜电源、变频设备间低压进线柜电源、云台式可燃气体探测器等。当市电掉电后，UPS 将电池能量逆变输出到负载，实现不间断输出，保障生产安全。

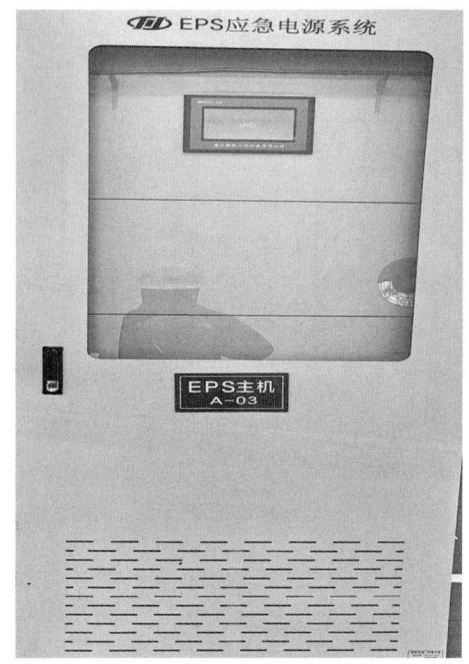

图 4-75　EPS 外形图

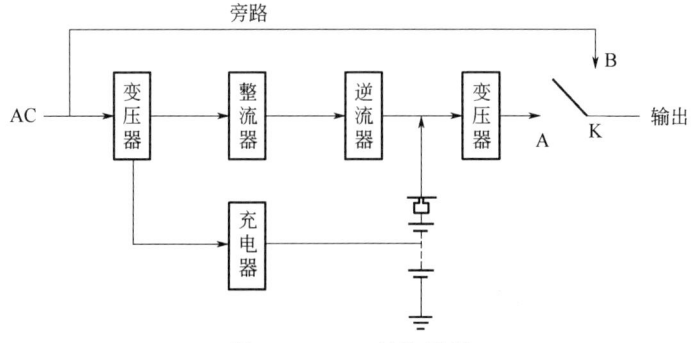

图 4-76　UPS 结构原理

（十四）静止无功发生器

静止无功发生器（Static Var Generator，SVG）是一种用于电力系统中进行无功补偿的设备。它在电力供电系统中所承担的作用是提高电网的功率因数，降低供电变压器及输送线路的损耗，提高供电效率，改善供电环境，在电力供电系统中处于非常重要的位置。合理选择补偿装置，可以做到最大限度减少网络的损耗，使电网质量提高。反之，如选择或使用不当，可能造成供电系统电压波动、谐波增大等。

无功补偿的作用是提高供用电系统及负荷的功率因数。安装无功补偿装置后，传输的无功功率减少，在传输的有功功率不变的情况下，功率因数提高，改善电压质量，降低电网的功率损耗，提高设备的供电能力。

无功补偿的原理：利用 PWM 整流控制技术，通过对电网的电压和电流实时采样和高性能 DSP（数字信号处理）计算出电网的无功功率。把具有容性功率负荷的装置与感性功率负荷并接在同一电路，当容性负荷释放能量时，感性负荷吸收能量，而感性负荷释放能量时，容性负荷吸收能量，能量在两种负荷之间交换，这样，感性负荷所吸收的无功功率可以从容性负荷输出的无功功率中得到补偿，这就是无功补偿的原理。通俗地讲，SVG 通过控制无源元件（电感或电容）的电流，改变电路中的无功电流和有功电流之比，从而实现对无功电流的补偿和控制。具体地，SVG 采用 IGBT（Insulated Gate Bipolar Transistor）等晶体管器件，将无源元件的电流直接控制在设定值之内，以稳定地实现无功补偿。

无功补偿的影响因素如下：

（1）谐波含量及分布：配电系统中可能会产生电流及电压谐波，根据电流谐波次数与幅值及电压谐波总畸变率等特性确认补偿方式。

（2）负荷类型：配电系统线性负荷和非线性负荷占总负荷比例，根据比例确定补偿方式。

（3）无功需求：配电系统中如果感性负荷比例大，则无功需求大，补偿容量应增大。

（4）负荷变化情况：配电系统中若静态负荷多，则采用静态补偿；若频繁变化负荷多，则采用动态跟踪补偿较合适。

（5）三相平衡性：配电系统中若三相负荷平衡，则采用三相共补；若三相负荷不平衡，则采用分相补偿或混合补偿。

三、现场电气设备

压气场站现场电气设备主要包含电动机、防爆操作柱、照明设备等。

（一）电动机

电动机是指应用电磁感应原理运行的旋转电磁机械，用于实现电能向机械能的转换。电动机运行时从供电系统吸收电能，向机械系统输出机械能。

电动机载流导体在磁场中受到的力（安培定律）：

$$F = B \times i \times l \tag{4-1}$$

式中　F——导体受到的力，N；

　　　B——磁场的磁感应强度，T；

　　　i——导体中的电流，A；

　　　l——导体的有效长度，m。

（二）防爆操作柱

防爆操作柱主要用于装置现场控制电气设备启停操作。目前常用的防爆操作柱包含旋钮开关式，按钮开关式，大电动机回路带电流表以及带手（自）动切换旋钮等，如图 4-77 所示。

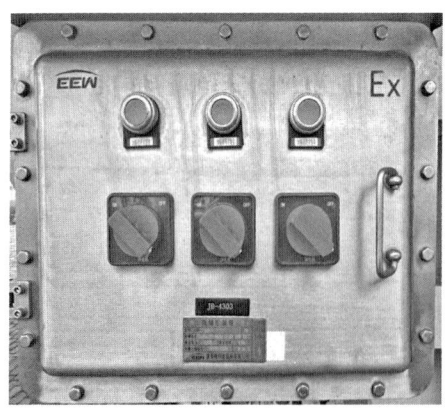 

图 4-77　各类防爆操作柱

电动机操作柱按钮设置采用的是红色为常闭按钮（启动），绿色为常开按钮（停止），指示灯与此相同。

（三）照明设施

照明从功能上分为工作照明和事故照明。压气场站生产装置区属于防爆区域，在此区域内的照明设备必须采用防爆灯具。照明设计应符合下列要求：

（1）压气场站内建（构）筑物的照明应满足 CB/T 50034—2024《建筑照明设计标准》的要求。

（2）压气场站的主要生产装置和重要建筑物的正常照明配电，应分别引自两段母线。

（3）压气场站在正常照明发生事故时，对可能引起操作紊乱而发生危险的地点应设应急照明。应急照明的持续时间应不小于 30min，主要工作面上的照度应能维持原正常照明照度的 10%。

应急照明的电源，应区别于正常照明的电源。不同用途的应急照明电源，应采用不同的切换时间和连续供电时间。应急照明的供电方式，宜从下列方式选用：

（1）独立于正常电源的发电机组。

（2）蓄电池。

（3）供电网络中有效独立于正常电源的馈电线路。

（4）应急照明灯自带电源型。

（5）当装有两台及以上变压器时，应与正常照明的供电干线分别接自不同的变压器。

（6）仅装有一台变压器时，正常照明的供电干线自变电所的低压屏上或母线上分开。

应急照明作为正常照明的一部分同时使用时，应有单独的控制开关。应急照明不作正常照明的一部分同时使用时，当正常照明因故停电，应急照明电源宜自动投入。

四、工业驱动不间断电源系统

工业驱动不间断电源系统（UMDs）是为变频器驱动为主的各种生产线和动力设备提供稳定供电保障的电源装置。UMDs 既能输出交流，又能输出直流，还能稳压、稳频，既能在线零切换不间断提供交流，又能不间断提供直流，是一种稳定可靠的不间断供电设备。UMDs 与 UPS 最大的区别是当市电出现停电等故障时，UMDs 具有直流不间断输出功能。直流不间断由四部分组成，即备用电池组部分、充电器部分、检测控制部分、工作状态指示部分。

MCC 由 UMDs 主控柜、马达控制柜、电源进线柜及电池柜组成。电池柜单独一个，MCC 控制柜为离心式压缩机组辅助系统（主电机水冷电机、润滑油系统电机、工艺后空冷电机）控制中心。每盘柜之间用专用螺栓连接。整体布局如图 4-78 所示。

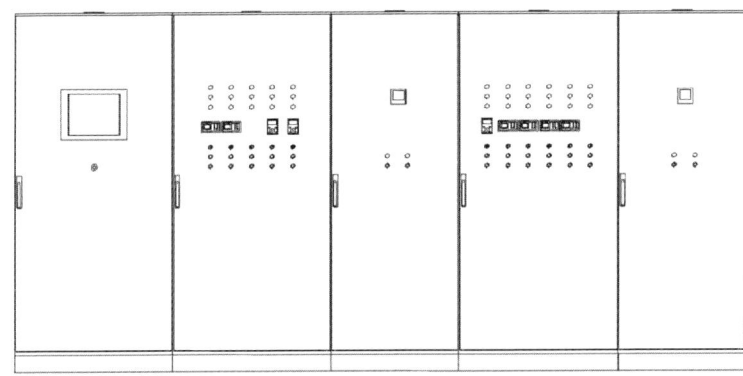

图 4-78　UMDs 整体布局示意图

（一）备用电池组部分

备用电池组的容量，需根据用户备用电流与备用时间长短，以及电池的放电特性曲线表，选择符合标准的电池容量。一般电池组总电压选择低于母线正常供电电压 50V 左右。

（二）充电器部分

充电器是为保证备用电池组总是处于充足电能的状态而设置的设备。充电方式为限流恒压充电方式，即电池欠电刚开始充电时，电池的充电电流被限制在一定电流范围内，当接近恒压电流时，充电电流开始变小，最后进入复充电流状态，充电器输出电压恒定不变。

（三）检测控制部分

当 UMDs 安装完毕，送电开机后，主控制器通过电压检测传感器+HT 与+HT 端检测直流母线电压是否正常。如均正常，UMDs 控制板会接通相应继电器输出接口，KAA1 线圈通电，KAA1 常开点闭合，使直流接触器 KMA1 线圈通电，直流接触器 KMA1 主触点闭合，使备用电池组正端通过二极管隔离与直流母线正端接通，使其处于直流备用状态。触摸屏上，会显示 KMA1 备用工作状态。触摸屏会显示当前充电机的充电电压及电流。

当备用电池因放电时间过长，电池容量不足或电池出现质量问题时。放电过程中会出现电池电压过低现象。电池电压过低会影响电池使用寿命；造成直流母线的用电设备因电压过低，工作不稳定或停止工作。所以，当电池组的电压降到额定标称电压 72%以下时，UMDs 主控板将脱开继电器，从而脱开接触，停止直流备用供电。

（四）工作状态指示部分

UMDs 状态全部由触摸屏显示：

（1）工作状态：此时，如出现市电故障等停电现象，UMDs 将保证直流母线电源不间断供电。

（2）停止状态：当 UMDs 安装完毕，送电开机后，指示灯为停止状态时，表示 UMDs 没有处于正常备用工作状态，应检查熔断器是否良好，在 UMDs 电机励磁柜中的断路器合闸状态下电池接线端子是否有高于 570V 以上的直流母线电压。另外，检查泵类用电设备回路是否全部没有动作。

（3）故障状态：当 UMDs 安装完毕，送电开机后，出现故障指示灯亮时，应检查备用电池组"正""负"极接线是否正确。当 UMDs 在备用放电过程中出现故障指示灯亮时，应检查备用电池组的电压是否出现质量问题。

五、继电保护系统

（一）继电保护相关定义

继电保护装置是在电力系统运行不正常时发出报警信号或者保护跳闸，电力系统故障发生时准确、迅速、可靠切除故障元件的装置。不同类别的继电保护装置可对电力系统提供过电流、速断、差动等保护，而这个保护系统称为继电保护系统。

按照GB/T 50062—2008《电力装置的继电保护和自动装置设计规范》、GB/T 14285—2023《继电保护和安全自动装置技术规程》要求，电力系统中的电力设备和线路，应设有短路故障和异常运行保护装置。电力设备和线路短路故障的保护应有主保护和后备保护，必要时可再增设辅助保护。

主保护是满足系统稳定和设备安全要求，能以最快速度有选择地切除被保护设备和线路故障的保护。后备保护是主保护或断路器拒动时，用以切除故障的保护。后备保护可分为远后备和近后备两种方式。辅助保护是为补充主保护和后备保护的性能或当主保护和后备保护退出运行而增设的简单保护。

（二）继电保护系统的基本原理和组成

继电保护系统基本原理：电力系统被监测的参数（电流、电压、相位角等）由电流互感器、电压互感器（CT、PT）转换成0~5A、0~100V的电流、电压信号，通过综保系统与系统设定参数进行比对，如信号超出预设范围，则对应发出报警信号或跳闸信号，如图4-79所示。

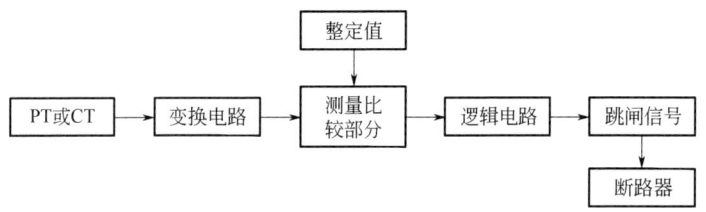

图4-79 继电保护系统原理

继电保护系统主要组成部分包括电流互感器、电压互感器（CT、PT用于监测系统参数），电流继电器、电压继电器（KA、KV），时间继电器（KT），中间继电器（KM），断路器（执行元件），信号继电器（KS）和微机等判断分析元件。

如图4-80所示，当电力线路出线端发生短路故障时（图中以K标示），电流互感器TA检测到的电流值偏离正常值，使电流继电器KA动作，电流继电器随即触发时间继电器KT，时间继电器经过预设时限后导通信号继电器 KS、跳闸回路线圈 KM，使断路器 QF 断开，切除故障点，避免事故扩大。

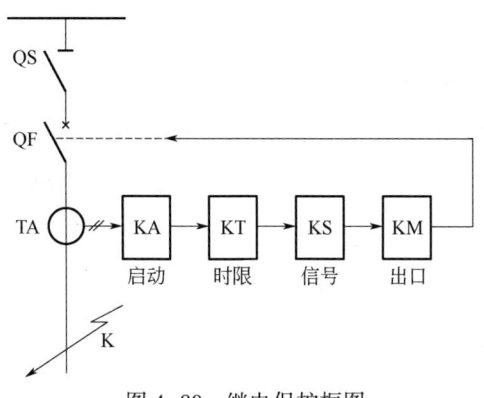

图 4-80　继电保护框图

（三）继电保护装置分类

继电保护装置一般可以按反映的物理量不同、被保护对象的不同、组成元件的不同以及作用的不同等方式来分类。

（1）根据保护装置反映物理量的不同可分为电流保护、电压保护、距离保护、差动保护和瓦斯保护等。

（2）根据被保护对象的不同可分为发电机保护、输电线保护、母线保护、变压器保护、电动机保护等。

（3）根据保护装置的组成元件不同可分为电磁型、半导体型、数字型及微机保护装置等。

（4）根据保护装置的作用不同可分为主保护、后备保护，以及为了改善保护装置的某种性能，而专门设置的辅助保护装置等。

（四）继电保护的基本要求

对于继电保护的要求，主要是指选择性、快速性、灵敏性和可靠性四个方面。

电力系统继电保护要求的实现主要由装置本身质量以及运行维护水平所决定。继电保护系统本身质量由元器件质量、接线复杂程度、整定计算水平等决定。良好的调试、维护和运行使用可以提高系统可靠性。

六、电力安全

(一)安全用电的概念

所谓安全用电是指电气工作人员及其他用电人员,在既定的环境条件下,采用必要措施和手段,在保证人身及设备安全的前提下,正确使用电力。

(二)电气安全管理制度

为确保电气操作安全,电气操作实行"两票"和"三制"制度。"两票"指工作票、操作票。"三制"指交接班制、设备定期试验轮换制和巡回检查制。从事电力维护及检修作业必须执行操作票、工作票、工作许可制度、工作监护制度及工作间断、转移和终结制度。

(1)电站的停、送电管理须遵循以下原则:装置区设备检修应由使用单位技术负责人到电站填写"停送电申请单",站内设备检修按《电业安全工作规程》的规定办理相关手续。"停送电申请单"的填写须清楚、完整,一式两份,申请单位及电站各存一份。

(2)电站值班人员执行停电操作任务时,须认真查看该电气回路的运行状况、负荷情况等。若存在疑问应及时向申请人询问,以免发生"误停运行设备"的情况。

(3)电气回路发生接地、断相、短路故障跳闸后,未经维修人员查明原因前,严禁送电。电动机过流(热)保护连续两次动作后,须由专业人员查明原因后方可再次送电。

(4)外单位人员在生产装置区内施工需要停送电时,应由本单位该项目施工负责人到电站办理相关手续。

(5)当发生危及安全的紧急情况时,可以口头或电话形式提出停送电申请,申请人须如实告知姓名,并准确报告相关情况。事后申请人及电站操作人员按规定补办有关手续。

(三)电站站内停送电原则

(1)停电操作必须按照负荷侧断路器、母线侧断路器、负荷侧隔离开关顺序操作，送电合闸的顺序与此相反。严防带负荷拉刀闸。

（2）合、拉刀闸和开关时应戴绝缘手套。雨天操作室外高压设备时，绝缘棒应有防雨罩，还应穿绝缘靴。接地网电阻不符合要求的，晴天也应穿绝缘靴。雷电时，禁止进行倒闸操作。

（3）电站的一切操作（事故情况下除外）都应执行操作票制度，必须由 2 名变电站值班人员来进行，一人操作一人监护。特别是事故处理工作，不允许独自一人采取任何处理步骤。

（4）电站停送电操作应根据专业技术人员的命令执行，严禁在约定时间内停送电，必须填写操作票，填明发令人、受令人、操作人的姓名、操作起止时间、操作任务，并按操作步骤依次填写操作项目，操作票应填写清楚，不许涂改或加备注，每张操作票填写一个操作任务。作废的操作票应加盖作废图章。

（5）操作前作业人员必须仔细核对电气系统图、设备名称编号和位置，操作中应认真执行监护复诵制，必须按操作顺序操作，每操作完一项，做一个记号"√"，不得任意简化，全部操作完毕后进行复查。在倒闸操作时，如对倒闸操作内容产生疑问，应停止操作，并向电气技术人员汇报直至双方核对无误后再行操作，在操作过程中，未经批准严禁变更操作顺序和增加操作项目。

七、防雷接地

（一）防雷基本知识

1. 雷击（雷电）的概念

所谓雷击是指一部分带电的云层与另一部分带异种电荷的云层，或者带电的云层与大地之间迅猛放电。

2. 雷击表现形式

雷击的表现形式有直击雷、雷电电磁脉冲等。

3. 雷电活动的一般规律

雷电在我国活动的一般规律为夏季多于冬季，南方多于北方，东部多于西部，丘陵多于平原，低纬度多于高纬度地区，陆地多于海洋，水陆过渡带多于其他地带，城市多于乡村，土壤电阻率大的地方多于土壤电阻率小的地方。

4. 防雷装置的主要构成

（1）接闪器：直接接受雷击的避雷针、避雷带（线）、避雷网，以及作接闪的金属屋面和金属构件等。

（2）引下线：连接接闪器与接地装置的金属导体。

（3）避雷器：一种能释放过电压能量、限制过电压幅值的保护设备。使用时将避雷器安装在被保护设备附近，与被保护设备并联。在正常情况下避雷器不导通（最多只能过微安级的泄漏电流）。当作用在避雷器上的电压达到避雷器的动作电压时，避雷器导通，通过大电流，释放过电压能量并将过电压限制在一定水平，以保护设备的绝缘。在释放过电压能量后，避雷器恢复到原状态。

（4）接地线：电气保护中的一种方式，通过与大地层连接进行放电保护。它的作用是当连接的设备漏电或感应带电时，能够快速将电流引入大地，从而使设备外壳不再带电。

（5）接地装置（接地体）：埋入土壤中或混凝土基础中作散流用的导体。

5. 人身防雷安全措施

当雷击造成的雷电对人体放电，以及雷电流入地下时产生的对地电压和二次放电，都有可能对人身造成雷击伤害。因此，应当注意以下人身防雷的安全措施：

（1）雷击时，应尽量减少在户外或野外逗留，如有条件，应进入有防雷措施的建筑物。在野外或户外最好穿上塑料等不渗水的雨衣，或依靠有防雷屏蔽的街道进行躲避，如在高大的树木下躲避，要注意距离树木 8m 以上。

（2）雷击时，应尽量离开小山、小丘或凸起的小道，还应尽量离开海滨、河边、湖滨、池旁、铁丝网、金属晒衣绳、旗杆、烟囱、宝塔等地方。尽量避开没有防雷保护设施或措施的地方。

（3）雷击时，在户内应离开照明线、动力线、电话线、广播线、电视机天线，防止雷电经由这些线路导体对人体造成伤害。在户内，雷电对人体的伤害，一般都在相距以上设施1m 以内范围。

(4) 雷击时，应关闭门窗，防止球形雷进入室内造成危害。

（二）保护接地和接零

保护接地：将在故障情况下可能出现危险对地电压的用电设备的不带电金属外壳及其附件与大地做紧密连接，这种装置称为保护接地装置。如果电气设备的外壳不接地，那么当电气设备一相带电体的绝缘损坏并碰到外壳时，其外壳就会存在相对地的电压。人体一旦误碰或接触到带电压的外壳，电源→用电设备→人体→大地→电源就会形成电流回路，造成触电事故。

保护接零：用电设备的外壳及其附件在故障情况下，可能出现危险的带电体对地短路故障，将其与三相四线制系统的中性线直接连接（保证人身安全，防止发生触电事故），这种装置称为保护接零。

保护接地和保护接零装置的安全规定及要求：

(1) 采用保护接零时，凡变压器中性点接地系统必须有可靠的连接。其接地电阻和接地装置必须符合安全技术要求。

(2) 保护接零必须具有可靠的短路保护或过流保护。保护装置动作后，必须查清故障原因，特别注意检查连接处在故障短路时是否受到损坏。

(3) 为了防止零干线断线而失去保护接零作用，按照要求，中性点直接接地的低电压网中，在架空线路的干线和分支线的终端及沿线每千米处，零线都应重复接地。

(4) 必须加强对零线的监视，及时排除断线故障的隐患。

(5) 除单相线路的工作零线外，三线四线制线路的零干线不允许加装开关或熔断器，以免造成零干线断线。

(6) 所有用电设备的保护接零不得串联，应当分别直接接至电源零干线。切不可疏忽大意，由于接地错误造成触电。

(7) 有接地要求的单相电气设备不得使用两孔插座，三孔插座不得用于三相设备。没有条件正确采用保护接零的场合，宁可不要保护接零，以免造成电气事故。使用三孔单相插座时，接线必须正确，应将插座上接电源中性的孔和接地的孔用两根导线分别接到零线上。

(8) 按低压用电安全规程规定，在同一系统中，不得将一部分设备接零，而另一部分设备接地。同一建筑物内应当采用同一类型保护装置，避免接地设备绝缘损坏，发生碰壳故障时，零线电压升高而发生事故。

第五章
离心式压缩机运行与维护

离心式压缩机的运行与维护是确保其长期稳定运行和生产效率的关键。在离心式压缩机运行过程中，需要对各项参数进行监控，对离心式压缩机进行定期维护与检测，确保其高效和安全使用。

第一节 日常操作

一、启停机操作

离心式压缩机组操作实行过程控制，分为获得指令、启机前检查和准备、辅助系统启动、机组启动、负荷调整、机组停机六个环节。机组停机分为泄压停机和保压停机，相应机组分别称为泄压机组和保压机组。泄压机组指停机后压缩机主机壳体内已进行放空的机组（一般指新启用、长期停用或紧急情况下需对进行机组卸载放空时的冷备状态）。保压机组指停机后压缩机主机壳体内未进行放空的机组。下面以常用的PCL402管道压缩机组和储气库高、低压缸压缩机组为例进行相关操作解读。

（一）离心式压缩机启机操作

1. 启机前检查和准备

（1）压缩机组启机、停机前应先获得相应作业指令。

（2）工具准备。提前准备好活动扳手、测温枪、螺丝刀、气体检测仪、验漏液、清洁用毛巾、启机操作卡、记录笔等。

（3）启机前应清除机组及配套油站、冷却器等周边杂物及工具、用具，清除机身与机座、油站、冷却器上的泥砂、污物、污油、污水等，保持安全通道畅通。

（4）主机紧固情况检查。检查主电机与底座、压缩机与底座、齿轮箱与底座、底座与基础等的连接螺栓，检查联轴器及连接螺栓，确认无缺失、裂纹及松动现象。

（5）供配电系统检查。

① 检查确认变电站内无异常情况、无异味，电源显示正常、无缺相。

② 检查确认高压配电室、低压配电室、二次回路、马达控制中心（MCC）工作正常，无异常情况。

③ 检查确认油站、空气压缩机、密封气系统、工艺冷却器、油冷却器已送电。

④ 检查确认不间断电源（UPS）电压、电流正常。

⑤ 检查确认主变压器工作正常，油位在正常范围内，油温、绕组温度不超过规定值。

（6）工艺气系统检查。

① 对于新投产机组、长期停用机组和大修后的机组，需要检查确认氮气置换完成。

② 对于保压机组，入口阀、出口阀、放空阀处于关闭状态，加载阀、防喘振阀应处于全开状态。

③ 对于泄压机组，入口阀、出口阀、加载阀处于关闭状态，防喘振阀、放空阀处于全开状态。打开压缩机主机壳体、干气密封排凝阀，完成后确认关闭。

④ 检查确认场站过滤分离器上下游差压不超过规定值，否则更换滤芯。

⑤ 检查确认机组工艺管线及法兰连接无松动、无漏气现象。

⑥ 检查确认站场工艺流程切换至增压流程，进出站压力符合压缩机组

的运行要求。

(7) 仪表风系统检查。

① 检查确认仪表风系统各部位无松动、无泄漏,检查确认阀位状态正常。

② 检查确认空气压缩机油位在正常范围内。

③ 检查并手动排放仪表风储气罐冷凝水。

(8) 控制系统检查。

① 检查确认就地仪表控制柜指示灯正常,人机交互界面工作正常。

② 检查确认各仪表显示正常,报警和联锁参数设置正确,机柜间线路无松脱、接地牢固。

③ 检查确认在线状态监测与故障诊断系统显示正常,数据与主控显示一致。

④ 检查确认仪表控制系统无联锁报警提示,如有提示经确认无异常后,按下复位按钮,将联锁停车复位。

(9) 密封气系统检查。

① 检查确认密封气系统各部位无松动、无泄漏。

② 检查确认干气密封增压橇密封气总阀、驱动气总阀打开,排空阀、排凝阀处于关闭状态。

③ 检查确认干气密封控制橇隔离气总阀打开,隔离气过滤器排空阀、排凝阀处于关闭状态。

④ 检查确认密封气系统增压泵仪表风过滤器、密封气过滤器、隔离气过滤器差压在规定范围以内。

(10) 润滑系统检查。

① 检查确认流程畅通,各部位无松动、泄漏。

② 检查确认配套的电气、仪控、设备等接线牢固,仪表显示正常。

③ 检查确认润滑油站油位不低于70%,蓄能器压力在0.1~0.35MPa正常范围内。

(11) 冷却系统检查。

① 检查确认基础连接螺栓无缺失、无松动,冷却系统各部位无松动、泄漏。

② 检查确认驱动电机、变频器辅助冷却系统补水箱液位在2/3以上,蓄能罐氮气压力在0.2MPa以上。

③ 核对参数设置，确认冷却系统无报警、复位键状态正确，冷却系统处于远控状态。

④ 检查确认工艺冷却器、油冷却器配套电机电缆稳固且连接无断裂，风机叶片完好、紧固、无松动，连接皮带的松紧度、磨损度正常，百叶窗开度适宜。

（12）变频器检查。

① 检查确认变频器室内温度符合变频器正常工作环境温度要求，且不低于变频器水冷系统的进水温度，湿度不超过75%，无凝露。检查确认变频器室内无扬尘、有毒气体、烟雾等，检查空气滤尘网清洁度。

② 检查确认变频器控制电源状态正常，各开关处于规定工作位置。

③ 检查确认变频调速系统处于对应的热备或冷备状态，各控制单元操作面板无报警。

④ 检查确认变频器、冷却风机无异味、异常振动及声响。

2. 辅助系统启动

1）仪表风系统启动

将空气压缩机仪表柜调整为自动模式，点击"自动启动"按钮，空气压缩机自动加载，直至出口压力为0.6~0.9MPa，为压缩机组提供隔离气和仪表风，隔离气压力应为0.3~0.4MPa。

2）变频器水冷系统启动

点击启动按钮，变频器水冷系统启动后确认水冷系统各项参数运行正常、无报警，确认变频器冷却系统正常、无故障。

3）密封气系统启动

（1）达到启动条件后，干气密封增压橇控制阀自动驱动增压泵动作，干气密封气源阀自动打开，干气密封加热器自动启动。

（2）手动调整驱动端和非驱动端一级密封气流量达到设备说明书规定范围，检查确认驱动端和非驱动端一级泄漏气压力、流量达到设备说明书规定范围。

4）润滑系统启动

（1）控制系统根据油站润滑油温度判断是否启动油加热器，油温达到设定温度后，启动润滑系统循环油泵。

（2）确认油冷却器处于远程状态、百叶窗自动打开、排凝液阀自动关闭、排烟风机自动打开。

（3）在中控室确认高位油箱油位、润滑油泵出口压力、二级调压后润滑油总管压力处于正常值范围。若为应急油泵，则定期测试油泵是否正常工作，检查出口压力是否在正常范围内。

（4）现场检查确认驱动电机、齿轮箱、压缩机进油流量、压力、温度在规定范围内，且回油连续、流量稳定。

5）驱动电机正压通风系统启动

（1）现场操作人员打开电机正压通风系统球阀，仪表风进入电机内部进行正压通风，并确认正压通风现场指示正确。

（2）中控人员在气路系统控制界面中启动电机冷却风机（对于采用风冷的电机）。

（3）正压通风达到设定时间后，检查确认电机正压通风压力正常。

6）冷却系统启动

（1）启动驱动电机、变频器冷却系统。

（2）现场确认水冷系统进口水压、出口水压不低于设定值。若驱动电机为空冷，则需确认空冷风机工作正常。

7）启机前盘车

启机前进行盘车操作，且一般使用电动盘车，盘车时间不超过2min或者盘车圈数不超过10圈。

3. 机组启动加载

压缩机组启动分为保压机组启动和泄压机组启动。

1）保压机组启动

（1）检查确认压缩机组中控系统启动画面上阀门阀位、辅助设备运行参数正常，无报警显示。

（2）点击启动画面中的"启动"按钮，压缩机组自动按以下时序执行：

① 打开润滑系统空冷百叶窗。

② 关闭润滑系统冷却器停机排液阀。

③ 打开密封气系统电磁阀。

④ 检测驱动电机冷却风机。

⑤ 启动驱动电机冷却风机（采用水冷系统的则是启动驱动电机辅助系统）。

⑥ 检测应急油泵（若无应急油泵则无此操作）。

⑦ 逐台检测主、辅润滑油泵状态。

⑧ 启动润滑系统循环泵。

⑨ 打开加载阀，完成气体置换（自动检测条件合格，跳过此程序）。
⑩ 依次关闭放空阀，打开入口阀，关闭加载阀，打开出口阀。
⑪ 高压合闸。
⑫ 二次条件确认后启动变频（系统自检液位、温度、压力、阀门状态无异常，二次条件确认通过）。
⑬ 达到最低转速，机组入口阀、出口阀、防喘振阀处于全开状态，加载阀、放空阀处于关闭状态。

2）泄压机组启动

（1）检查确认压缩机组中控系统启动画面上阀门阀位、辅助设备运行参数正常，无报警显示。

（2）点击启动画面中的"启动"按钮，压缩机组自动按照保压机组启动时序执行。

（3）在执行"气体置换"程序时，系统自动打开加载阀、放空阀，开始气体置换，置换完成后自动关闭加载阀、放空阀，系统完成进气压力平衡，内操、现场操作人员同时确认加载阀、放空阀处于关闭状态。

4. 负荷调整

1）单机负荷调整

（1）在上位机"防喘控制"界面，将防喘振阀控制栏中的控制模式倒入"半自动"或"自动"模式，使用"升速"按钮对机组提速，或者采用设定值方式直接输入转速值，每次调速后需观察转速测量值与目标值一致后，方可进行下一次提速。储气库压缩机组提速时要兼顾注采井的设计最大注气能力。

（2）机组提速的同时实时观察防喘振坐标图中的工作点位置的响应情况，压缩机出口压力、机组流量及机组轴系统振动、温度等情况。提速过程中防喘振坐标图中的工作点需远离"防喘振线"。

2）串并联工况调整

以储气库高、低压缸机组为例，一缸两段机组参考执行。

（1）工况切换类型有不停机切换至串联、启机后直接转入串联两种。

（2）工况切换条件确认：压缩机组运行工况趋近设计允许最大压比，达到串联运行条件。

（3）压缩机组工艺状态确认：机组间串联工艺阀门控制为远程状态且无故障；两台机组防喘振阀控制方式为手动模式；压缩机转速控制方式为速

度模式；负荷分配控制方式为未投用状态。

（4）点击上位机启动界面中"工况切换人工确认"按钮，压缩机控制系统自动执行串联工况切换程序，主要动作为：两台机组调整到怠速；防喘振阀自动打开至100%开度；低压缸机组出口阀全关，两台机组的串联阀全开；全关高压缸机组入口阀。

（5）压缩机完成工况切换后，检查确认阀位状态正确，运行参数正常，将两台机组防喘振阀控制模式倒入"半自动"或"自动"模式。

5. 负荷分配

以管线压缩机组和并联运行的储气库压缩机组为例介绍。

1）根据流量调节负荷

（1）首先将调速模式由"速度模式"切换至"性能模式"。

（2）在上位机负荷分配操作界面中，输入流量给定值，投用负荷分配。

2）根据压力调节负荷

（1）在上位机负荷分配操作界面中，输入进气压力给定值或者切换为"压力调节"，投用负荷分配。

（2）负荷分配投用后，应加强监测机组转速、流量、工作点的变化趋势，以及机组各运行参数在正常范围内。

（二）离心式压缩机停机操作

离心式机组停机分为正常停机、联锁停机、紧急停机三种。

1. 正常停机

（1）根据调度指令，通知上下游所涉及的站场。

（2）将机组降至最低转速，点击操作画面中的"正常停车"按钮。

（3）待机组停机完成后，现场操作人员同时确认机组入口阀、出口阀、放空阀处于全关状态，加载阀、防喘振阀处于全开状态。

（4）若长期停机则需对机组进行泄压，内操人员远程手动关闭加载阀并打开放空阀泄压，泄压完成后，现场操作人员关闭干气密封气总阀，在油站停运之前，保证隔离气处于投用状态，待高位油箱回油完成或应急油泵停运30min后，现场操作人员再手动关闭隔离气控制总阀。

（5）完成停机后，现场操作人员再次确认各阀门开关状态是否正确。

（6）机组停运后，根据实际生产情况对其他运行机组转速进行合理调整。

2. 联锁停机

离心式压缩机联锁停机分为故障联锁保压停机和故障联锁泄压停机两种情况，简称保压联锁停机和泄压联锁停机。

1) 保压联锁停机

（1）保压联锁停机条件：

① 压缩机轴振动、齿轮箱高速轴振动、电机振动、齿轮箱壳振动、齿轮箱轴位移过大。

② 压缩机止推轴承温度、压缩机支撑轴承温度、齿轮箱止推轴承温度、电机轴承温度、电机定子温度过高。

③ 润滑油总管压力、压缩机润滑油进流量、齿轮箱润滑油进流量、电机润滑油进流量过低。

④ 压缩机出口压力、温度高。

⑤ 压缩机入口过滤器压差大。

⑥ 正压通风装置压力过低。

⑦ 变频器重故障、变频器紧急停机。

⑧ 来自 SCS 紧急停机（保压）、ESD 机柜紧急停机（保压）。

⑨ 来自 UCS 联锁停机（保压）。

⑩ 变频器超速保护器联锁、驱动电机外水冷故障停机。

（2）待机组停机完成后，现场操作人员同时确认机组入口阀、出口阀、放空阀处于关闭状态，加载阀、防喘振阀处于打开状态。

（3）根据控制系统报警及联锁界面提示，检查、排除机组故障，恢复后复位。

（4）按照正常停机后操作程序执行。

（5）汇报调度室机组保压联锁停机原因。

2) 泄压联锁停机

（1）泄压联锁停机条件：

① 仪表风减压阀后压力低。

② 驱动一级泄压气压力高。

③ 非驱动一级泄压气压力高。

④ 来自 SCS 紧急停车（泄压）。

⑤ 来自 SCS 操作紧急停车（泄压）。

⑥ 来自 ESD 机柜紧急停车（泄压）。

⑦ 来自现场操作盘紧急泄压停机。

（2）待机组停机完成后，同时确认机组入口阀、出口阀、加载阀处于全关状态，防喘振阀、放空阀处于打开状态。

（3）同时确认干气密封气源阀自动关闭，干气密封加热器自动停运。

（4）根据控制系统报警及联锁界面提示，检查、排除机组故障，恢复后复位。

（5）按照正常停机后操作程序执行。

（6）汇报调度室机组泄压联锁停机原因。

3. 紧急停机

1）紧急停机条件

（1）压缩机组进排气工艺系统突然损坏，出现异常漏气情况。

（2）压缩机组主要零部件损坏或机组突然发生异常振动、异常响声。

（3）变频器、变压器、高低压开关柜等电气设备出现火花、异常声响、异味、过热等现象。

（4）压缩机组安全控制参数超过规定值或已经发生危及设备或人身安全的故障，仪表控制系统失灵，未起安全保护作用。

（5）站场出现燃烧爆炸事故。

（6）其他原因需要的紧急停车。

2）操作步骤

（1）操作员工按下全站 ESD 按钮或中控室、变频室、压缩机厂房内外、机柜间的任意一处紧急停机按钮，实现全站泄压或压缩机泄压停机。

（2）待压缩机泄压停机后，现场操作人员同时确认机组入口阀、出口阀处于全关状态，放空阀、加载阀、防喘振阀处于全开状态。

（3）现场操作人员同时确认干气密封气源阀自动关闭，干气密封加热器自动停运。

（4）现场操作人员关闭干气密封气总阀，在油站停运之前，保证隔离气处于投用状态，待高位油箱回油完成或应急油泵停运 30min 后，现场操作人员再手动关闭隔离气控制总阀。

（5）完成停机后，现场操作人员再次确认各阀门开关状态是否正确。

（6）机组停运后，根据实际生产情况对其他运行机组转速进行合理调整。

（7）汇报调度室机组紧急停机原因。

二、工况调整

离心式压缩机在设计流量、压力范围内运行，通常与上下游生产单元（气井、场站、管网）共同组成一个密闭、联动的运行系统。压缩机在运行和调节时需要满足两个基本要求：一是管网内气体流量和压力的工况需求；二是保证压缩机在运行时安全可靠、高效节能。

（一）工作点简介

离心式压缩机与管网联合工作，压缩机出口压力曲线和管网阻力曲线的交点即称压缩机的工作点，工作点是由压缩机和管网系统共同决定的。

如果保持压缩机运行转速不变，将出口管道阀门开度关小来增大管网阻力，则通过压缩机和管网的流量减小，管网阻力曲线和压缩机工作点将向小流量方向移动；反之，增加阀门开度，则压缩机和系统工作点将移动到大流量方向。如果管网阻力不变而改变压缩机的转速，工作点也会发生变化，既转速增大流量增大，转速减小流量减小。

（二）压缩机的喘振

当管网阻力不断增大，离心式压缩机内的气体流量逐步变小，同时气体在叶轮内部的流动情况会变差。当流量减小到一定值时，由于叶轮内部气体流场恶化不能正常对气体做功，造成出口压力小于管网压力，引发压缩机和管网系统气流振荡，导致压缩机产生剧烈振动，容易造成压缩机在短时间内严重破坏，这种现象称为喘振。对应的流量称为喘振流量。

1. 喘振发生的原因

外部原因：管网阻力过大或进气压力过低，不满足机组正常工作的最低流量，达到引起喘振的流量边界条件。

内部原因：当压缩机流量大幅度减少时，叶轮或者扩压器内流动恶化出现失速，发生喘振。

2. 喘振的特征

（1）气体介质的出口压力和入口流量大幅度变化，有时还能产生气体倒流现象，气体介质由压缩机排出转为流入，这是较危险的工况。

（2）管网有周期性振荡，幅度大，频率低，伴有周期性"吼叫"声。

（3）压缩机振动异常时，机壳、轴承均有强烈振动，并发出强烈的、周期性的气流声。

3. 喘振的危害

（1）破坏正常流动规律，剧烈振动导致压缩机在短时间内受到严重破坏。它会使压缩机转子和定子经受交变应力而断裂，使级间压力失常而引起振动异常，损坏机组密封及轴承。

（2）破坏轴承润滑，导致轴瓦烧坏甚至轴扭断，转子与定子会产生摩擦、碰撞，造成严重事故。

4. 预防发生喘振的方法

1）设计方面

（1）设计时尽可能使压缩机有较宽的稳定工作区域，采用先进的防喘振控制系统和无叶扩压器、机翼型叶片等。

（2）设置防喘振线。在压缩机设计时，所有运行工况点均应保持在喘振控制线的右侧区域，保证压缩机在任意工况点运行时都有足够的喘振裕量。

（3）保证设计工况点与喘振点之间隔开足够的距离。一般要求压缩机设计流量至少大于或等于相同转速下喘振点流量的1.25倍，如图5-1所示。

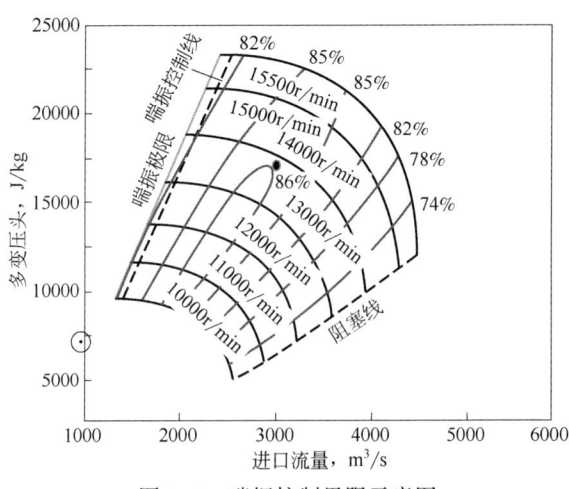

图 5-1 喘振控制界限示意图

（4）对于不允许放空的工作介质（如易燃易爆炸气体、稀有贵重气体等），可在压缩机出口设置回流阀，通过管道将压缩机出口与压缩机进口或压缩机的某一段进口连接，形成封闭循环防止气体外泄，如图5-2所示。

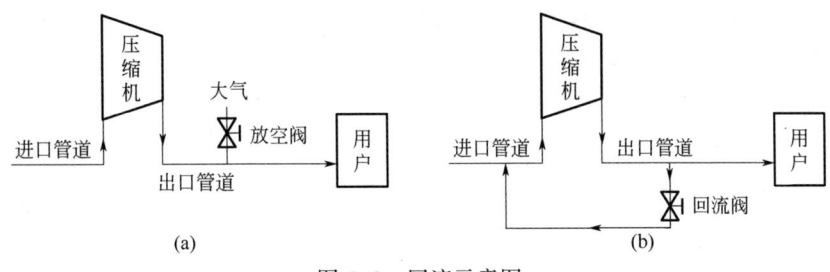

图5-2　回流示意图

2）运行方面

（1）加强运行巡检，通过噪声、振动、流量来判断是否出现喘振先兆。

（2）设置报警装置，当流量小于某一预先设定值时，发出报警，引起值班人员的注意。

（3）降低管网阻力，即降低压缩机出口背压，使压缩机流量增加，防止喘振。

（4）采用及时打开防喘振控制阀，增加压缩机流量及降低压缩机转速，增加入口压力调节等方法来处理喘振故障，确保机组高效运行。

（三）离心式压缩机的调节方式

本部分主要介绍不同工况需求下的调节方式，具体操作详见本章第一节"负荷调整"相关内容。

1. 改变转速调节

调节原理：通过提高或降低机组转速，改变叶轮做功的能力，实现工作点的动态调整，是常用的工况调节方式。

主要特点：

（1）操作简单，由于离心式压缩机的能量头与转速成正比关系，只需提高或降低机组转速就可改变压缩机流量。

（2）转速调节范围广，通过变频器系统调整转速的方式，可实现转速在（65%～105%）×额定转速的范围内调节。

（3）经济性好，根据流量、压比的变化及时调整转速，使压缩机始终处于最优工况高效运行，与其他形式的调节方法相比不会造成能量损失。

2. 开关回流调节

开启回流阀，将压缩机出口（高压）与进口（低压）或某一段进口（低压）连接，从而降低管网阻力，使压缩机流量增加。

3. 出口节流调节

在离心式压缩机出口管道上安装一只阀门，通过调节阀门的开度，改变管网阻力曲线和压缩机的工作点，而压缩机性能曲线没有完全变化，所以喘振界限及稳定工况范围没有变化。

主要特点：

（1）结构简单，调节方便；通过调节阀门的开度来改变管网阻力曲线和压缩机的工作点。

（2）经济性差，出口节流的调节方法是人为地增加出口阻力来调节流量，是不经济的方法，尤其当压缩机性能曲线较陡而且调节的流量（或者压力）又较大时，这种调节方法的缺点更为突出。目前除风机及小型鼓风机使用外，压缩机很少采用这种调节方法。

4. 进口节流调节

在压缩机进口管上安装调节阀，通过入口调节阀来调节进气压力。进气压力的降低直接影响到压缩机排气压力，使压缩机性能曲线下移，所以进口调节是改变了压缩机的性能曲线，达到调节流量的目的。

主要特点：

（1）结构简单，调节方便，造价低。和出口节流法相比，进口节流调节的经济性较好，由于进气节流使压缩机进气压力下降，则进口气体密度减小，体积流量增大，与出口节流调节相比，工况点偏离设计点要小。

（2）进口阀开度变小，会使压缩机性能曲线向小流量区移动，因而可使压缩机在更小的流量工况下工作，不易造成喘振。这是一种比较简单而常用的调节方法。

（3）存在一定的阀门节流损失以及工况改变后对压缩机本身效率有影响。

（4）调节范围较小。

5. 进口导叶调节

这是一种改变工作轮前进口导叶的角度，使气流产生旋转的调节方法。

6. 扩压器导向叶片调节

改变扩压器叶片的进口安装角，以适应工况变化时叶轮出口气流方向的变化。

7. 串联调节

串联的目的：提高压缩机末级出口压力。

串联使用场所：单台压缩机不能满足管网压力的情况下，采用两台压缩机串联使用。

串联的特点：把串联的两台及以上的压缩机看成一台压缩机，用两机合成的压比曲线与系统的管网阻力曲线相交，得出两机串联后新工作点。串联的两机流量范围应该非常接近，喘振流量小的压缩机放在后面有利于扩大两机串联后的工况范围。图 5-3 所示为两台离心式压缩机串联运行示意图。

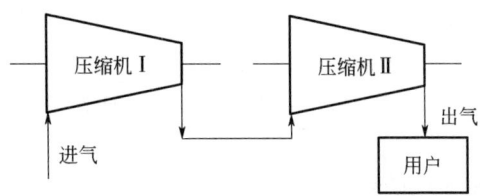

图 5-3　两台离心式压缩机串联运行示意图

8. 并联调节

并联的目的：提高天然气流量。

并联的使用场所：气量使用较大和气量频繁发生变化的场所，将两台压缩机并联使用，一台作为主机，另外一台作为辅机。

并联的特点：两机进出口压力、压比相同。把并联的两台压缩机看成一台压缩机，用两机合成的压比曲线与系统的管网阻力曲线相交，得出两机并联后各自的新工作点。并联后的两机压力范围非常接近，否则并联后的工况范围会明显缩小。图 5-4 所示为两台离心式压缩机并联运行示意图。

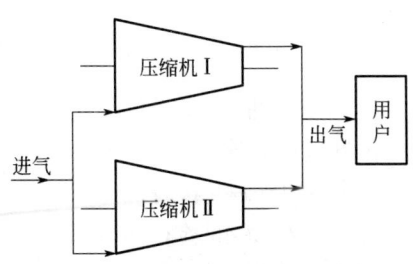

图 5-4　两台离心式压缩机并联运行示意图

三、巡检

压缩机组巡检的目的是防患于未然，通过对压缩机组进行预防性检查和巡视，查明故障原因及设备运行异常，制定合理的故障处理措施，保障设备运行的可靠稳定，延长设备的使用时间，降低维护和巡检费用，保障压缩机组运行的经济性。

巡检操作人员应正确穿戴劳动保护用品，根据规定的巡检周期、巡检路线，按照"一看、二听、三验、四查、五整改、六汇报"的方法逐点开展巡检，设备设施达到"四不漏"（电、油、气、水）要求。

（一）主控室操作人员检查内容

（1）至少每4h记录一次运行参数，至少包括以下参数：转速、压力、温度、处理量、电流、电压、振动、位移、干气密封流量及泄漏量在规定范围内。当系统报警、生产中存在异常情况或场站内存在施工作业等特殊时段，应及时进行人工巡检，加密巡检周期。

（2）及时检查确认防喘振界面上工作点位于预期（理论）防喘振线右方。

（3）及时检查确认在线状态监测与故障诊断系统无报警。

（4）每4h检查确认变频器参数界面所有参数均在正常范围内，系统无报警；检查确认驱动电机电压、电流、母线电压正常；检查确认仪表风工作状态，压力、温度、露点在正常范围内；检查压缩机组控制系统气路系统、油路系统、轴系系统、密封系统的运行参数、控制参数、联锁参数是否正常。

（二）现场操作人员检查内容

（1）至少每4h检查现场压力、温度仪表与中控室显示是否一致，并与历史数据进行对比分析。

（2）至少每4h检查确认工艺系统各部位无泄漏。

（3）至少每4h检查润滑系统有无泄漏、各视镜是否有油均匀流动、油过滤器差压是否正常。

（4）至少每4h检查干气密封增压橇过滤器差压是否正常。

（5）至少每4h检查蓄能器压力是否为0.1~0.35MPa。

（6）检查冷却器、油冷却器皮带轮及风机皮带工作情况。

（7）检查压缩机组安全阀及其他防护装置工作是否正常。

（8）检查高位油箱有无泄漏。

（9）检查变频器室内温度和湿度是否正常、有无异响和异味。

（10）检查确认变频器各指示灯显示正确。

（11）检查变频器水冷系统运行状态，确认各参数在正常范围内，无报警。

（12）检查一次仪表风运行状态，确认现场各参数正常，并与中控显示一致。

（13）检查电机水冷系统运行状态，确认现场各参数正常，无报警、无泄漏，复位按钮状态正确。

（三）巡检问题处置

（1）当系统报警、生产中存在异常情况或场站内存在施工作业时，应及时进行人工巡检，周期应加密。

（2）对巡检发现的问题应及时整改，经分析暂时不具备整改条件的应加强运行监护管控措施，并及时向调度中心报告。

第二节 在线状态监测与故障诊断

离心式压缩机组在线状态监测与故障诊断系统（以下简称在线监测诊断系统）主要有工艺参数监测、振动参数监测、油液参数监测、热力性能参数监测、噪声参数监测等方式。设备预知性维修工作在油气田生产中已经越来越重要，离心式天然气压缩机组作为油气田增压生产中的关键设备，是开展在线监测诊断的重点，相关故障诊断方法也正在得到逐步应用，为提升其故障分析与判断的准确性、及时性起到了重要作用。目前油气田主要采用工艺参数监测诊断、振动参数监测诊断、油液参数监测诊断相结合的方式开展综合分析。

一、工艺参数监测诊断

工艺参数监测诊断是指对生产过程中的各类参数进行实时监测和分析，

以确保工艺参数在规定范围内稳定运行，对异常状态通过报警阈值设置及时预警。现场各类传感器和仪表等设备实时采集工艺参数，如温度、压力、流量、电流等参数，传输到在线监测诊断系统。通过对采集到的数据进行实时分析和预警，可以及时发现生产过程中的异常情况。

油气田使用在线监测诊断系统监测诊断的工艺参数主要包括压缩机流量、阀位开度、进出口压力、润滑油液位、密封气流量、各类轴承温度、电机绕组温度、空冷器温度、变频器电流等。各类参数可以通过系统中的其他参数趋势图功能，实现同一时间段不同类型工艺参数的趋势对比，因此用在线监测诊断系统调用工艺数据比控制系统更加便捷、直观，是进行机组工艺状态分析的有效手段。

通过工艺参数监测诊断能对压缩机组工艺状态和性能指标异常进行实时监测、预警和分析诊断，机组主要监测的工艺参数值规定见表5-1。

表5-1 离心式压缩机组主要监测工艺参数表

序号	名称	单位	低报联锁 LL	低报 L	高报 H	高报联锁 HH
1	压缩机出口温度	℃	—	—	出口最高工作温度+5	出口最高工作温度+10
2	压缩机出口压力	MPa	—	—	出口最高运行压力×1.05倍	出口最高运行压力×1.1倍
3	润滑油总管压力	MPa	0.15	0.25	—	—
4	仪表风减压阀后压力	MPa	0.15	0.25		
5	驱动端一级泄漏气压力	MPa		0.02	0.35	0.50
6	非驱动端一级泄漏气压力	MPa		0.02	0.35	0.50
7	齿轮箱壳振	μm/s			8.00	12.50
8	压缩机入口过滤器差压	kPa			150.00	200.00
9	润滑油箱液位	%		53		
10	润滑油过滤器差压	MPa			0.15	
11	润滑油冷却器后温度	℃			55.00	
12	一级密封气过滤器差压	MPa			0.08	

续表

序号	名称	单位	低报联锁 LL	低报 L	高报 H	高报联锁 HH
13	一级密封气与平衡管差压	MPa		0.10		
14	隔离气过滤器压差	MPa			0.08	
15	驱动端一级泄漏气流量	m³/h			20.00	
16	非驱动端一级泄漏气流量	m³/h			20.00	
17	一级密封气温度	℃	见使用说明书	见使用说明书		
18	驱动端一级密封气流量	m³/h	见使用说明书	见使用说明书		
19	非驱动端一级密封气流量	m³/h	见使用说明书	见使用说明书		
20	压缩机主止推轴承温度	℃			最高正常工作温度+5	最高正常工作温度+10
21	压缩机副止推轴承温度	℃			最高正常工作温度+5	最高正常工作温度+10
22	压缩机非驱动端支撑轴承温度	℃			最高正常工作温度+5	最高正常工作温度+10
23	压缩机驱动端支撑轴承温度	℃			最高正常工作温度+5	最高正常工作温度+10
24	变速机高速轴轴温度	℃			最高正常工作温度+5	最高正常工作温度+10
25	变速机低速轴轴温度	℃			最高正常工作温度+5	最高正常工作温度+10
26	电机轴承温度	℃			最高正常工作温度+5	最高正常工作温度+10
27	电机定子温度	℃			最高正常工作温度+5	最高正常工作温度+10

二、振动参数监测诊断

离心式压缩机振动参数监测的主要是核心部件转子的机械振动，通过诊断运转过程中相对于平衡位置所做的来回周期性运动，及时发现故障的早期征兆，采取相应的措施，避免、减少重大故障的发生，且能自动记录下故障过程的完整信息。同时能通过对机组异常运行状态的分析，确定故障部位、原因、程度，为设备在线调整、停机检修提供科学依据，延长安稳运行周期。

（一）常用的振动标准

GB/T 11348.3—2011《机械振动 在旋转轴上测量评价机器的振动 第3部分：耦合的工业机器》为 ISO 7919-3 国际标准在国内的转化版，规定了最高连续转速从1000r/min 至30000r/min 具有滑动轴承的工业机器，包括汽轮机、透平压缩机、汽轮发电机组、涡轮泵、涡轮风机、电力驱动装置及耦合的齿轮变速装置（机器大小和功率不受限制）的轴振动标准。对应油气田使用的离心式压缩机，适用标准如下：

A/B 区域边界 $\quad S_{(P-P)} = \dfrac{4800}{\sqrt{n}} \mu m \quad$ （5-1）

B/C 区域边界 $\quad S_{(P-P)} = \dfrac{9000}{\sqrt{n}} \mu m \quad$ （5-2）

C/D 区域边界 $\quad S_{(P-P)} = \dfrac{13200}{\sqrt{n}} \mu m \quad$ （5-3）

式中 $S_{(P-P)}$ ——轴振动位移的峰峰值，μm；

n ——轴转速，r/min。

A 区域：轴振动幅值通常在此区域内。

B 区域：轴振动幅值在此区域内的机组可长期运行。

C 区域：轴振动幅值在此区域内的机组不能长期连续运行，但在采取检修措施之前，机组在这种状态下可以运行有限的一段时间。

D 区域：轴振动幅值在此区域内的机组是危险的，其剧烈程度足以引起损坏。

使用的离心式压缩机组轴振动报警值、位移报警值见表5-2。

表5-2 离心式压缩机轴振动报警值、位移报警值参考表

序号	名称	单位	高报 H	高报联锁 HH
1	压缩机非驱动端轴振动	μm	64	89

续表

序号	名称	单位	高报 H	高报联锁 HH
2	压缩机驱动端轴振动	μm	64	89
3	压缩机轴位移	mm	±0.5	±0.7
4	变速机高速轴轴振动	μm	51	76
5	变速机低速轴轴振动	μm	51	76
6	变速机轴位移	mm	±0.5	±0.7
7	电机轴振动	μm	50	90

（二）振动三要素

转动物体相对于平衡位置所做的圆周运动称为涡动，实际上是做旋转状的涡动，并不是往复状的机械振动。离心式压缩机组振动用基本参数为振幅、频率、相位，即所谓"振动三要素"，通常实际过程中用振动位移、振动速度、振动加速度来反映机组运转状态下真实的振动状况。

1. 振幅

振幅是物体动态运动或振动的幅度，是振动强度和能量水平的标志，评判机器运转状态优劣的主要指标。

（1）峰峰值、单峰值、有效值。

振幅的量值可以表示为峰峰值、单峰值、有效值或平均值。峰峰值是整个振动历程的最大值，即正峰与负峰之间的差值；单峰值是正峰或负峰的最大值；有效值即均方根值，如图5-5所示。

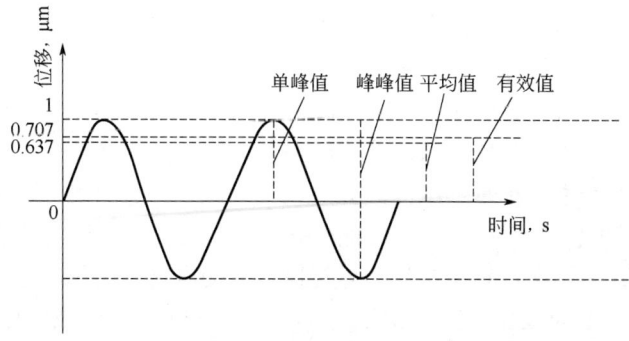

图5-5　简谐振动幅值表示方法

（2）振动位移、振动速度、振动加速度。

振幅分别用振动位移、振动速度、振动加速度加以描述、度量，三者相互之间可以通过微分或积分进行换算。在振动测量中，除特别注明外，习惯上，振动位移的量值为峰峰值，单位是 μm；振动速度的量值为有效值，单位是 mm/s；振动加速度的量值是单峰值，单位是 m/s^2。

在低频范围内，振动强度与位移成正比；在中频范围内，振动强度与速度成正比；在高频范围内，振动强度与加速度成正比。

2. 频率

离心式压缩机组转动部件主要由高速轴、低速轴、叶轮、电机转子、齿轮构成，频率是转子每秒钟内振动循环的次数，用 f 表示，单位是 Hz，是机械振动特性的标志，也是分析动设备振动原因的重要参数。而周期 T 是压缩机组运转过程中完成一个振动过程所需要的时间，单位是 s，频率与周期互为倒数，即 $f=1/T$。

转速 n、角速度 ω、频率 f 都可以看作频率，称为旋转频率、转速频率、圆频率，它们之间的换算关系为：$f=n/60$，$\omega=2\pi f=2\pi n/60\approx0.1n$，其中转速 n 的单位为 r/min，角速度 ω 的单位为 rad/s。

频率是振动监测诊断的重要参数，倍频就是用转速频率的倍数来表示的振动频率。如果振动频率为压缩机组运转转速频率的 0.5 倍、1 倍、2 倍、3 倍等，则称为半倍频、一倍频、二倍频、三倍频等。其中，一倍频即实际运行转速频率，又称工频、转频。

常见的故障特征频率及相应的故障类型如下：

1）工频故障特征

工频成分在所有情况下都存在，工频幅值几乎总是最大，应该在其发生异常增大的情况下才视为故障特征频率。

工频所对应的故障类型相对较多。60%以上为不平衡故障，即突发性不平衡（断叶片、叶轮破裂等）、渐发性不平衡（结垢、腐蚀等）、初始不平衡及轴弯曲等；同时接近 40% 为轴承偏心类故障，如间隙过大、轴承合金磨损、轴承不对中、轴承座刚度差异过大等；此外，还有刚性联轴器的角度（端面）不对中；支座、壳体、基础的松动、变形、裂缝等支撑刚度异常引起的振动或共振；运行转速接近临界转速；驱动电机转子偏心等。

图 5-6 所示为江津压气站 3# 机组驱动电机非驱动端的振动图谱，可以看到在 2024 年 3 月 28 日 21：12 前后，驱动电机非驱动端振动出现短时间

第五章 离心式压缩机运行与维护

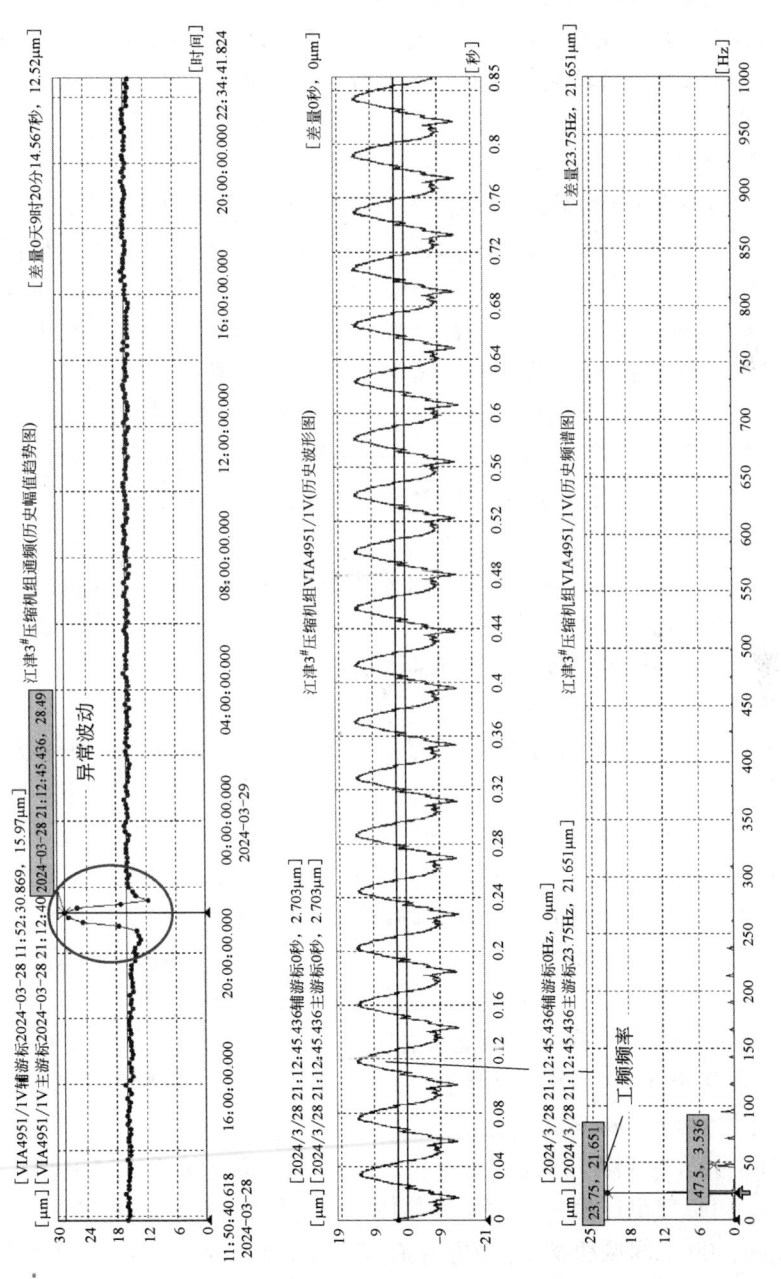

图 5-6 工频振动故障图谱示例

波动，正常振动约15μm，最大波动达28μm。振动变化过程中频谱特征主要以工频为主，幅值及相位存在同步变化，且能恢复至振动较低状态，因此驱动电机转子出现了可恢复的渐变性不平衡，一般来说与动静部件的轻微碰磨等因素有关。

2）多倍频故障特征

二倍频成分在所有情况下也都存在，幅值往往低于工频的一半，常伴有呈递减状的三倍频、四倍频，也应该在异常增大的情况下视为故障特征频率。二倍频所对应的故障类型较为集中。绝大多数为不对中故障，如齿式联轴器（带中间短节）和金属挠性（膜盘、叠片）联轴器的不对中、刚性联轴器的平行（径向）不对中，其中，既有安装偏差大所产生的冷态不对中，又有由温差产生的支座升降不均匀和管道力所引起的热态不对中，以及联轴器损伤故障等。此外，还有概率较小的其他故障，如转动部件松动，转子刚度不对称（横向裂纹），支撑刚度在水平、垂直方向上相差过大等。

图5-7所示为铜梁压气站1#机组驱动电机非驱动端在2024年6月的振动图谱，可以看出频谱图中以工频、二倍频成分为主，其中二倍频幅值成分与一倍频接近，因此电机转子存在同轴度较差的问题。

3）低频故障特征

正常情况下，低频成分往往不存在或者以微量幅值（一般不大于3μm）存在，在其大于5μm的情况下，就应该以故障特征频率的预兆加以关注了。低频所对应的故障类型相对复杂，可进一步分为两种类型：一种是分数谐波振动，如1/2倍频、1/3倍频，且频率成分较多，多数为摩擦及松动故障，如密封、油封、油挡的摩擦，轴承紧力不足等；另一种是亚异步振动，对应的为流体激振类故障，如旋转失速、喘振、油膜涡动、油膜振荡、密封流体激振，此外还有进气激振等。其中，油膜振荡、密封流体激振为自激振动，是一种很危险、能量很大的振动，一般发生在转速高于第一临界转速之后，多数是在二倍临界转速以上，频率成分较为单一。

图5-8所示为江津压气站1#压缩机组驱动端在2024年6月25日前后的振动图谱，可以看出压缩机振动趋势总体平稳，但在6月25日20：00—6月26日00：00之间振动波动时频谱中存在明显的低频成分，如12.5Hz等，结合流量趋势分析，判断与机组存在旋转分离有关。

第五章 离心式压缩机运行与维护

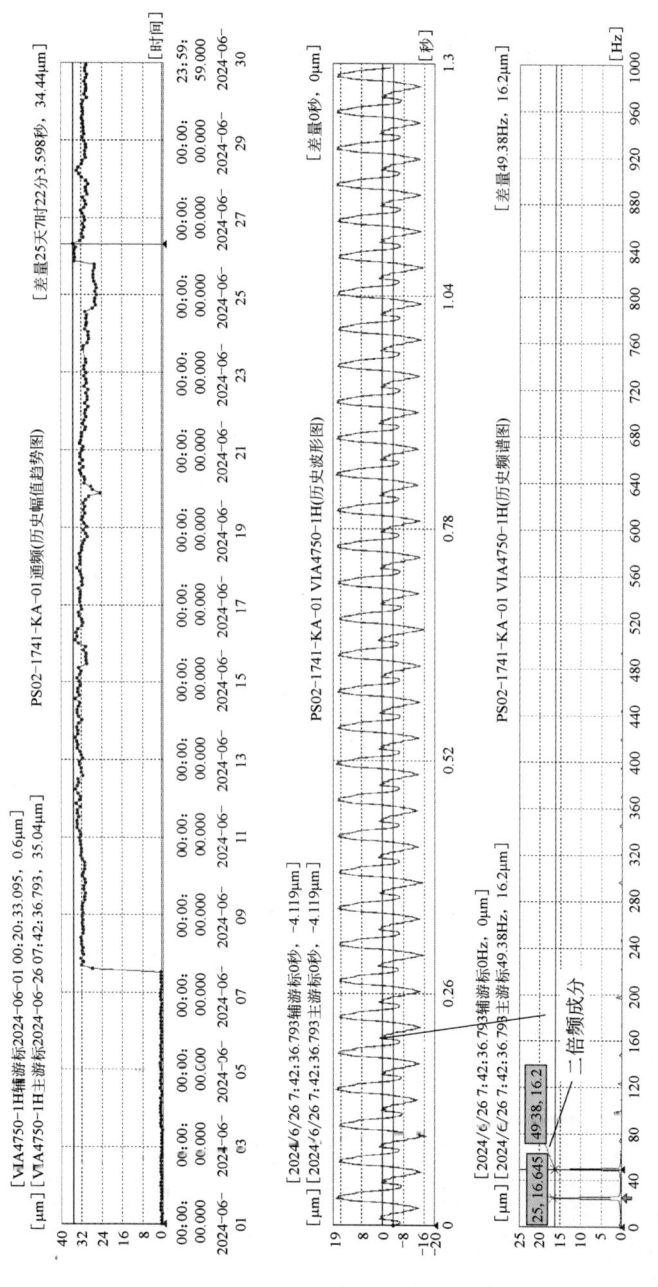

图 5-7 二倍频振动故障图谱示例

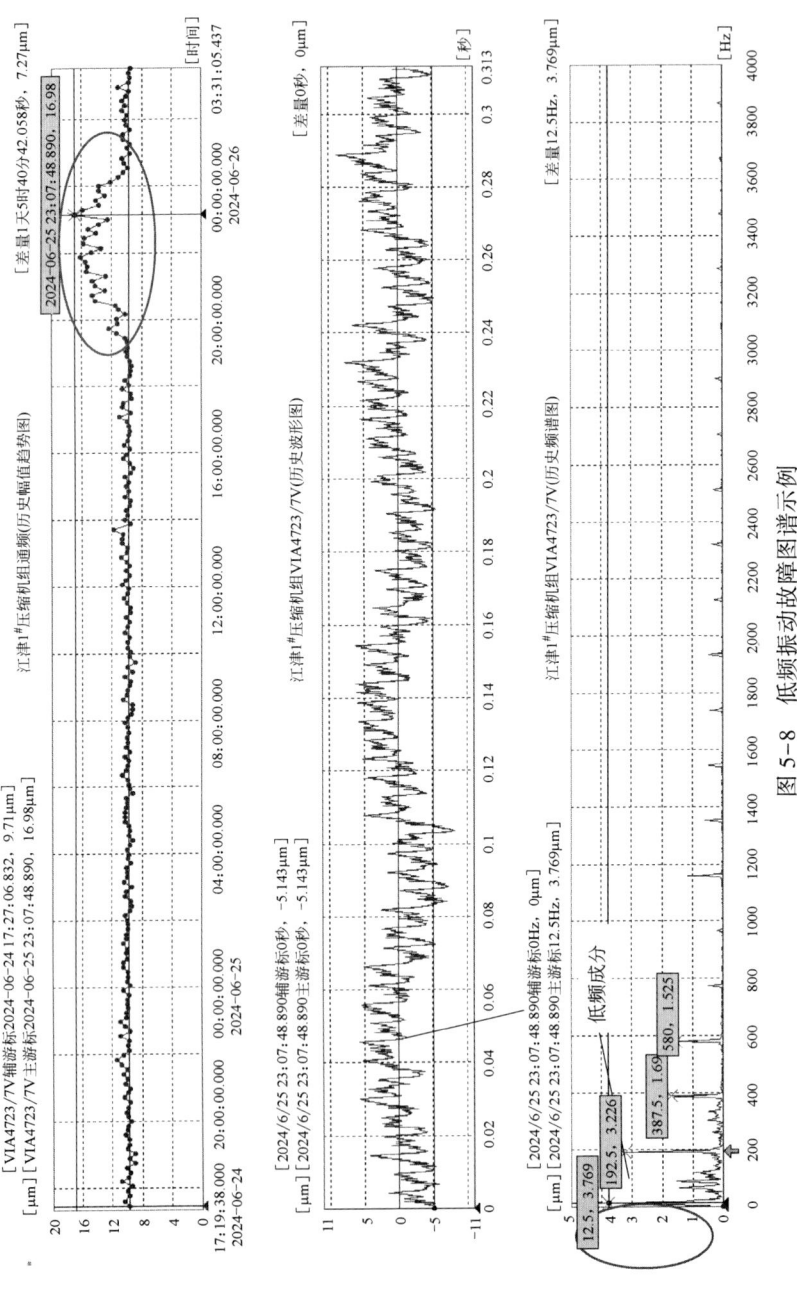

图 5-8 低频振动故障图谱示例

4）临界转速故障特征

压缩机叶轮的临界转速就是转子的固有频率，其所对应的故障类型有油膜振荡、密封流体激振、临界转速区共振，对于老机组、成熟机型发生的概率较低。

图5-9所示为铜梁压气站1#压缩机组非驱动端在2023年8月16日的振动图谱。可以看出压缩机高速轴在降速过程中，当转速接近5070r/min时，振动明显增大并产生报警，当转速远离该转速后振动即恢复稳定，说明机组在5070r/min为临界转速区，该区域内运行会造成机组转子发生临界共振，导致振动增大。

3. 相位

相位是在给定时刻轴振动体被测点相对于固定参考点的位置，单位是（°）。相位是振动在时间先后关系上或空间位置关系上相互差异的标志（例如同一部件不同位置处的振动或不同部件之间的振动）。把转子旋转一圈的时间看成是360°，两个振动之间的相位差就是转过此角度的时间差。相位可用来描述某一特定时刻机器转子的位置，应能确定每一个传感器所在的机器转子上"高点"相对机组轴系上某一固定的标志点的位置。而平衡状态的变化将会引起"高点"位置的变化，这种变化也会通过相位角的变化而表示出来。振动的相位在振动分析中十分重要，它不仅反映了不平衡分量的相对位置，在动平衡中必不可少，而且在故障诊断中也能发挥重要作用。

4. 轴心轨迹

轴心轨迹一般是指转子上的轴心一点相对于轴承座在其与轴线垂直的平面内的运动轨迹。转子振动信号中除包含由不平衡引起的基频振动分量之外，还存在由于油膜涡动、油膜振荡、气体激振、摩擦、不对中、啮合等原因，引起的分数谐波振动、亚异步振动、高次谐波振动等各种复杂的振动分量，使得轴心轨迹的形状表现出各种不同的特征，其形状变得十分复杂，甚至非常混乱。

轴心轨迹分析对应的典型故障包括：轻微不对中轴心轨迹则呈椭圆形；在不对中方向上加一个中等负载，轴心轨迹变为香蕉形；严重不对中故障会使转子的轴心轨迹图呈现外"8"字形，这种具有"8"字形的轴心轨迹，一般表现为二倍频或四倍频的成分较大；轴心轨迹呈"8"字形，是典型的不对中故障所致，最大的可能是轴承附近的发电机与同步机之间的联轴器对

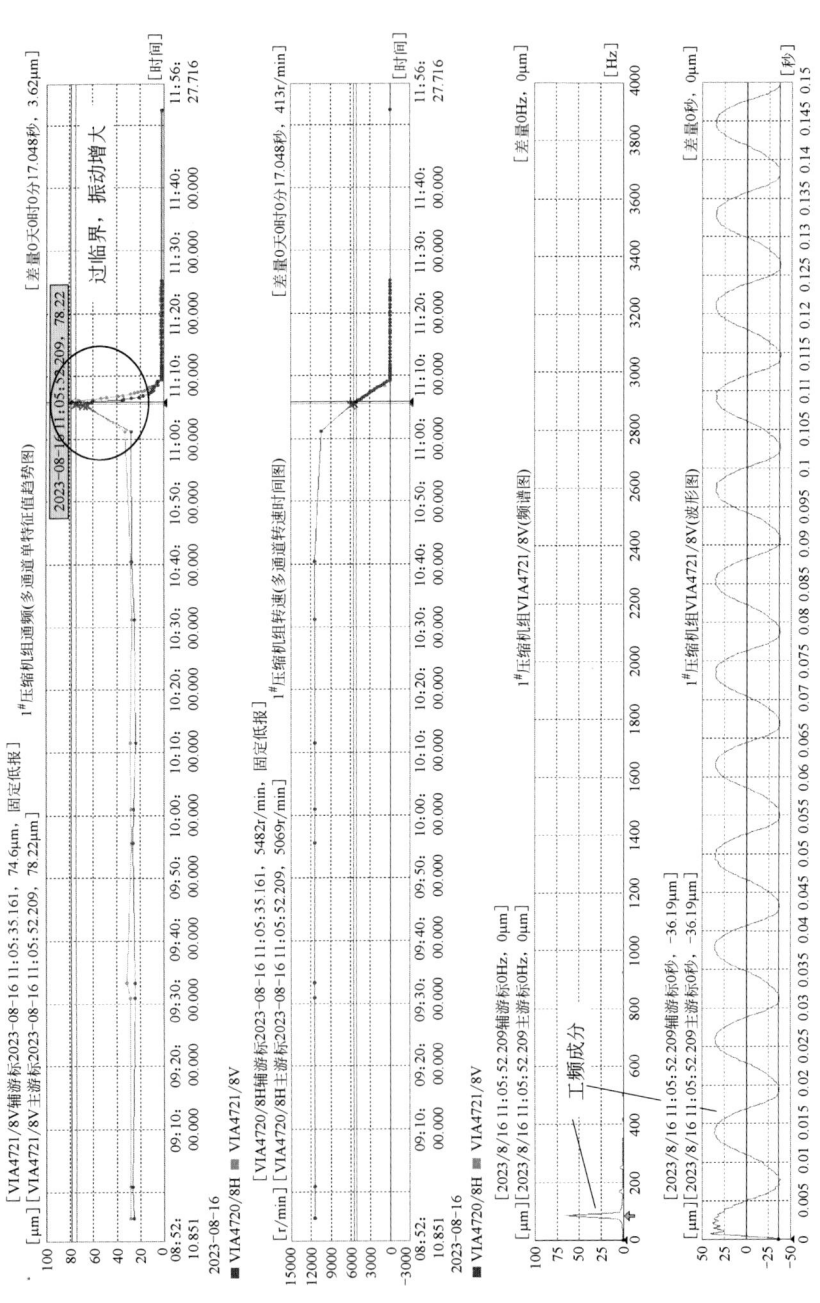

图 5-9 过临界振动故障图谱示例

中较差，转子存在动、静不平衡，存在初始弯曲或热弯曲或轴系不平衡；引起轴振动二次谐波幅值高的主要原因是各段轴对中不良，联轴器精度低，轴和轴瓦不同心，轴瓦歪斜等。

三、油液参数监测诊断

油气田大型设备油液监测多年来以离线检测为主，通常为定期取样化验分析，对应的监测仪器根据检测的参数来确定。壳牌、美孚、中石油昆仑润滑油公司和中石化长城润滑油公司都建立了自己的润滑油分析中心，配备有各种先进的仪器、设备，可供润滑油研发、生产和使用阶段的润滑油全面监测。

现有的油气田内离线检测的方式已不能满足设备长周期运转中及时动态地获取被监测对象污染、磨损等信息，且西南油气田公司已发布 Q/SY XN0745《离心式天然气压缩机组润滑、冷却技术规范》，规范离心式压缩机组润滑、冷却管理，日常通过在线油液监测实时监测诊断水分、黏度、污染度、磨损、介电常数、温度、密度等参数，可消除人为不确定性因素，实现油液健康度、寿命预测，对开展设备预知性维修具有重要意义。温度、密度等作为基本参数，本书不再赘述。

（一）水分

水分通常以游离水、乳化水和溶解水三种状态存在于润滑油中。一般来说，游离水比较容易脱去，而乳化水和溶解水都不易脱去。矿物润滑油一般对水的溶解能力较小，而某些合成油如酯类油、某些结构的聚醚和硅酸酯，则能吸收空气中的水分而水解。

（1）溶解水：以溶解状态与油品分子相结合形成单一相系，其溶解量取决于油品的温度和化学组成，不影响油品的透光特性。

（2）悬浮水（乳化水）：以细小颗粒分散悬浮在油品之中，形成油—水两相体系，外观上油品呈浑浊现象，比游离水更难从油品中分离出来。

（3）游离水：沉降到容器底部或者附着在容器壁上的单一水相体系。

油中过多的水分将严重影响设备的润滑效果，必须将油中水分含量控制在尽可能低的程度。无论是对新油还是对在用旧油，水分都是一项重要的必检项目，其重要性主要体现在以下几个方面：

（1）水分增多会加速油品氧化变质，导致油泥增加，过多的水分会萃取出油品中的酸性组分，加速对金属的腐蚀。

（2）水分存在会促使油品乳化，破坏润滑油膜，使润滑效果变差；当温度升高时，油中水分将汽化形成气泡，不仅破坏油膜，而且产生气阻，影响润滑油的循环。

（3）水分增多会使油中添加剂发生水解反应而失效，加速油品劣化，产生沉淀堵塞油路，不能正常循环供油。

（4）水分会影响油品的低温性能，在低温时，油品的流动性变差，甚至结冰，堵塞油路，影响润滑油的循环和供油。

1. 离线检测

水分的离线检测标准主要有 GB/T 260—2016《石油产品水含量的测定 蒸馏法》、GB/T 11133—2015《石油产品、润滑油和添加剂中水含量的测定 卡尔费休库仑滴定法》、GB/T 7600—2014《运行中变压器油和汽轮机油水分含量测定法（库仑法）》。

测定润滑油中水分含量的方法有蒸馏法和卡尔费休水分测定法两种，相关仪器如图 5-10 所示。

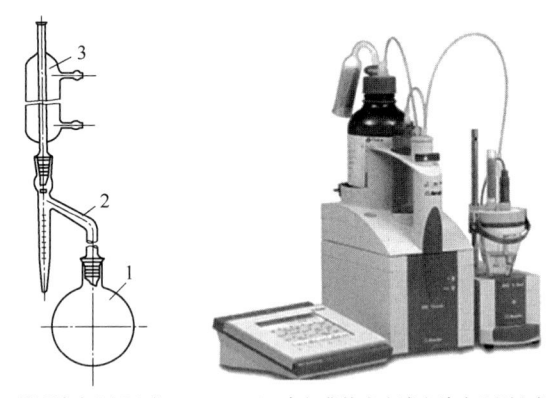

(a) 蒸馏法水分测定仪　　(b) 卡尔费休库仑滴定法水分测定仪

图 5-10　水分的离线检测仪器

1—圆底烧瓶；2—接收器；3—冷凝管

（1）蒸馏法水分的测定标准为 GB/T 260—2016《石油产品水含量的测定 蒸馏法》。其测试原理是将一定量的试样与无水有机溶剂混合，在规定的仪器中进行加热蒸馏。溶剂和水一起被蒸发并冷凝到一个计量接收器中，而且溶剂和水不断分离，由此从润滑油样中分离出水分并测定出水分含量。GB/T 260—2016 方法的水分含量最小计量值为 0.03%，若水分含量小于 0.03%则称为"痕迹"，若接收器中无水分，则报告为"无"。

（2）卡尔费休水分测定法的测定标准比较多，对于润滑油水分的测定，国内最常用的标准是 GB/T 11133—2015《石油产品、润滑油和添加剂中水含量的测定 卡尔费休库仑滴定法》。其测试原理是将试样加入到卡尔费休库仑滴定法水分测定仪的滴定池中，滴定池阳极生成的碘与试样中的水根据反应的化学计量学，按 1∶1 的比例发生卡尔费休反应。当滴定池中所有的水分都反应消耗完后，测定仪通过检测过量的碘产生的电信号，确定滴定终点并终止滴定。根据法拉第定律，滴出的水的含量与总积分电流成一定比例关系，通过计算消耗的库仑电量，就可以计算出水的含量。

目前离心式压缩机组水分离线检测一般使用卡尔费休库仑滴定法进行检测。

2. 在线监测

在线监测主要使用水分传感器进行检测。水分传感器利用高分子薄膜电容作为敏感元件，油液中的水会使薄膜电容的电容值改变，通过测量电容值来获取油液中水分相关特性。

但在线监测系统使用的水分传感器的直接输出是水活性（界面显示），为油中水分含量与既定温度下油中水分溶解度的比值，油中水形态与温度关系如图 5-11 所示。

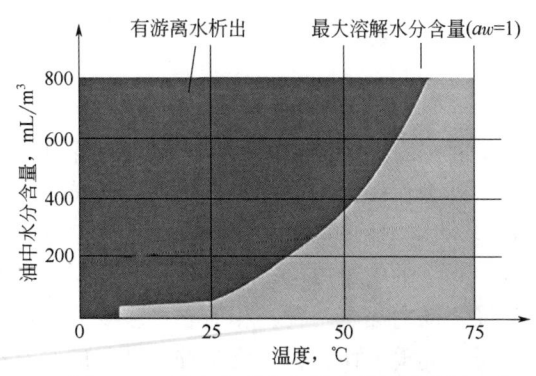

图 5-11　油中水形态与温度关系示意图

通过传感器测量水活性、温度以及油品系数计算油液中含水量，通常情况下水分含水量越高,水活性越大。在润滑系统中,油中的水分主要来自冷却液泄漏、密封失效、空气中水分冷凝和外界经呼吸阀或密封系统进入的水分等,油中进水将使油品氧化变质,增加油泥,恶化油质,还会使油中的添加剂水解失效,降低油品的极压耐磨或抗氧化性能。对于水分离性较差的油品,水分会促使油品乳化,显著降低油膜强度,所以水分含量应控制在尽可能低的程度。当现场水分异常升高时,可能存在设备密封失效,需要对油路和油箱进行密封检查。一种典型的在线监测油液健康度分级见表5-3。

表5-3 在线监测油液健康度分级推荐表

健康诊断评分	健康状态等级	健康状态分析	建议措施
90~100	健康(1级)	油品水分正常	保持现有状态运行,无须对现有油品作维护保养处理
80~90	良好(2级)	系统可能存在微量冷凝水或冷却水渗入	关注水分增长趋势,无须对现有油品作维护保养处理
60~80	劣化预警(3级)	系统可能存在少量冷凝水或冷却水渗入,加速油品变质,降低油品寿命,易导致连杆轴瓦部件油膜变薄,引发异常磨损	进行除水过滤操作
40~60	劣化报警(4级)	冷凝水或冷却水渗入,加速油品变质,降低油品寿命,易导致连杆轴瓦部件油膜变薄,引发异常磨损	进行除水过滤操作,检查系统运行情况,及时查找原因
0~40	失效报警(5级)	冷却水进入,加剧油品乳化	及时停机,并查找原因,必要时进行换油

(二)黏度

黏度是流体流动时内摩擦力的量度,用于衡量油品在特定温度下抵抗流动的能力。油液受到外力作用而发生相对移动时,油分子之间产生的阻力使油液无法进行顺利流动,描述这种阻力的大小的物理量称为黏度,黏度是液体内摩擦力的体现。黏度的度量方法有绝对黏度和相对黏度两大类。其中绝对黏度分为运动黏度、动力黏度两种;相对黏度主要有恩氏黏度、赛氏黏度和雷氏黏度三种。对于润滑油而言,主要是评价油品的绝对黏度。

1. 离线检测

黏度的离线检测采用的检测标准主要有 GB/T 265—1988《石油产品运

动粘度测定法和动力粘度计算法》、GB 11137—1989《深色石油产品运动粘度测定法（逆流法）和动力粘度计算法》、ASTM D7279-14a《用自动粘度计测定透明和不透明液体运动粘度的试验方法》。

黏度（单位通常是 mm/s²）是判断设备润滑状态，确定是否换油的重要依据。黏度值的改变反映了设备运行状态的变化，黏度异常将导致设备润滑不良，机械表面产生异常磨损。油品在使用过程中，黏度变化主要原因有油品氧化、劣化、水分乳化及污染物浸入等。

2. 在线监测

在线监测黏度传感器采用机械谐振技术（黏度传感器利用压电元件和摆臂组成一个谐振元件）。压电元件受电信号激励带动摆臂谐振，摆臂在油液中受到油液的阻尼作用使摆臂的谐振状态发生改变，通过检测摆臂的谐振状态来表征油液的黏度（受油液阻尼越大，油液黏度越大）。黏度传感器在经过实验室标定后，可以对现场的油液状态进行监测，如图 5-12 所示。

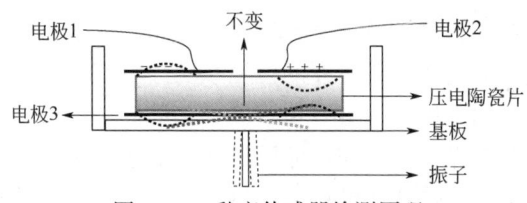

图 5-12　黏度传感器检测原理

润滑油品在使用过程中因污染、劣化等原因会使其黏度发生较大的变化。如油品氧化产生的油泥、外界污染的粉尘泥沙都会使油品黏度升高，而轻质液体的污染将使油品黏度降低。一旦黏度变化超出了设备润滑允许的范围，将导致设备润滑不良，产生异常磨损。因此，在日常油液监测工作中，必须对油品黏度进行检测。

按照 NB/SH/T 0636—2013《L-TSA 汽轮机油换油指标》，离心式压缩机组使用的 46 号油当运动黏度（40℃）变化率超过±10%，应立即换油。

（三）污染度

颗粒污染度分析是通过测试液体中固体颗粒污染物的浓度和尺寸分布，来判断液体的污染程度（或清洁程度）的一种定量或定性的分析方法。在设备维护中，可以通过检测润滑油的颗粒污染度，来获知油液的污染程度，并判断是否需要采取相关的过滤净化措施，来避免机械设备的磨损和失效。

1. 离线检测

检测标准主要有 DL/T 432—2018《电力用油中颗粒度测定方法》、GB/T 37163—2018《液压传动 采用遮光原理的自动颗粒计数法测定液样颗粒污染度》。

颗粒污染度的评价方法主要有 ISO 4406《液压流动流体—液体—通过固体颗粒物评定污染物等级的方法》以及 NAS 1638《液压系统零件的清洁度》。

自动颗粒计数器工作原理是基于遮光原理，能够将颗粒通过传感器时产生的电信号转化为特定颗粒尺寸且能够累积计数。自动颗粒计数器具备自动瓶式取样器或类似装置，保证在不改变颗粒尺寸分布和不产生气泡的情况下使液样通过传感器。

2. 在线监测

污染度传感器采用 ISO 4402/ISO 11171 规定的遮光法（又称光阻法）原理进行油液污染度监测。传感器的检测系统由油路部分、光路部分、图像采集部分组成。当油液流经污染度传感器时，如油液中有污染物，油中颗粒通过光源时会产生遮光，且不同尺寸颗粒产生的遮光不同，由高速摄像机拍摄高清照片，通过微处理器对颗粒图像进行统计、分类，便可计算并显示出颗粒数或浓度，原理如图 5-13 所示。

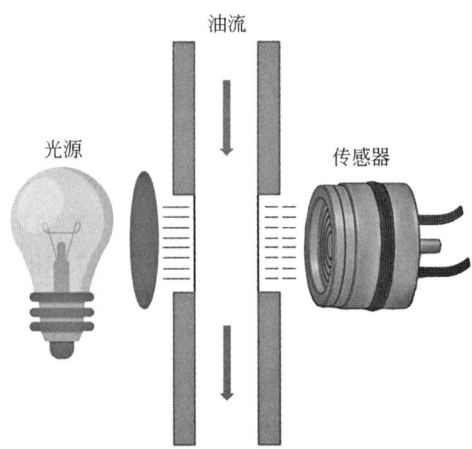

图 5-13 污染度传感器检测原理

颗粒污染颗粒主要来自外界的粉尘、砂砾、密封胶质物，也有来自系统内部的油品氧化产物（油泥）、过滤器的玻璃纤维、油管中的锈蚀颗粒以及摩擦副表面的磨损颗粒等。这些固体杂质颗粒会影响润滑油膜的连续性，导致摩擦副磨损，催化基础油裂化，影响油液寿命及油膜强度，或者沉积在摩擦部件表面影响散热。

（四）磨损

磨粒分析技术是油液监测技术的重要组成部分，它主要的分析对象是机械设备零部件运行中所产生的磨损产物。它通过从设备润滑油中分离出磨损颗粒和污染颗粒等颗粒，借助于各种光学或电子显微镜等设备对这些颗粒的形态、大小、成分以及粒度分布等进行定性和定量分析，判别出设备零件表面的磨损类型、磨损程度以及外界污染颗粒来源，进而获取机械设备摩擦副和润滑系统工作状态等重要信息。

1. 离线检测

铁谱分析技术是利用高梯度强磁场作用，将机械摩擦副产生的磨粒从润滑油中分离出来，并按磨粒尺寸大小实现有序沉积，然后借助于各种仪器和手段，观察和测量分析这些磨粒的形貌、大小、数量、成分等，以获取磨损过程的信息，从而对机器设备相关摩擦副的磨损状态和磨损机理进行分析的技术。其中，铁谱仪磁场的强弱与分布、磨损颗粒沉积过程是铁谱分析技术的关键。

检测标准主要有 SH/T 0573—1993《在用润滑油磨损颗粒试验法（分析式铁谱法）》，颗粒分类见表 5-4。

表 5-4 分析式铁谱法颗粒分类

磨粒分析	等级
小于 10μm	1
10~50μm	0
50~100μm	0
大于 100μm	0
正常磨损	1

续表

磨粒分析	等级
黏着/严重滑动磨损	0
疲劳磨损	0
切削磨损	0
腐蚀磨损	0
高温氧化	0
钢/铸铁	1
铝合金	0
铜合金	0
轴承合金	0
红色氧化铁/锈蚀	0
黑色氧化铁	0
油泥/积炭	1
粉尘	1
纤维	0
其他	0

注：铁谱分析（或磨粒分析）测试结果中，0表示无，1表示个别，2表示少量，3表示较多，4表示大量。

2. 在线监测

作为机组的"血液"，油液可以在一定程度上实时反映出转动部件的运动状态，其中关联程度最高的指标为磨损，可利用铁磁传感器进行在线监测。铁磁传感器利用油液流经传感器具有磁场的待检区域时金属颗粒所产生的扰动，使监测区与磨损数量相关的磁力线或磁通量发生改变，并进行标定而检测出磨损数量的原理进行工作的。

目前油液监测诊断系统一般采用电感式磨损监测传感器，由于其能够对油液中金属颗粒的属性以及尺寸大小进行监测并统计，定量反映出油液中磨损颗粒的状态，从而为磨损故障的预测与报警提供依据。电感式磨损监测传感器的核心元件是电感线圈，用于感知不同金属磨粒（电磁特性和尺寸差异）对线圈交变磁场造成的磁场扰动，由此来分辨金属磨粒尺寸大小和属性。电感式磨损监测传感器的核心元件结构形式多种多样，其中基于电感平衡检测原理的（双激励单检测）三线圈结构形式开发的电感式磨损监测传感器已经在能源、工业、船舶和航空航天市场中得到成熟应用。其核心元件由三个线圈组成，包括2个激励线圈和1个检测线圈。两侧完全一致的激励线圈异名端输入正弦交流电，并激发出磁场强度相等、方向相反的磁场，在中心位置两者磁场相抵消。中间感应线圈测量当金属磨粒通过时对平衡磁场的扰动，并以电压信号输出反映磨粒尺寸的干扰强度，同时电压信号相位情况反映磨粒属性。电感式磨损监测传感器检测原理如图5-14所示。一种典型的油液磨损情况分级见表5-5。

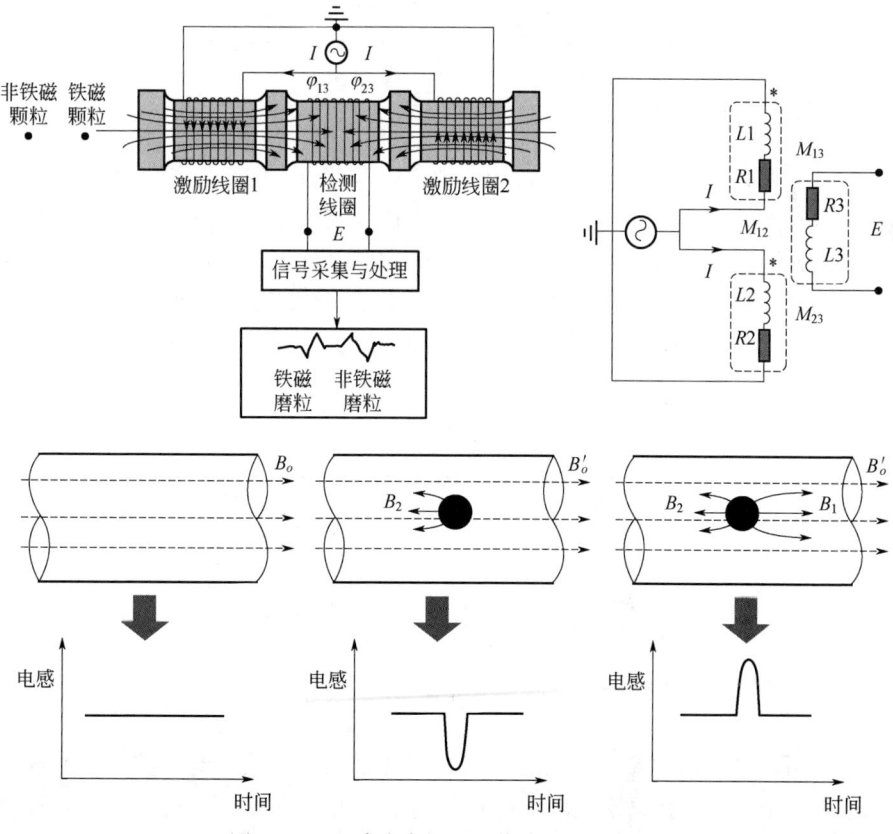

图5-14 电感式磨损监测传感器检测原理

表 5-5 油液磨损情况分级推荐表

健康诊断评分	健康状态等级	健康状态分析	建议措施
90~100	健康（1级）	机组内部磨损正常	保持现有状态运行，无须对现有油品作维护保养处理
80~90	良好（2级）	机组内部存在少量磨损颗粒	关注磨损增长趋势变化，无须对现有油品作维护保养处理
60~80	劣化预警（3级）	机组内部可能存在轴承等部件异常磨损风险	检查系统轴承温度、振动情况，若运行无异常，无须对现有油品作维护保养处理
40~60	劣化报警（4级）	机组内部存在轴承等部件异常磨损风险	进行过滤操作，检查系统运行情况，及时查找原因
0~40	失效报警（5级）	机组内部轴承等部件磨损异常	及时停机，并查找原因，必要时进行换油

（五）介电常数

介电常数是反映电介质在静电场作用下介电性质或极化性质的主要参数，通常用 ε 来表示，单位是 F/m，仅是在线监测指标。液体介质的导电能力和其分子极性及纯净度有关，所以介电常数是反映润滑油液污染的一个综合参数。在润滑油介质中起主要作用的是电子位移式极化和取向极化，随着外加电场频率的升高，取向极化作用逐渐减弱，介质总的极化强度减弱，因此介质的介电常数 ε 将随频率升高而减小，原理如图 5-15 所示。

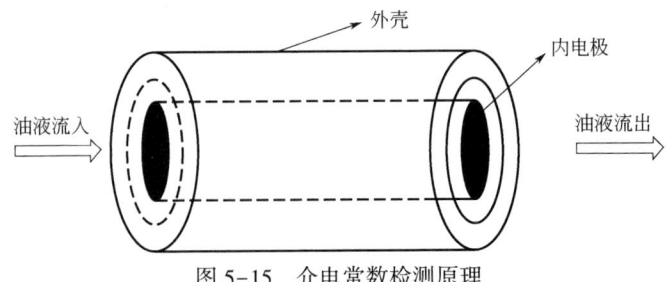

图 5-15 介电常数检测原理

润滑油是一种复杂的混合物，可以看作是弱极性液体电介质，介电常数为 2.3F/m 左右。介电常数的大小只与物质的种类有关，不同物质介电常数差别较大，如水的介电常数远大于油的介电常数。润滑油液被污染，其纯净度会发生变化，污染因子会产生自由电子，当将油液置于平行电容板之间时，自由电子会极化。微观上，这些极性介质分子中的各带电粒子正电荷中心与负电荷中心并不重合，单个分子对外表现有一定的场强。因此表现为测得电容量的增加，即为油液介电常数的增大。

介电常数传感器通常可分为平板式电容传感器、圆柱式电容传感器和膜片式电容传感器。相比较其他两种电容器而言，圆柱式电容传感器具有更加良好的电磁场屏蔽功能，由于其对电容的测量只与圆筒内部结构相关，因此受外界影响非常小。

根据润滑油的化学组成，一般可以将其看作一种特殊的电介质。当润滑油使用一定时间之后，其介电常数会发生一定的变化。当把润滑油放入电容器两极之间时，由于电介质的极化将会使电容增大。传感器内外电极间隙流进油液后，由于内外电极产生恒定电场，当油液发生氧化、水分污染以及产生磨损颗粒时，会被两极间的电场极化，使得介电常数增大。因此，通过测量两极间充满润滑油的电容器电容值便可以推导出油液介电常数，进而可以知道该润滑油的变化程度，以决定是否需要更换油液。

第三节　维护保养

维护保养是离心式压缩机组预防一般性故障、减少偶发性故障的有效手段。在维护保养前应制作相关的记录单，随着设备运转时间变长，通过检查、记录并保存设备固有的参数，作为设备部件是否出现性能劣化的重要判断依据。油气田离心式压缩机组维护保养一般分为备用维护保养、半年维护保养、年度维护保养、停用维护保养等。

一、备用维护保养

（1）压缩机组正常泄压停机后应进行盘车，周期应不大于15d。
（2）压缩机组正常停车后30min开启驱动电机防冷凝加热器。
（3）润滑系统备用循环泵应定期进行切换，切换周期应不大于15d。
（4）仪表风系统备用空压机应定期切换，切换周期应不大于15d。
（5）切换润滑系统、密封气系统过滤器，使用备用过滤器，切换周期应不大于120d。

（6）处理润滑系统、密封气系统、辅助冷却系统管路及接头渗漏点，锈蚀、变形处应及时处理。

（7）检查并更换润滑系统过滤器、油雾分离器滤芯，调节润滑系统油箱负压表至-10~0kPa的正常范围，同时检查并更换油雾分离器减力阀。

（8）检查并加注润滑油箱液位不低于1/2处，辅助冷却系统冷却液箱液位不低于1/2处。

（9）根据油品离线检测分析报告或在线监测分析结果，采用外置滤油机进行滤油或择机更换润滑油。

（10）分析工艺冷却器、润滑系统油冷器、辅助冷却系统冷却器散热风机异常振动、噪声及电机壳体表面发热原因，及时排除，并及时清除壳体表面污垢。

（11）检查工艺冷却器、润滑系统油冷却器皮带磨损情况并调整松紧度，必要时更换皮带，逐一启动风机观察振动和噪声。

（12）清除工艺冷却器、润滑系统油冷却器、辅助冷却系统冷却器及制冷橇通风口和排风口的脏物、灰尘和其他碎屑。

（13）每季度检查工艺冷却器、润滑系统油冷却器风机及配套电机轴承润滑情况，根据需要加注润滑脂（每台25g），或日常完成自动注脂器油脂包更换。

（14）每季度检查润滑系统油泵、辅助冷却系统循环泵及电机轴承润滑情况，根据需要加注润滑脂（每台25g）。

（15）检查辅助冷却系统管路上的自动排气阀、耐振压力表，如损坏、渗油及时更换。

（16）检查辅助冷却系统制冷机组润滑油位及颜色，压力低于0.2MPa时添加制冷剂。

（17）处理密封气系统干气密封控制橇加热器异常工作状态，必要时停机更换电气元件。

（18）检查并更换密封气系统干气密封控制橇滤芯，滤芯压差应小于0.08MPa。

（19）检查辅助冷却系统稳压罐或膨胀罐，压力不足时及时补充。

（20）根据变频器辅助冷却系统冷却液电导率情况，按需更换去离子树脂。

(21）检查仪表风系统的水露点比当地最低环境温度低10℃时，及时更换干燥剂。

（22）检查仪表风系统冷干机的冷凝器压力和蒸发器压力不足时，及时补充制冷剂。

（23）检查仪表风系统空气压缩机入口滤芯，视情况进行更换。

（24）根据仪表风系统空气压缩机润滑油液位和颜色，视情况补充或更换润滑油。

二、半年维护保养

（1）处理压缩机组需要停机检修的异常问题，如振动、温升、泄漏等情况。

（2）对压缩机进行腔体排凝液，记录凝液基本情况。

（3）检查压缩机、驱动电机、齿轮箱、辅助冷却系统接线箱端子是否有积尘并紧固；绝缘部件是否完好、有无损坏灼烧痕迹，清洁绝缘部件表面；就地显示仪表显示是否正常，触点接触是否良好，必要时更换。

（4）用清水、专业除垢剂清洗工艺冷却器、润滑系统冷却器、辅助冷却系统冷却器翅片，禁止横扫翅片，试车时根据情况采用便携式甲烷激光探测仪进行检漏。

（5）检查工艺冷却器、润滑系统冷却器、辅助冷却系统冷却器防护网情况，是否存在锈蚀、破损、变形、松动，如有进行修复，对百叶窗进行全行程活动，以防轮毂内部粘连。

（6）清洗或更换辅助冷却系统过滤器，并清洗稳压罐或膨胀罐。

（7）清除变频器、辅助冷却系统柜顶散热风扇滤尘网污垢。

（8）检查驱动电机漏水检测器是否泄漏，出现泄漏立即更换。

（9）根据辅助冷却系统日常检测结果（杂质含量、pH值、冰点值），清洗管路或更换冷却液。

（10）检查驱动电机正压通风系统吹扫期间冷却器与壳体、电机端盖及气管接口处是否漏气，必要时进行补漏。测量电池电压、微压传感器并检查滤芯，必要时更换。

（11）检查变频器内外动力电缆、控制电缆有无损伤，冷压端子、绝缘热缩管有无松动，必要时进行修复，并对电缆绝缘进行检测。

（12）检查变频器元器件有无爬电、拉弧现象，电容有无鼓起、泄漏现象，必要时进行更换。

（13）检查变频器高压进出线接线螺栓、功率单元进出线铜排螺栓、阻尼柜进出线螺栓各部位紧固情况，确认无损伤、变形、变色、过热痕迹以及灼烧现象，对变频器做整体绝缘测试。

（14）对变频器功率单元、电气元件、散热系统、低压元件、滤尘网等柜内外设备进行除尘。

（15）根据仪表风系统三级过滤器压差情况，清洁吹扫前置、中置、后置过滤器滤芯，紧固仪表风系统管路及支架连接。

（16）根据相应周期完成仪器仪表检定或校验。

三、年度维护保养

（1）半年维护保养的全部内容。

（2）检查压缩机组及辅助系统地脚螺栓、螺母、定位销及总体状态，力矩执行螺栓规定力矩，检查基础是否下沉、是否存在裂缝。

（3）紧固驱动电机连接端子螺栓和紧固件连接螺栓，力矩执行螺栓规定力矩。

（4）必要时对叶轮及涡道使用孔探仪进行检查，如有结垢现象使用水洗方式进行清洗，清洗后检查叶轮表面有无腐蚀现象，取出转子返厂进行动平衡测试。

（5）必要时检查压缩机内部隔板的裂纹、积垢、腐蚀和侵蚀情况，更换压缩机机芯和端盖的密封圈或迷宫密封，测量密封和转子间隙，回装后进行性能测试。

（6）对机组联轴器进行对中检查，膜片应无划痕、碰伤、断裂及锈蚀等情况，螺栓力矩执行规定值。

（7）必要时拆卸检查机组轴端干气密封，根据检查情况进行更换。

（8）必要时检查齿轮表面状况和齿工作面啮合程度，清除机件和齿轮箱内油垢及污物，根据检查情况决定是否更换齿轮。

（9）拆除或更换润滑系统高位油箱呼吸阀阀组、密封垫，必要时进行内部清理。

（10）测量工艺冷却器、润滑系统散热风机叶顶与风筒的间隙、叶片安装角度，消除缺陷，必要时进行更换。

（11）清理并更换工艺冷却器、润滑系统冷却器散热风机轴承及O形橡胶圈等易损件。

（12）检查工艺冷却器、润滑系统油冷却器叶片有无裂纹、扭曲变形、振动超过规定值现象，更换叶片需进行称重，对损坏的扇叶进行更换，调整扇叶角度，试运行时做静平衡校验。

（13）检查并更换密封气系统增压橇滤芯，滤芯压差应小于0.08MPa，必要时进行更换。

（14）检查密封气系统增压橇增压泵使用次数，余量不小于10%，必要时进行更换。

（15）检查驱动电机轴承箱内部，清除沉积的灰尘或脏物。

（16）检查驱动电机内部槽楔情况，有无脱落。

（17）清除驱动电机内部冷却空气通道中灰尘、砂粒等沉积污物。

（18）测量定子线圈到定子铁芯和机壳的绝缘电阻，吹扫使其干燥，去除潮气。

（19）测量驱动电机定子绕组的绝缘电阻、直流电阻，与出厂值进行比较，相间阻值平衡度应小于2%。

（20）检查变频器控制柜接线是否松动，所有电源模块电压是否出现偏差，出现偏差进行校正。

（21）对变频器通信光纤进行检测，是否有损坏及漏光现象，对光速发散较大者进行打磨或更换。

（22）检测变频器所有限位开关是否灵敏、是否灵活可靠。

（23）检查各设备间及变频器内部的电缆连接是否可靠，检查线缆连接是否牢固、有无松动。

（24）检查辅助冷却系统冷却器散热风机配套电机及循环泵、补水泵配套电机接线是否牢固，相间电阻是否平衡，与出厂值进行比较，相间阻值平衡度应小于2%。

（25）检查UPS、EPS内部各设备，输入、输出电压是否正常；模拟无交流电源输入，检查直流输出是否正常；模拟故障状态，确认报警系统动作正常；检查逆变器、整流器的电解电容、电路板上的电解电容、直流母线的熔断丝、控制电源的熔断丝是否完好，主备回路切换是否正常，各设备是否完好。

（26）整理工控机，对现场最终程序进行备份。

（27）严格按照从下至上顺序下电，清洁所有设备，紧固操作台内、机柜内所有接线、端子板。

（28）检查机组控制盘 UCP、ESD、MCP 等柜内接线端子排，将所有控制模块、辅助设备上电，观察指示灯状态。观察监控画面上数值显示、初始化值是否与下电前一致，如不一致，整体重装控制程序。

（29）检查上下位机、各模块通信是否正常，控制器上电运行后状态是否正常，指示信号是否正常，事件顺序记录功能及配置是否正常；对工程师站/操作站/SOE/DDE/HMI 的硬盘进行整理，清除垃圾文件。

（30）对机组振动、位移、转速、压力、流量、温度、液位等相关信号回路进行测试；排除卡件通道故障；对防喘振功能、联锁功能等进行功能测试；对机组控制系统联锁逻辑作逐点试验，对每个联锁点进行联锁切除试验。

四、停用维护保养

（1）机组停用期间，每季度空载运行 4h。

（2）每半年对压缩机进行腔体排凝液，记录凝液基本情况。

（3）润滑系统循环泵每周应进行盘车或点动。

（4）每月对变频器进行送电合闸试验，时间为 1h。

（5）每半年检查压缩机、驱动电机、齿轮箱、辅助冷却系统接线箱测量数据，清理端子积尘并紧固；检查绝缘部件是否完好、有无损坏灼烧痕迹，清洁绝缘部件表面；检查就地显示仪表显示是否正常，触点接触是否良好，必要时更换损坏元件。

（6）每半年检查工艺冷却器、润滑系统油冷却器、辅助冷却系统冷却器防护网情况，是否存在锈蚀、破损、变形、松动，如有进行修复，对百叶窗进行全行程活动，以防轮毂内部粘连。

（7）用清水、专业除垢剂清洗工艺冷却器、润滑系统冷却器、辅助冷却系统冷却器翅片，禁止横扫翅片，试车时根据情况采用便携式甲烷激光探测仪进行检漏。

（8）每半年清洗或更换辅助冷却系统过滤器，并清洗膨胀罐或稳压罐。

（9）每半年检查驱动电机漏水检测器是否泄漏，出现泄漏立即更换。

（10）每半年根据日常检测结果（杂质含量、pH值、冰点值），清洗管路或更换冷却液。

（11）每半年检查驱动电机正压通风系统吹扫期间冷却器与壳体、电机端盖及气管接口处是否漏气，必要时进行补漏。测量电池电压、微压传感器并检查滤芯，必要时更换。

（12）每半年清洁、吹扫仪表风系统前置、中置、后置过滤器滤芯，紧固仪表风系统管路及支架连接。

（13）确保驱动电机防冷凝加热器开启，每年对加热器除尘并检测温度传感器，必要时更换。

第四节　常见故障及处理

离心式压缩机组是天然气输送和处理过程中的关键设备，具有设计要求高、工作稳定可靠等特点，但仍然可能因为各种原因出现故障。对这些故障进行及时识别和处理，可以确保离心式压缩机组在最佳状态下运行，延长其使用寿命，保障安全，提高生产效率。

按离心式压缩机组故障发生的部位进行分类，可分为离心式压缩机故障、驱动电机故障、变频器调速系统故障、传动系统故障、密封气系统故障、润滑系统故障以及工艺气系统故障七大类，下面就对这些常见故障的产生原因及处理方法进行介绍。

一、离心式压缩机常见故障及处理

（一）机体振动大

1. 原因分析

（1）机组的底座、基础存在结构松动。

（2）机组安装对中不合格，管道支撑点设计不合理，管道应力过大。

（3）联轴器动平衡差、连接螺栓松动或脱落。

（4）驱动电机振动过大。

（5）变速箱齿轮磨损过大或断齿。

（6）叶轮、转轴承损坏与固定部件接触。

（7）轴承、转轴、叶轮损坏、脱落，产生碎块飞出等。

（8）压缩机、驱动电机的转轴轴向位移、径向振动值过大。

（9）转轴设计不合理、机械加工质量偏差、装配误差、动平衡精度差。

（10）防喘振保护功能失效，流量快速降低造成喘振。

（11）启机操作不当，造成升速过快、转轴热变形不均；机组快速停机惰转造成转轴弯曲、裂纹。

（12）压缩机级间密封间隙过小。

2. 处理方法

（1）加强设备安装质量管控，按规范及厂家要求进行环氧树脂灌浆。

（2）检查对中情况，必要时重新对中，合理设计安装管道支撑，消除管道应力。

（3）重新对联轴器调整动平衡，紧固、更换连接螺栓。

（4）检查驱动电机振动过大的原因并处置。

（5）检查、更换变速箱齿轮。

（6）消除叶轮、轴承与转轴装配间隙过小的缺陷。

（7）修复转轴、轴承、叶轮。

（8）消除压缩机、驱动电机的轴向位移、径向振动值过大的问题。

（9）优化转轴设计、提高机械加工质量、消除装配误差、重新调整动平衡。

（10）检查防喘振保护装置失效原因，处理流量快速降低问题，合理调节管网与机组的压力、气量。

（11）严格执行启停机操作规程。

（12）检查密封间隙或更换密封。

（二）离心式压缩机转轴位移波动大

1. 原因分析

（1）振动探头安装错误。

（2）探头松动、破损。

（3）联轴器膜片断裂或螺栓松动。

（4）线路故障、信号干扰。

2. 处理方法

（1）重新安装探头、减小误差。

（2）紧固、更换探头。

（3）检查更换损坏膜片、紧固螺栓。

（4）检测更换线路、排除干扰源。

（三）压缩机径向、轴向轴承温度高

1. 原因分析

（1）润滑油压力低、流量不足。

（2）压缩机对中不合格。

（3）供油温度高或油质不合格。

（4）轴承间隙不符合要求、轴承损坏。

（5）压缩机转轴、齿轮箱联轴器动平衡不合格。

（6）轴承安装错误、轴向推力过大。

（7）温度变送器故障。

2. 处理方法

（1）检查、调整润滑油系统压力、流量，维修油泵、过滤器、流量计等部件。

（2）调整对中至规定范围。

（3）检查冷却系统、温控阀，更换、补充新油。

（4）检查、调整轴承间隙，必要时更换轴承。

（5）检查压缩机转子组件和联轴器，重新调整动平衡。

（6）检查轴承间隙和安装方向；检查气体进出口压差，必要时检查内部密封环间隙数据是否超标；检查段间平衡盘密封环间隙是否超标。

（7）检查、维修温度变送器。

（四）离心式压缩机轴端、密封面隔离气泄漏

1. 原因分析

（1）轴端密封环、干气密封等密封件磨损、损坏。

（2）油雾分离器未运转，油气压差增大，造成烟气逸出。

（3）轴端密封环加工精度不够。

（4）密封面、密封件被腐蚀。

2. 处理方法

（1）修复、更换轴端密封环、干气密封等密封件。

（2）检查、修复油雾分离器。

（3）修复、更换轴端密封环。

（4）更换密封面、密封件。

（五）机组发生喘振

1. 原因分析

（1）防喘振裕量设定不当。

（2）入口流量不足。

（3）压缩机出口压力过高。

（4）工况变化时防喘振阀或回流阀未及时打开。

（5）防喘振装置未投入自动运行状态。

（6）防喘振装置或机构失效。

（7）压缩机升速升压过快，降速未先降压。

（8）气体大量带液、带杂质。

（9）级间内漏量增大。

2. 处理方法

（1）检查运行点在压缩机特性曲线上位置，如距喘振边界太近或落入喘振区，应及时调整运行工况。

（2）检查进气阀门开度，消除进气通道阻塞，投入防喘振自控，流量过低时应停机。

（3）压缩机减速停机时气体未放空或回流，出口止逆阀失灵或不严密，气体倒灌，应查明原因并采取措施。

（4）进口流量减少或转速变化时应及时打开防喘振阀或回流阀。

（5）将防喘振装置投为自动运行状态。

（6）定期检查、维修防喘振装置。

（7）升速升压应缓慢均匀，降速之前应先降压。

（8）检查、更换过滤分离器和入口过滤器。

（9）更换级间密封。

（六）防喘振阀不动作

1. 原因分析

（1）电磁阀失电或损坏。
（2）执行气源压力、流量过低，上下缸平衡阀漏气。
（3）电气转换器、行程开关、气动活塞执行器不动作。
（4）阀杆抱死，阀门定位器开关不到位。
（5）信号线路破损、信号干扰。
（6）防喘阀控制信号因模块损坏、接线盒受潮等，造成输入信号的电压、电流偏离标准值。
（7）防喘阀因气流涡动、共振等关闭不到位。

2. 处理方法

（1）检查电磁阀、电压或线圈阻值，必要时更换电磁阀。
（2）紧固气源管线接头，清洗、更换过滤减压器或平衡阀。
（3）检查、更换电气转换器、行程开关、气动活塞执行器。
（4）检查、清洗阀芯、阀座，校准阀门定位器。
（5）检查、更换线路。
（6）检查、更换信号模块，检查接线盒接线端子是否存在潮湿、起卤、生锈、接触不良等问题，清洁或更换接线端子板。
（7）增减压缩机转速、气量，手动控制防喘阀动作，人为干预改善工况。

（七）机组异常停机（外部因素）

1. 原因分析

（1）电网遭受雷击、短路、故障重合闸和晃电现象。
（2）场站进出口阀门误动作。
（3）场站安全仪表系统触发动作。

2. 处理方法

（1）逐项确认和消除压缩机报警，确认电网正常后恢复运行。
（2）检查、恢复场站进出口阀门。
（3）检查、恢复场站安全仪表系统。

二、驱动电机常见故障及处理

（一）驱动电机

1. 轴承温度高或异响

1）原因分析

(1) 驱动电机与齿轮箱联轴器对中不合格。
(2) 轴承受到过大轴向力。
(3) 轴颈与轴瓦间隙不合格。
(4) 油环运转不灵活，润滑系统的油路不畅，油泵故障。
(5) 润滑油量不足。
(6) 润滑油牌号选型错误或质量不合格。

2）处理方法

(1) 重新检查对中。
(2) 检查轴向力过大的原因并处置。
(3) 检查轴颈与轴瓦间隙，确保在规定范围。
(4) 检查油泵、油路及油环。
(5) 调整润滑油量。
(6) 按照设备技术要求使用规定型号且质量合格的润滑油。

2. 轴承润滑油外漏

1）原因分析

(1) 润滑油量过大。
(2) 润滑油箱内压力过大。
(3) 回油管路不畅。
(4) 气封管堵塞或松动。
(5) 密封组件失效。
(6) 迷宫环磨损超标。
(7) 气封圈松动或与轴间隙过大。

2）处理方法

(1) 调整供油压力，减小润滑油量到规定范围。

第五章　离心式压缩机运行与维护

(2) 通过排烟风机负压调节阀调节油箱内压力到规定范围。
(3) 检查回油管安装是否规范或排除堵塞。
(4) 检查、清洁、紧固气封管。
(5) 检查更换密封组件。
(6) 检查或更换迷宫环。
(7) 检查或更换气封圈。

3. 驱动电机振动超标

1) 原因分析
(1) 驱动电机与齿轮箱联轴器对中不合格。
(2) 电机磁力中心线位置不正确。
(3) 联轴器动平衡不合格。
(4) 电机转子动平衡不合格。
(5) 电机存在虚脚或地脚螺栓松动。
(6) 电机轴承间隙不合格。
(7) 齿轮箱或离心式压缩机振动过大。

2) 处理方法
(1) 重新检查对中。
(2) 重新找准电机磁力中心线位置。
(3) 检查联轴器并按规定调整动平衡。
(4) 检查电机转子并按规定调整动平衡。
(5) 对电机进行虚脚检查并紧固地脚螺栓。
(6) 检查调整电机轴承间隙。
(7) 断开联轴器，消除齿轮箱或离心式压缩机异常振动。

4. 驱动电机绕组温度高

1) 原因分析
(1) 电网电压异常。
(2) 三相电压不平衡。
(3) 变频系统谐波影响。
(4) 驱动电机过载运行。
(5) 驱动电机通风散热（冷却）效果不好。
(6) 驱动电机绕组表面脏污，绝缘性能变差。

(7) 驱动电机轴承温度过高。

(8) 驱动电机测温元件故障。

2）处理方法

(1) 检查、调整电网电压、频率。

(2) 检查、调整三相电压平衡到规定范围。

(3) 检查、调整变频系统输出电源质量。

(4) 调整工况使负载到规定范围。

(5) 检查、清洁驱动电机水冷（散热）系统。

(6) 清洁、干燥绕组，测试绝缘合格。

(7) 检查驱动电机轴承，恢复轴承至正常温度。

(8) 检查、更换驱动电机测温元件。

5. 驱动电机定子、转子烧损或异响

1）原因分析

(1) 转子扫膛。

(2) 轴承严重磨损或转子轴与轴承配合间隙严重超标。

(3) 驱动电机长时间超负载运行。

(4) 驱动电机长时间缺相运行。

(5) 驱动电机绕组短路或断路，绝缘性能差。

(6) 驱动电机槽楔脱落。

2）处理方法

(1) 检查转子轴弯曲度与定子变形量。

(2) 检查、更换轴承及转子轴。

(3) 调整工况使负载到规定范围，检查电流保护值。

(4) 检查、维修输配电系统及电机绕组。

(5) 检查、维修驱动电机绕组。

(6) 检查、维修驱动电机槽楔。

（二）正压通风设备

故障现象：换气指示灯显示不正确。

1. 原因分析

(1) 气源压力不足。

（2）泄漏量过大。

（3）流量监测点到换气流量传感器的连接管线泄漏。

（4）换气流量传感器失效或没有校准。

2. 处理方法

（1）检查气源压力值应符合要求。

（2）检查并排除泄漏点。

（3）检查流量监测点到换气流量传感器的连接管线是否泄漏，并正确连接。

（4）更换换气流量传感器或重新校准。

（三）驱动电机水冷辅助系统

1. 冷却水系统压力异常

1）原因分析

（1）管路存在气阻、排气不畅、管线泄漏。

（2）阀组未打开或堵塞。

（3）供水流量过大或过小。

（4）膨胀罐预充压力高或者补水静压高。

（5）水泵故障。

2）处理方法

（1）对管路进行排气、排除管线泄漏。

（2）检查各阀组开关状态，排除堵塞。

（3）调整供水流量到规定范围。

（4）关闭水泵、检查管路压力表，调整静压数值在规定范围。

（5）检查水泵电流、出口压力是否在规定范围，必要时拆检水泵。

2. 冷却水温度高报警

1）原因分析

（1）报警值设置不符合要求。

（2）供水流量或压力低。

（3）环境温度高，超出设计值。

（4）换热器脏堵，换热能力差。

（5）制冷机故障。

2）处理方法
（1）调整报警设置至规定值。
（2）检查清洗过滤器并排除泄漏点。
（3）增加临时应急降温设施。
（4）清洗换热器散热翅片，必要时清洁管束。
（5）检查制冷机电流、冷媒压力是否在规定范围，必要时拆检制冷机。

三、变频器调速系统常见故障及处理

（一）通信故障

故障现象：调速模拟信号丢失报警。

1. 原因分析

（1）UCS 与变频器之间的模拟量通道信号线损坏。
（2）UCS 未输出模拟量给变频器。
（3）UCS 模拟量给定值超出变频器程序里的判定范围。
（4）变频器控制系统模拟量输入模块损坏。

2. 处理方法

（1）检查模拟量通道信号线，必要时更换。
（2）检查 UCS 模块通道，更换熔断管或模块。
（3）检查、校准模拟量信号，必要时更换模块。
（4）检查、更换变频器控制系统模拟量输入模块。

（二）变频器故障

1. 功率单元异常（欠压、温度过高、缺相）报警

1）原因分析
（1）功率单元、控制板故障。
（2）水冷装置进出水温度、流量异常。
（3）功率单元进出冷却水温度、流量异常。
（4）温度传感器故障。

（5）三相输入电压不平衡。

（6）功率单元输入电压熔断丝熔断。

2）处理方法

（1）检查、更换功率单元、控制板。

（2）检查、调整水冷装置进出水温度、流量至规定范围。

（3）检查、调整功率单元进出冷却水温度、流量至规定范围。

（4）校准、更换温度传感器。

（5）检查、调整三相输入电压至规定范围。

（6）更换损坏的功率单元输入电压熔断丝。

2. 输入过电压报警

1）原因分析

（1）输入电压参数设置不正确。

（2）过压报警阈值的设置值过低。

（3）输入电压采样端子松脱。

（4）电网电压过高。

2）处理方法

（1）检查、调整人机界面上额定输入电压参数至正常范围。

（2）检查、调整人机界面上过压报警阈值的设置值至正常范围。

（3）检查、紧固主控板上输入电压采样端子。

（4）检查、调整变压器输出电压至规定范围。

3. 输出接地报警

1）原因分析

（1）人机界面上输出接地报警阈值偏低。

（2）输出三相电压不平衡。

2）处理方法

（1）检查、调整输出接地报警阈值至正常范围。

（2）检查排除接地故障，调整输出三相电压平衡。

4. 柜顶风机异常报警

1）原因分析

（1）风机电源接线松动、脱落。

（2）风机底座结构件变形引起风机电机堵转。

（3）过热继电器设置阈值不正确。

（4）对地绕组阻值异常。

2）处理方法

（1）紧固电源接线。

（2）检查、更换风机底座结构件。

（3）调整过热继电器阈值至规定范围。

（4）检查、调整对地绕组阻值至规定范围。

5. 门限位报警

1）原因分析

（1）柜门未关严密。

（2）行程开关故障。

（3）配线松动、脱落。

2）处理方法

（1）将柜门严密关闭。

（2）检查行程开关，必要时更换。

（3）紧固配线。

（三）电机故障

1. 电机过压、欠压报警

1）原因分析

（1）电机额定电压的阈值设置不正确。

（2）电机过压报警阈值设置过低。

（3）主控板输出电压采样端子松动、脱落。

（4）主控板三相输出电压波动较大。

（5）人机界面额定输入电压阈值设置不正确。

（6）人机界面输入欠压报警阈值设置过高。

（7）电压采样端子松脱，电网电压过低。

2）处理方法

（1）检查、调整电机额定电压的阈值至正常范围。

（2）检查、调整电机过压报警阈值至正常范围。

（3）检查、紧固主控板输出电压采样端子。

（4）检查主控板三相输出电压波动情况，必要时更换主控板或功率单元。

（5）检查、调整额定输入电压阈值至正常范围。

（6）检查、调整输入欠压报警阈值至正常范围。

（7）紧固电压采样端子，调整主变压器输出电压至正常范围。

2. 电机超速、过载报警

1）原因分析

（1）电机额定转速阈值设置不合理。

（2）主控板输出电压频率波动较大。

（3）电机额定电流的阈值设置不正确。

（4）电机过载保护设为"反时限"模式。

（5）输出电流超过额定电流。

（6）负载过大。

2）处理方法

（1）检查、调整电机额定转速阈值至正常范围。

（2）检查、调整输出电压频率至正常范围。

（3）检查、调整电机额定电流阈值至正常范围。

（4）检查、调整电机过载保护为正常时序模式。

（5）检查、调整输出额定电流至正常范围。

（6）检查、调整工况，使负载至规定范围。

3. 转矩限幅报警

1）原因分析

（1）负载突然加大。

（2）输入电压大幅下降。

（3）输入电压不平衡。

（4）检测元件故障。

2）处理方法

（1）调整负载至规定范围。

（2）检查、调整输入电压至正常范围。

（3）检查、调整三相电压至正常范围。

（4）维修、更换检测元件。

（四）隔离变压器故障

1. 隔离变压器绕组温控器报警

1）原因分析

（1）变压器绕组温度仪表损坏。

（2）变压器负载超过额定值。

（3）温控器故障。

（4）温度传感器故障。

（5）环境温度过高、油温过高。

2）处理方法

（1）检查绕组温度仪表，必要时损更换。

（2）检查、调整负载至规定范围。

（3）检查、校准温控器，必要时更换。

（4）检查、校准温度传感器，必要时更换。

（5）采取临时应急措施强制降温。

2. 隔离变压器气体继电器报警

1）原因分析

（1）气体继电器振动过大。

（2）变压器内部气体含量过高。

（3）气体继电器损坏。

2）处理方法

（1）重新安装、紧固气体继电器。

（2）排空变压器内部气体，必要时分析油质、更换变压器油。

（3）检查气体继电器，必要时更换。

3. 隔离变压器油面温控器报警

1）原因分析

（1）变压器油路开关未处于全开状态。

（2）油面温度高于设定值，运行功率超出额定范围。

（3）油面温度控制器故障。

2）处理方法

（1）油路系统开关全部打开到位。

（2）对变压器进行临时强制降温，降低至额定功率范围运行。

（3）检查、校准油面温度控制器，必要时更换。

4. 隔离变压器油位异常报警

1）原因分析

（1）变压器油加注过多、过少。

（2）变压器油位计故障。

（3）变压器漏油。

2）处理方法

（1）排出过多的变压器油、适量补充变压器油。

（2）检查、校准变压器油位计传感器，必要时更换。

（3）查找变压器漏油点，更换密封垫圈，适量补充变压器油。

（五）变频水冷系统故障

故障现象：水冷系统（压力、流量、电导率）预警。

1. 原因分析

（1）管路存在气阻、排气不畅及管线、阀门泄漏。

（2）阀组未打开或堵塞。

（3）供水流量过大或过低。

（4）储能罐压力过高。

（5）冷却水电导率超高。

（6）水泵故障。

（7）冷却风机故障。

（8）变频器控制柜故障信号线松脱。

2. 处理方法

（1）对管路进行排气，排除管线及阀门泄漏故障。

（2）检查各阀组开关状态，排除堵塞。

（3）调整供水流量到规定范围。

（4）检查管路压力表，调整氮气压力至规定范围内。

（5）重新对冷却水进行循环或更换冷却水。

（6）检查水泵电流、出口压力是否在规定范围，必要时拆检水泵。

（7）检查冷却风机，必要时进行拆检。

（8）紧固水冷系统至变频器控制柜的故障信号线。

四、传动系统常见故障及处理

（一）齿轮箱

1. 齿轮箱温度高

1）原因分析
（1）润滑油压力过低或流量过小。
（2）润滑油变质。
（3）齿轮轴与轴承间隙不合格。
（4）温度传感器损坏。
（5）传感器线路故障。

2）处理方法
（1）检查、调整润滑油压力或流量。
（2）检测、更换润滑油。
（3）调整间隙值到规定范围，更换损坏的轴承。
（4）更换温度传感器。
（5）排除传感器线路故障。

2. 齿轮箱振动大或异响

1）原因分析
（1）振动传感器和模块松动、损坏。
（2）齿轮轴与轴瓦间隙过大。
（3）轴承紧固螺栓松动。
（4）齿轮磨损过大或断齿。
（5）润滑油压力过低或流量过小。
（6）机组发生喘振。

2）处理方法
（1）紧固、更换传感器及模块。
（2）检查、修理齿轮轴，必要时更换轴瓦。
（3）按照规定力矩值紧固螺栓。

（4）检查或更换齿轮。

（5）检查、调整润滑油压力或流量。

（6）调整工况，检查防喘振控制系统。

（二）电动盘车装置

故障现象：盘车装置不工作或无法脱离。

1. 原因分析

（1）控制线路接线不正确。

（2）接近开关（手动保护）已断开。

（3）机械卡阻，启动阻力大。

（4）盘车装置缺润滑油，使齿轮卡阻。

（5）油质过脏，使齿轮卡阻。

2. 处理方法

（1）检查并正确连接控制线路。

（2）检查接近开关，使其处于正常工作状态。

（3）手动盘车，确认卡阻并排除。

（4）检查润滑油路，必要时拆检盘车装置。

（5）检测、更换润滑油，必要时拆检盘车装置。

五、密封气系统常见故障及处理

（一）一级密封气流量不足

1. 原因分析

（1）机组进、排气压差过小。

（2）增压橇故障，密封气供给不足。

（3）一级密封气管路堵塞或泄漏。

（4）过滤器堵塞。

2. 处理方法

（1）提高机组进、排气压差到规定范围。

（2）排除增压橇故障。

（3）检查一级密封气管路并排除堵塞或泄漏故障。

（4）检查更换过滤器滤芯。

（二）干气密封失效

1. 原因分析

（1）密封组件脏污。

（2）动静密封环损坏。

（3）机组振动过大或喘振。

（4）反转或低速工况长期运转。

（5）安装质量不合格。

2. 处理方法

（1）清洁密封组件。

（2）检查更换动静密封环。

（3）正确安装各部件或排除机组喘振故障。

（4）避免反转或长期低速运行。

（5）重新正确安装干气密封。

（三）增压橇故障

1. 原因分析

（1）驱动气源压力低或气路堵塞。

（2）增压泵活塞卡阻或活塞密封失效。

（3）增压泵换向阀阀芯卡阻或磨损。

（4）增压泵消声器堵塞。

2. 处理方法

（1）检查驱动气源压力，清洁供气管路。

（2）检查活塞环、活塞及气缸磨损情况，必要时更换。

（3）检查、维修换向阀阀芯，清除内部杂质。

（4）定期检查、清洁增压泵消声器，避免堵塞。

六、润滑系统常见故障及处理

（一）润滑油压力不足

1. 原因分析

（1）润滑油泵不启动。
（2）润滑油泵出口安全阀故障。
（3）调压阀故障。
（4）油冷器、过滤器堵塞。
（5）润滑油油位过低。
（6）储能器底部阀门关闭不严。
（7）仪器仪表显示故障。
（8）润滑油系统管路存在泄漏。

2. 处理方法

（1）检查排除润滑油泵故障。
（2）检查维修润滑油泵出口安全阀。
（3）检查维修调压阀。
（4）检查确保油路畅通，更换过滤器滤芯。
（5）检查润滑油油位在规定范围。
（6）检查更换储能器底部阀门。
（7）检查更换仪器仪表。
（8）排除系统管路泄漏故障。

（二）润滑油压力过高

1. 原因分析

（1）润滑油调压不正确。
（2）调压阀调节弹簧卡阻、断裂。
（3）双油泵同时处于运行状态。
（4）仪器仪表显示故障。

2. 处理方法

（1）重新调节各级压力值。

（2）维修调压阀。

（3）检查油泵控制逻辑。

（4）检查更换仪器仪表。

（三）润滑油泵输出压力不足

1. 原因分析

（1）泵入口堵塞。

（2）泵内调压阀调整不当。

（3）泵内有气阻。

（4）泵内及出口密封垫破损。

（5）螺杆损坏。

（6）泵的转速过低。

（7）润滑油液位低。

（8）润滑油泵出口安全阀故障。

（9）仪器仪表故障。

2. 处理方法

（1）清理泵入口，排除堵塞故障。

（2）调整调压阀到规定值。

（3）排除气阻现象。

（4）更换密封垫。

（5）检查、更换螺杆。

（6）检查电源、电机及轴承。

（7）补充润滑油。

（8）检查维修润滑油泵出口安全阀。

（9）检查更换仪器仪表。

（四）润滑油箱负压异常

1. 原因分析

（1）油雾风机反转。

（2）油雾风机转速过低。

（3）油雾风机顶部呼吸阀及负压调节阀调整不合适。

（4）油雾分离器滤芯脏堵。

（5）油雾分离器及管路排气不畅。

（6）高位油箱呼吸阀故障。

2. 处理方法

（1）检查确认油雾风机电机转向正确。

（2）检查油雾风机电机轴承是否损坏。

（3）正确调整油雾风机顶部呼吸阀及负压调节阀。

（4）更换油雾分离器滤芯。

（5）检查油雾分离器排气管路，确保畅通。

（6）检查排除高位油箱呼吸阀故障。

七、工艺气系统常见故障及处理

（一）压缩机进气压力低

1. 原因分析

（1）压缩机入口过滤器滤芯堵塞。

（2）场站过滤分离器滤芯堵塞。

（3）压缩机入口阀门未全开或异常关闭。

（4）上游来气量不足。

2. 处理方法

（1）清洁压缩机入口过滤器滤芯。

（2）更换场站过滤分离器滤芯。

（3）检查确认压缩机入口阀门状态正常。

（4）排查上游来气量不足原因，调整机组工况。

（二）压缩机段间压力、缸间压力、排气压力异常

1. 原因分析

（1）叶轮及密封磨损严重。

(2) 扩压器、弯道、回流器破损严重。

(3) 过流部件及通道结垢或堵塞。

(4) 段间、缸间冷却器故障。

(5) 防喘振阀、回流阀关闭不严。

2. 处理方法

(1) 检查叶轮及密封，必要时更换。

(2) 检查扩压器、弯道、回流器，必要时更换。

(3) 检查过流部件及通道，清除结垢。

(4) 检查、维修段间、缸间冷却器。

(5) 检查、维修防喘振阀、回流阀。

（三）压缩机排气量不足

1. 原因分析

(1) 进气压力过低或进气温度过高。

(2) 叶轮损坏。

(3) 过流部件及通道结垢或堵塞。

(4) 密封损坏，级间泄漏量过大。

(5) 转速过低。

(6) 流量计故障，显示存在误差。

2. 处理办法

(1) 检查、调整进气压力或进气温度。

(2) 检查、更换叶轮。

(3) 检查过流部件及通道，清除结垢。

(4) 检查、更换损坏的密封。

(5) 合理调整工况及转速。

(6) 检查、维修流量计。

（四）压缩机排气温度高

1. 原因分析

(1) 出口温度传感器、变送器故障。

(2) 压比过高。

(3) 进气温度高。

(4) 工艺冷却器故障。

2. 处理办法

(1) 检查、更换温度传感器、变送器。

(2) 调整工况到规定范围。

(3) 降低进气温度或调整工况满足机组正常运行要求。

(4) 检查、维修工艺气冷却器。

(五) 空冷器电机振动大

1. 原因分析

(1) 空冷器电机、风扇固定螺栓松动。

(2) 空冷器电机、风扇轴承磨损严重、损坏。

(3) 空冷器电机、风扇轴承润滑不良。

(4) 空冷器皮带轮有损坏。

(5) 风扇皮带轮与电机皮带轮平行度超差。

(6) 风扇叶片角度偏差过大或变形、断裂。

2. 处理方法

(1) 检查、紧固电机、风扇螺栓，必要时更换。

(2) 检查、更换电机、风扇轴承。

(3) 适量补充电机、风扇轴承润滑脂。

(4) 更换损坏的皮带轮。

(5) 检查、调整风扇皮带轮与电机皮带轮平行度。

(6) 检查、调整风扇叶片角度，必要时更换。

(六) 空冷器皮带断裂

1. 原因分析

(1) 皮带老化磨损或型号不对。

(2) 空冷器启停频繁。

(3) 风扇皮带轮与电机皮带轮平行度超差。

(4) 空冷器振动大。

(5) 电机、风扇轴承及皮带轮损坏。

2. 处理办法

（1）检查、更换皮带。

（2）调整工况或处理空冷器故障，降低启停频次。

（3）检查、调整风扇皮带轮与电机皮带轮平行度。

（4）检查、维修空冷器。

（5）检查、更换电机、风扇轴承及皮带轮。

（七）压缩机工艺管路振动过大

1. 原因分析

（1）管路设计、布置不合理。

（2）压缩机出口管路支撑、管卡断裂或松动。

（3）地基下沉导致管路支撑强度不够。

（4）气流波动过大或喘振。

（5）工艺冷却器异常振动。

2. 处理方法

（1）优化管路设计、合理布置。

（2）检查、调整管路支撑、管卡，必要时更换。

（3）修复下沉地基，重新调整管路支撑。

（4）调整工况，防止喘振。

（5）检查、维修工艺冷却器。

第六章 离心式压缩机场站建设

离心式压缩机场站建设是一个综合性的工程,涉及多个专业领域的组织与协同工作,旨在确保压缩机的建设、运行安全、高效和环保。本章主要介绍规划设计(包括压缩机的选择、布局、管道设计、电气系统设计等),设备选型,基础设施建设,管道系统、电气和控制系统、安装调试与投运,以及人员培训与维护等方面的内容。

第一节 离心式压缩机选型基本原则

一、明确性能参数的定义、数值

性能参数主要是指流量、压力比、效率、功率和变工况的适用范围等。

流量是指质量流量 q_m(单位为 kg/h)或进口容积流量 q_{Vin}(单位为 m^3/h)。一般是标准容积流量,则它是指在气体压力为 1 个标准大气压、温度为 0℃状态下的容积流量。若是进口容积流量,则需注明进口的气体状态压力 p_{in}(单位为 Pa)和温度 T_{in}(单位为 K)。

压力比是指气体在压缩机出口法兰处的压力与进口法兰处的压力之

比。压缩机的进出口压力比要大于压缩机进出口管道两压力表显示压力之比。

效率分为多变效率 η_{pol}、绝热效率 η_s 和等温效率 η_T，用户需要指明效率的定义和要求的数值。

$$\eta_{pol} = \frac{W_{pol}}{W_{tot}}; \quad \eta_s = \frac{W_s}{W_{tot}}; \quad \eta_T = \frac{W_T}{W_{tot}} \tag{6-1}$$

式中 W_{pol}——多变压缩功，J；

W_s——绝热压缩功，J；

W_T——等温压缩功，J；

W_{tot}——离心式压缩机总耗功，J。

实际中，在离心式压缩机通流部分的任意两个截面之间如果不存在任何冷却措施，这两个截面之间的通流部分被认为与外界没有热交换，气体的实际流动过程是无冷却多变压缩过程。因此，广泛用多变效率来评价不采用任何冷却措施的离心式压缩机的整机、段或级的性能。对于理想气体，忽略进出口动能差，可以推导得出：

$$\frac{m}{m-1} = \frac{k}{k-1}\eta_{pol} \tag{6-2}$$

$$\ln\left(\frac{p_2}{p_1}\right) = \frac{m}{m-1}\ln\left(\frac{T_2}{T_1}\right) \tag{6-3}$$

式中 k——绝热指数；

p——气体压力，MPa；

T——气体温度，℃；

下角标1——压缩机整机、段或级的进口截面；

下角标2——压缩机整机、段或级的出口截面；

m——多变指数。

二、明确经常运行的工况点

离心式压缩机一般是根据某个特定工况点进行设计和制造，用户需要明确具体运行的工况点。该工况点通常是最佳工况点，即最高效率点。设计工况点以外，压缩机随着流量增大或减小，其效率下降、能耗增加，流量越小越接近于喘振工况，流量越大越接近于阻塞工况。从节能与安全运行的角度出发，要求经常运行工况在最佳工况点附近。考虑到制造精度，最佳工况点可能存在偏差，压力比和流量达不到性能参数所规定的要求，通常流量考虑1%~5%的余量，即：

$$q_{\text{Vin计算}} = (1.01 \sim 1.05) q_{\text{Vin}} \tag{6-4}$$

其中，流量大、压力比小的压缩机选取小数值；流量小、压力比大的压缩机选取大数值。而进出口的压力差应考虑2%~6%的余量，即：

$$\Delta p_{\text{计算}} = (1.02 \sim 1.06) \Delta p \tag{6-5}$$

$$\varepsilon_{\text{计算}} = \frac{p_{\text{in}} + (1.02 \sim 1.06) \Delta p}{p_{\text{in}}} \tag{6-6}$$

式中 $\varepsilon_{\text{计算}}$——计算的压比，压力升较大时，选取小数值；压力升较小时，选取大数值。

三、明确安全控制指标

为保证压缩机安全、平稳运行，压缩机转子在出厂前，必须进行严格的静、动平衡试验。静平衡试验检查转子中心是否与旋转轴中心重合。如果两者不重合，则先找出不平衡质量，在其对称部位刮掉相应的质量，以保持静平衡。由于每个零件的不平衡质量不在一个平面内，转子旋转时会产生一个力矩，静平衡试验通过的压缩机在旋转时仍有可能产生不平衡，所以还需做动平衡试验，即在动平衡机上使转子高速旋转，检查其不平衡情况，并设法消除其不平衡力矩的影响。

安全控制指标包括合理商定主要零部件材质的力学性能、转子动平衡允许的残留不平衡量、工作转速离开1阶和2阶转子临界转速的数值、零部件装配尺寸及其间隙值、压缩机运行振动值等，其中最主要的是振动值。国际标准组织、国际电工委员会联合推荐的压缩机主轴颈允许的双振幅振动值为：

$$l \leqslant \sqrt{\frac{12000}{n}} \times 25.4 \tag{6-7}$$

式中 n——压缩机的转速，r/min；
l——压缩机的振动值，μm。

第二节　油气田离心式压缩机选型及配套

一、离心式压缩机分类选型

（一）按气体流量选型

流量在 $50 \sim 5 \times 10^3 \, m^3/min$ 范围内，选用离心式压缩机较为合适，其叶轮的相对宽度可选在 0.025~0.065 范围内，在这个区间压缩机的性能良好、效率较高。流量较小时应选用窄叶轮；油气田储气库高压注气可选用双面进气的叶轮，自行平衡作用在叶轮的轴向推力；管道增压外输可选用具有空间扭曲型叶片的三元叶轮（叶轮相对宽度不小于 0.06），叶轮性能得到进一步提升、具有更高的效率。例如，比较先进的三元全可控叶轮，比常规叶轮更加符合叶道中的实际流动情况，单级的多变效率 η_{pol} 为 80%~86%。

（二）按工作介质选型

提高气体压力所需的压缩功与气体常数 R 成正比，压缩轻气体所需的有效功更大，因而选用的压缩机级数更多，例如选用多缸串联的压缩机。为了使结构紧凑，应尽可能选用优质材料以提高叶轮出口线速度，并选用叶片数较多、出口角较大的叶轮，尽可能提高单级的压力比，从而减少级数。而压缩重气体所需的有用功小，可选较少的级数，例如选用单级离心式压缩机，但叶轮出口线速度不宜过大，否则将受马赫数影响而使效率下降，缩小可变工况范围。

油气田离心式压缩机组应选用密封性能更好的轴端密封装置，如采用干气密封，可将泄漏量降低到 $1 m^3/h$。为了工作稳定与安全，高压比离心式压缩机组需要设置中间冷却器，以降低叶轮出口气体温度，提高机组多变效率。

（三）按结构特点选型

1. 单级离心式压缩机

如工作介质相对分子质量大或压比不高，则应尽量选用结构简单的单级离心式压缩机。选用半开式径向型叶轮,强度高、出口线速度可达 550m/s,以提高叶轮做功能力。

2. 多级、多轴机构

对于高压比或输送轻气体的离心式压缩机组,应选用两缸或多缸串联的结构。多级离心式压缩机随级的增加容积流量不断减小,而直线式串联的多个转子上叶轮转速都相同,则前级和后级叶轮很难同时满足性能好、效率高的要求,为此可采用多轴结构,采用不同的转速来满足各级的要求。油气田管道增压外输一般选用一缸一段多级离心式压缩机组,储气库高压注气一般选用一缸两段机组或者高低压缸串联多级离心式压缩机组。

3. 气缸结构

(1) 水平剖分型。多级离心式压缩机一般选用水平剖分结构,并将进气管和排气管与下半缸相连,这样设计方便拆装。

(2) 垂直剖分型。这种形式多用于叶轮安装在轴端的单级离心式压缩机。

(3) 高压圆筒形。这种形式的压缩机外气缸由锻造厚壁圆筒与端盖构成。因装配需要还有内气缸,不分段、无中间冷却器,轴端有防泄漏的特殊密封。油气田离心式压缩机组多为高压圆筒形。

4. 叶轮结构与排列

(1) 油气田离心式压缩机组一般多采用闭式叶片后向式的叶轮,性能好、效率高,一般后向型叶轮的出口叶片安装角 $\beta_{2A} = 3° \sim 60°$。

(2) 为了提高叶轮的做功能力,同时避免叶轮进口处叶片多堵塞入口,油气田离心式压缩机组可选用长短叶片相间排列的结构,以增加叶轮出口处叶片数量,减少分离损失。

(3) 油气田多级离心式压缩机的叶轮可以顺向排列,也可以对向排列。采用对向排列,可以消除转子上的轴向推力。对向排列设计的压缩机需要设置更多的进气管和排气管,为压缩机分段设置中间冷却提供了条件。

5. 扩压器结构

单级离心式压缩机选用有叶扩压器。这种扩压器的外形尺寸小,结构紧凑,最佳工况点效率高。但变工况工作范围小,效率低。在此基础上,若增加扩压器叶片角度调节装置,可以增大变工况的范围,提高压缩机工作效率。

油气田多级离心式压缩机一般选用无叶扩压器，因为结构简单，变工况适应性好，但在最佳工况点效率不如有叶扩压器高。

二、主电机选型

（一）异步电动机/同步电动机选型

1. 异步电动机

异步电动机具有许多优点，被广泛地应用于工农业和其他国民经济领域，可拖动机床、水泵、鼓风机、压缩机等，是各种电动机中应用最广、需要量最大的一种电机。在电网的总负荷中，异步电动机用量占60%以上。

异步电动机的转速与其旋转磁场的固有转差关系，使其调速性能较差，但随着大功率电子器件及交流调速系统的发展，目前适用于宽调速的异步电动机的调速性能及经济性都可与直流电动机媲美。

异步电动机运行时，必须从电网吸收无功功率，将使电网的功率因数变小，因此拖动球磨机、往复式压缩机等大功率、低速机械常采用同步电动机。

2. 同步电动机

同步电动机以恒速或变频调速方式驱动较大的机械设备，如轧钢机、离心式压缩机、鼓风机等，或者用于驱动转速较低的各种磨机、往复式压缩机、提升机等，还可用于驱动大型船舶的推进器等。与异步电动机相比，同步电动机可通过调节励磁电流来改善自身和电网的功率因数，提高稳定性。异步电动机和同步电动机的对比见表6-1。

油气田生产现场综合考虑产品成熟度、产品结构、可靠性、使用维护工作量，更多地选用异步电动机。

表6-1 异步电动机和同步电动机的简单对比

序号	内容	同步电动机	异步电动机
1	电动机容量	理论上容量不受限制； 国内设计制造能力超过120MW	容量受到限制； 国内设计制造能力超过40MW
2	功率因数	超前，可按指定进行设计； 可调节，电动机运行时有利于改善电网的功率因数； 不随极数变化	滞后，由计算确定； 不可调节，电动机运行时吸取电网无功励磁功率，使电网功率因数变小； 随极数的增加而变差

续表

序号	内容	同步电动机	异步电动机
3	转速与极数	转速恒定，不随负载大小而变化；转速必须始终保持同步；极数为 2~80P	转速随负载大小会有所变化；无严格的转速要求；一般为 2~18P，最大不超过 24P
4	稳定性	受电网影响小，过载能力大；转矩与端电压的一次方成正比；当电网电压或电动机过载时，励磁系统一般都能自动调节，实行强励来保证电动机运行稳定性	过载能力比同步电动机小；转矩与端电压的二次方成正比；当电网电压或电动机过载时，无调节功能，有可能处于不稳定运行状态
5	效率	有较高的效率值	比同步电动机小些，通常 10P 以上的比同步电动机小得多
6	结构	结构复杂，制造难；转子需配置一套单独的励磁系统；使用、维护略烦琐	结构简单，易于制造；转子无单独的供电需求，可靠性高；使用、维护方便

（二）爆炸危险场所电气设备选型

1. 根据场所区域类型选型

爆炸危险场所中 0 区、1 区和 2 区中爆炸性气体混合物出现的概率的大小是不同的，各防爆类型防爆安全程度和价格也是不同的，爆炸危险场所电气设备选型是将二者搭配，达到安全性与经济性的统一。表 6-2 中列出 3 个标准中对爆炸危险场所电气设备选型的情况。

表 6-2 爆炸危险场所电气设备选型表

区域类型	允许的电气设备类型		
	按照 B3836.15	按照 GB 50058—2014	按照 IEC60079-14
0 区	ia	ia	ia
1 区	d 型、p 型、i 型、q 型、o 型、m 型、e 型（仅限于接线盒、单插脚荧光灯等）	d 型、p 型、i 型、q 型、o 型、m 型、e 型（慎用）	d 型、p 型、e 型、i 型、q 型、o 型、m 型
2 区	(1) 1 区用设备；(2) e 型；(3) n 型	(1) 1 区用设备；(2) e 型	(1) 1 区用设备；(2) n 型；(3) 正常工作中不产生火花的设备

注：ia 为本质安全型，d 为隔爆型，p 为正压通风型，i 为本安型，q 为充砂型，o 为充油型，m 为浇封型，e 为增安型，n 为无火花型。

2. 根据温度组别选型

根据场所中爆炸性气体或蒸气的引燃温度选择设备的温度组别，电气设备的最高表面温度不允许超过气体或蒸气的引燃温度，具体选型详见表6-3。

表6-3 温度组别、设备表面温度和可燃性气体或蒸气的引燃温度之间的关系表

温度组别	电气设备的最高表面温度，℃	气体或蒸气的引燃温度 T，℃	气体
T1	450	$T>450$	甲苯、二甲苯
T2	300	$450 \geqslant T>300$	乙苯、乙烯等
T3	200	$300 \geqslant T>200$	煤油、柴油、石油等
T4	135	$200 \geqslant T>135$	乙基甲基醚、二乙烯等
T5	100	$135 \geqslant T>100$	二硫化碳
T6	85	$100 \geqslant T>85$	亚硝酸乙酯

按照表6-3，可以方便地选用防爆电气产品的温度组别。例如，已知环境中存在氢气（560℃），则可选择T1组别的防爆电气产品。如果存在着丁烷（365℃），则应选择T2组别的设备。如果环境中存在丁烷（365℃）和乙醚（160℃），则须选择T4组的防爆电气产品。汽油是混合物，引燃温度约为220℃，则汽油环境中应该选择T3组别的电气产品。

（三）防爆电动机的选型

常用的防爆电动机类型有隔爆型电动机、增安型电动机、无火花型电动机、正压型电动机。隔爆型电动机主要是靠高强度的外壳以及部件之间接合面试验安全间隙来保证的，其安全性很高，但体积较大的隔爆型电动机防爆试验难度很大，高转速隔爆型电动机中容易发生抱轴事故。增安型异步电动机出现火花、电弧、危险温度的概率小，但电动机容量大时无法开展无火花试验。在故障条件下，增安型电动机的安全程度比隔爆型电动机低。无火花型电动机不会点燃周围爆炸性混合物，国产无火花型电动机主要用于输油管线输油泵，功率通常小于3150kW。正压型电动机采用安全程度较高的防爆结构，可用在1区或2区。油气田离心式压缩机的防爆电动机一般选用正压型结构，因为大中型防爆电动机使用正压型可靠性最高。正压型电动机使用时，对用户的配置要求比其他防爆类型复杂一些，主要表现如下：

（1）正压型电动机在正常运行时，始终保持设备内部规定的正压值。

这要求设备外壳及附属管道在承受设备内部最大正压值的压力情况下，具备足够的机械强度和严密的结构，以避免不必要的压力泄漏及危险变形。要能承受供给保护气体的送风机正常运转时，在设备外壳及管道上产生的最大压力的 1.5 倍或高于 200Pa 的压力。

（2）为防止意外事故，设备设置安全保护设施是极为重要的，设备启动前要通过安全装置，例如时间继电器、流量计等，保证有足够的保护气体对设备外壳内部进行清扫和换气。换气量不少于设备外壳容积的 5 倍。为保证其防爆性能，必须有能够保持正压的保护装置和可靠的联锁机构，例如电动机内部的正压值降到最小规定值以下时，正压保护装置要能自动切断电源，并发出报警。

（3）正压型电动机使用时，要求用户要有送风机（如鼓风机、压缩机等），输送保护气体至电动机内部。要求送风机的电源应由独立电源供电或从正压外壳用的隔离开关的供电侧供电。同时，用户的供气管道也要求设置一些相应的监控设备。

（四）电机冷却方式选择

按照 GB/T 1993—1993《旋转电机冷却方法》规定，大中型离心式压缩机防爆电动机冷却方式有水冷和风冷两种。相比于风冷电机，水冷电机散热效果更好，电机能量密度更大，同功率的电机尺寸更小。但水冷电机现场需要设置单独水管路，结构更为复杂。油气田离心式压缩机组主电机具体选型需要根据现场实际情况和用户需求进行综合考虑。

三、变频器选型

变频装置为电压源型，15MW 以下可建议采用 6kV 电机电压变频器（功率单元和变压器副边电缆仅为 10kV 电机电压的一半，投资及占地更小），15MW 或 20MW 以上可推荐采用 10kV 电机电压变频器。

常用的功率器件包括不控型器件、半控型器件和全控型器件，变频领域应用的主要功率器件均为全控型器件。全控型器件根据封装方式不同，分为焊接式和压接式，不同器件厂家采用各自积累的成熟技术研发了具有不同性能的产品。在变流装置中，全控型器件是核心的功率控制及转换部件，其电流、电压能力及芯片封装特点决定了变流产品的输出电流能力和变流产品电气、结构的繁简及可靠性。

焊接式和压接式功率器件性能对比见表6-4。油气田离心式压缩机组推荐使用压接式功率单元，这是因为相比于焊接式功率器件，压接式功率器件双面散热、热阻小、通流能力强、功率密度大，具有较强的防爆性能，且内部不含绑定线，器件杂散电感小，可靠性高。另外，压接式功率器件在失效后呈长期短路状态，可为故障旁路的功率模块提供通流路径。

表6-4 焊接式与压接式功率器件性能及可靠性对比

性能	压接式	焊接式	可靠性对比
封装	陶瓷	塑壳	陶瓷外壳耐受器件内部高温高热能力更强，不容易开裂
内部结构	无键合引线，无焊接层，杂散电感小	含键合引线，含焊接层，杂散电感大	在器件工作产生的温度循环中，不同材料的热膨胀系数不同，导致焊接式器件键合引线和焊接层容易老化、失效，而压接式器件受温度波动影响更小，寿命更长
散热能力	双面	单面	双面散热能力更强，器件结温裕量大、过载能力强
密封性	具备	不具备	陶瓷外壳能做到器件内部密封，塑壳无法做到密封，在密封环境下，器件内部芯片不容易氧化
防爆性	具备	不具备	陶瓷外壳具有更高的防爆强度，焊接式封装在极端工况下爆炸易给系统带来二次危害，需设计复杂的防护措施
短路特性	短路	开路	压接式器件内部无焊接层和键合引线，芯片失效形成熔融金属作为稳定通流路径，焊接式器件的键合引线是芯片的薄弱点，失效后容易断裂导致器件开路。在MMC拓扑结构中，器件短路失效特性更利于多个单元串联

常用的变频器有风冷和水冷两种形式，性能对比详见表6-5。因南方气候潮湿，风冷变频器需要不断将室外冷空气吸入室内，湿度难以保证在90%以下，可靠性不如水冷变频器。

表6-5 变频器水冷与风冷对比分析

变频器冷却方式	水冷	风冷
变频器类型	油浸式变频器	干式变频器
变频器冷却	油循环自冷	强迫风冷
变频器安装	油浸式变频器室外安装，不需要建设电气室	干式变频器室内安装，需建设电气室

续表

变频器冷却方式	水冷	风冷
变频器维护量	油浸式变频器维护量少	维护量大，干式变频器需更换柜体滤网
变频器差动保护	容易实施	难以实施
变频器本体尺寸	核心器件数量少，结构紧凑	核心器件数量多，功率器件数量多，尺寸大
变频器可靠性	高	中等

四、干气密封选型

干气密封虽然在工作时端面为非接触，但在启停机时仍会有短暂的接触，这就要求配对材料的耐磨性好。干气密封摩擦副材料，硬环一般采用低膨胀系数、高弹性模量、高抗拉强度、高热导率及高硬度的材料，如 SiC 或硬质合金；软环采用石墨或 SiC。流体动环槽一般加工在动环表面。

干气密封运转的稳定性和可靠性取决于密封面气膜刚度大小，无论是工艺参数还是螺旋槽结构参数对密封性能的影响，都主要体现在对气膜刚度的影响，气膜刚度越大，密封稳定性越好。影响气膜刚度的螺旋槽的结构参数，主要有槽深、螺旋角、槽数、槽宽与堰宽比、槽长与坝长比等，需用专用软件进行优化设计。常用的干气密封形式有单端面干气密封、双端面干气密封、带中间迷宫的串联式干气密封、不带中间迷宫的串联式干气密封，四种形式的干气密封优缺点及适用范围见表 6-6。油气田离心式压缩机组一般选用带中间迷宫的串联式干气密封，安全性、可靠性高，工艺气不会泄漏至大气环境中，密封气不会进入工艺流程内。

表 6-6　四种形式的干气密封优缺点及适用范围

干气密封类型	单端面干气密封	双端面干气密封	带中间迷宫的串联式干气密封	不带中间迷宫的串联式干气密封
适用范围	负压~高压	负压~2.0MPa	负压~高压	负压~高压
优点	结构紧凑，泄漏量极少，性价比高	实现工艺介质零泄漏	安全性、可靠性最高，工艺气不会泄漏至大气环境中，密封气不会进入工艺流程内	安全性、可靠性高，尤其适用于没有氮气的工作场合

续表

干气密封类型	单端面干气密封	双端面干气密封	带中间迷宫的串联式干气密封	不带中间迷宫的串联式干气密封
缺点	无安全密封、存在隐患	会有微量的密封气泄漏至压缩机内部	结构复杂，成本较高	结构复杂，成本较高，有极微量工艺气通过二级端面泄漏
适用场合	主要用于无危险性的气体，当密封失效后允许介质气体泄漏到大气环境中的场合	用于允许微量氮气进入工艺流程，压力不高的易燃、易爆、有毒介质，要求零泄漏的场合	基本适用于所有易燃、易爆、危险的流体介质	基本适用于所有易燃、易爆、危险的流体介质
应用实例	氮气压缩机、空气压缩机、二氧化碳压缩机及高转速多轴压缩机等	富气压缩机、解析气压缩机、火炬气压缩机等	氢气压缩机、天然气压缩机、循环氢压缩机、冷剂压缩机、循环气压缩机等	氢气压缩机、管线压缩机、混合冷剂压缩机等

五、润滑油站选型

润滑油站按照 API 614 进行选型：润滑系统的正常流量（以下简称正常流量）为主电机、齿轮箱、压缩机所需要的总油量。以 PCL502 离心式压缩机组为例，主电机润滑油量为 27L/min，齿轮箱润滑油量为 400L/min，压缩机主机润滑油量为 50L/min。

润滑油站可采用低位油箱或者高位油箱。低位油箱最高和最低运行油位之差应不小于 50mm；润滑油箱最低运行油位和油泵最低吸入油位之差应不小于 3min 正常流量。当密封和密封油控制系统设计要求使用高位油箱时，应提供单独安装或装在设备上的高位油箱；高位油箱从低位报警至低位停机应不小于 10min 正常流量。

润滑系统应包括可连续运行的一台主油泵和一台备用油泵，每台泵应单独驱动。对于没有轴端驱动的场景，主油泵和备用泵应是完全相同的。每台泵的额定流量应不小于 1.2 倍润滑系统正常流量（或正常流量+40L/min），取其中的较大者。润滑油站应配置蓄能器组，以解决主辅油泵切换时油压低的问题。

停机后润滑可单独安装应急停车用润滑油箱或者提供带有单独电源的应

急油泵。应急停车用润滑油箱规格确定应按不少于 3min 正常流量。

润滑系统应采用双联油冷却器并使用连续流转换阀连接管路呈并联布置。油冷却器可使用管壳式（板式）或空气冷却器。油冷却器出口应保持润滑油温度不小于 50℃。当使用空冷式热交换器时，应具有 10% 的管束余量，遇到泄漏时允许封堵不超 10% 的管束。

润滑油站应提供带有可更换元件或滤芯的双联全流量油过滤器。当按试验的最小终止（试运行结束）压差 350kPa（3.5bar，50psi）时，过滤器对 10μm 及以上颗粒应提供至少 90% 的颗粒过滤效率，对 15μm 及以上颗粒应提供至少 99.5% 的颗粒过滤效率。

第三节　离心式压缩机组安装调试与投产

离心式压缩机组作为集输工程（含储气库）的重要组成部分之一，监造与出厂验收是确保机组质量和正常投产的前置性工作，投产试运是全面检验其制造、安装、调试、生产准备等质量是否符合设计与满足生产需求的重要环节。

调试及投产程序是指压缩机及配套的工艺系统、润滑系统、电气系统、仪表控制系统等安装、调试完成后，对压缩机组启运，依次进行 24h 机械运转测试、24h 轻负荷测试、防喘振测试、72h 负荷测试、典型工况测试等内容。

一、设备监造、出厂验收

离心式压缩机的监造通常以驻厂监造的方式进行。它是一项针对大型、复杂、重要设备或者工程项目中关键部件的生产过程进行的专业监督活动。主要目的是确保生产制造过程符合既定的技术标准、规格要求以及合同条款，从而保证最终产品的质量和安全性。以驻厂监造电驱离心式压缩机组为例，其主要工作流程包括以下几个方面。

（一）基本信息

1. 驻厂物资监造基本情况

内容包含业主单位、生产厂家、产品名称、产品规格、合同数量、监造周期。

2. 监造任务简介

内容包含：受购买方委托，监造方对出售方生产产品进行驻厂监造，依据监造合同、订货合同及技术标准要求，对产品质量、进度、信息及合同管理提供驻厂监造服务。通过监造人员对产品生产检验过程进行见证，对生产厂的质量体系、部分原材料报告、部分产品试验报告进行审核，对产品外观及标识进行检查，见证、审核及检查结果符合委托单位及标准要求。

（二）驻厂物资监造依据

内容包含监造任务书、监造大纲、监造事宜专项对接会、技术建议书、检验计划、监造质量计划、监理实施细则等。

（三）驻厂监造人员

监造人员必须能满足专业设备监理工程师资质，应取得相关机构颁发的设备监理工程师资质证书，且在有效期内。

（四）工厂资质、质量体系检查

1. 工厂资质认证

工厂需要符合相关法规和标准，可能需要通过政府部门或第三方认证机构的审核，获得相应的资质认证，如 ISO 认证、CE 认证等。

2. 质量管理体系

工厂需要建立健全的质量管理体系，包括制定质量手册、程序文件、工作指导书等文件，明确质量管理的组织结构、职责分工和流程。

3. 质量控制

确保原材料的质量符合要求，控制生产过程中的关键环节，减少次品率，提高产品质量。

4. 质量检验

建立完善的质量检验体系，包括来料检验、在制品检验和最终产品检验，确保产品符合标准和客户要求。

5. 不良品处理

建立不良品处理机制，包括记录、追踪、分析不良品的原因，并采取纠正措施，防止类似问题再次发生。

（五）生产过程监督与检查

1. 原材料检验

1）原材料证书审核

压缩机用主轴、轮盘、轮盖、出风筒、左端盖、右端盖、筒体、底座及齿轮箱用轮轴、轴齿轮、齿环等原材料的质量证明书，检验项目齐全，检验结果符合技术建议书要求。

2）原材料复验/验证报告审核

报告包括主轴、叶轮（盘、盖）、出风筒、左端盖、右端盖、筒体、平衡盘、推力盘、隔板等原材料验证报告和主轴、叶轮（盘、盖）、出风筒、左端盖、右端盖、筒体热处理后力学复验报告。报告齐全、内容信息准确，复验结果符合工厂工艺文件要求。

3）原材料无损检验报告审核

报告包括轴、叶轮（盘、盖）、出风筒、左端盖、右端盖、筒体、平衡盘、推力盘、隔板等主要原材料无损检验报告。报告齐全、内容信息准确，检验结果符合工厂工艺文件要求。

4）外购件质量文件审核

内容包含端盖水压试验见证、机壳水压试验见证、转子跳动检查、转子高速平衡试验见证、齿轮箱出厂试验见证、压缩机机械运转试验见证、机组拆检见证等。

对外购件质量证明文件进行审核。油箱高位油箱产品出厂质量证明文件签章有效，附件（原材料证明书、外形尺寸检查记录、盛水试验报告、煤油渗漏检验报告、酸洗报告等）齐全，阻火器、安全阀、压力变送器、储能器、过滤器、螺杆泵、防爆电机、防爆加热器等合格证/产品质量证明书齐全，规格、材质满足技术建议书要求。

2. 过程见证

内容包含端盖水压试验，机壳水压试验，转子径向跳动、端面跳动、电跳动检查，转子高速平衡试验，齿轮箱出厂试验，压缩机本体及变速齿轮箱机械运转试验，机械运转试验后的压缩机、齿轮箱拆检等，监造人员需对上述进行见证。

3. 检测、试验报告审核

内容包含：对工厂 ITP（验收和试验计划）中的焊缝无损检验报告，叶轮超速试验及其液体渗透检验报告，端盖、机壳水压气密试验报告，转子动平衡报告，转子高速平衡报告，转子跳动检查报告，转子、定子间隙检查报告，压缩机、齿轮箱机械运转试验报告，整机气密报告，拆机检查报告等进行审核；审核比例为100%；报告数量齐全、内容清晰准确，各项检验结果符合对应的验收标准要求。

4. 外观尺寸抽检

对压缩机铭牌进行检查。铭牌为不锈钢材质，字迹清晰可见，满足技术规格书要求。铭牌信息包含制造厂名称、出厂日期、出厂编号、设备位号、进口设计压力、出口设计压力、额定流量等信息，满足技术规格书要求。监造人员对压缩机橇装进行外观尺寸检查，尺寸及外观满足图纸和工厂工艺要求。

5. 制造过程巡检

在项目执行过程中对压缩机组的机加工、焊接（非涉密）、气密试验、装配、喷漆、包装等工序过程进行巡检，巡检结果符合技术建议书和技术规格书以及工厂内控文件要求。主要包含机加工巡检、焊接过程巡检、部件气密试验见证、压缩机装配过程巡检、压缩机和齿轮箱回装过程巡检、压缩机气密试验见证、机组装配巡检、管路配装和焊接巡检、涂装巡检、润滑系统窜油试验巡检、自控系统装配调试巡检、包装过程巡检。

6. 工厂交工资料审核

对压缩机、齿轮箱、润滑系统等产品合格证明文件，压缩机组装箱单进行审核，文件编审批齐全，数据清晰。合格证内容与物项一一对应，信息准确，检验报告附件齐全，符合工厂文件控制程序要求。

（六）质量控制见证

产品质量控制见证主要有以下三种方式，同样适用于离心式压缩机组驻厂监造：

H 点（停工待检点）是一种不可逾越的质量控制点。在供应商进行到该点时，必须停工等待需方监造代表的检验或试验。W 点（见证点）是由需方监造代表参加的检验或试验的项目，如果需方代表不能按时参加，W 点可自动转为 R 点。R 点（记录确认点）由供应商进行自检，并将检验结果记录下来，由监理工程师进行复核。

这三种质量控制见证方式是确保整个生产过程中，关键环节质量得到有效监控和管理的重要手段。每种方式都有其特定的应用场景和重要性，共同构成了全面的质量控制体系。

在质量控制和项目管理中，还有 E 点和 S 点用于对特定检查和控制点的标识。E 点（检查点）指在项目或生产过程中的一个特定阶段，需要对产品或工作进行检查，以确保满足特定的质量标准或要求，如果在 E 点发现不合格项，可能需要采取纠正措施，并且在问题解决后重新进行检查。S 点（审查点）指在项目或生产过程中的一个关键阶段，需要对产品或过程进行更全面审查或批准。

（七）结论

通过驻厂监造方式对生产厂商质量体系运行状况进行监督，对主要生产设备技术指标进行核实，对离心式压缩机组质量抽查检验，对现场发现的问题进行跟踪处置，督促生产厂商完成整改，提交完整质量文件，形成闭环管理，确保生产的离心式压缩机组质量符合技术协议与合同要求。

二、压缩机组安装调试

（一）遵循标准、规范

为确保优质高效、积极稳妥地做好安装调试的各项工作，离心式压缩机参照执行的主要标准、规范如下。

1. API 标准

《石油、化工和气体工业用轴流和离心式压缩机及膨胀机—压缩机》（API 617）。

《石油、化工和气体工业用润滑、轴密封和控制油系统及辅助设备》（API 614）。

2. ASME 标准

《压缩机和排气器的临时试验标准》(ASME PTC10.1—1997)。

《法兰、螺纹和焊接端连接的阀门》(ASME B16.34)。

3. ISO 标准

《质量管理体系 要求》(ISO 9001)。

《工业液体润滑剂 ISO 粘度分类》(ISO 3448)。

4. IEC 标准

《旋转电机 第1部分：定额和性能》(IEC 34-1)。

《电力变压器》(IEC-60076)。

5. 国家标准

《石油天然气工程设计防火规范》(GB 50183—2015)。

《气田集输设计规范》(GB 50349—2015)。

《输气管道工程设计规范》(GB 50251—2015)。

（二）工序流程图

离心式压缩机组安装施工涉及多个工序，归纳至少包括以下 8 个主要工序，其部分工序流程图详见附录一，具体安装施工内容不作赘述。

(1) 总体施工工序。

(2) 机械安装工序。

(3) 电气仪表安装工序。

(4) 变频器、MCC 安装调试工序。

(5) 控制系统调试工序。

(6) 干气密封系统调试工序。

(7) 电机调试工序。

(8) 运转测试工序。

（三）安装施工准备及注意事项

1. 重要部件安装及检查方法

(1) 安装注意事项。吊装压缩机或驱动电机时要提前查图了解设备重量，准备相应的吊装工具。轴承、铂热电阻的安装要注意其固定方式，切忌磨断、压断。水平剖分结构的 MCL 离心式机组吊装上盖时要安装导杆等。

（2）对检测数据进行复查，数据须在误差范围内。如对中找正采用三表找正，同轴盘车，轴瓦间隙如果是可倾瓦采用抬轴法，椭圆瓦采用压铅丝法，轴承压盖过盈需采用合适厚度的材料，保证测量准确性。

2. 专用工具清单及安装消耗品材料清单

详细核实清单和到货专用工具的数量，专用工具的用途、使用方法。掌握现场施工需要的消耗品及用途，如煤油、机械洗涤剂、纱布、密封胶等。

3. 备品、备件、易损件

（1）备件部件存放在仓库内，必须精心保管，保持其良好的状态。将备用件平稳摆放在清洁、干燥、无腐蚀气体的地方，便于取用和检查，如转子等重要设备，在运达现场后，如果机组短时间内不具备安装条件，应避免打开包装箱，防止机组锈蚀。

（2）如已经过开箱点件，打开的设备应移到室内保存，放置在平坦的地面，用木板将设备垫起，用苫布将设备盖好避免太阳直射、受潮等。

（3）在仓库条件不理想时，应采取相应的保护措施，避免主要部件直接和空气接触。孔的开口处须用法兰盘和保护罩盖好，而在其内部应放置和定期更换防潮物质，支撑轴承、止推轴承、迷宫密封等应用适当的防锈物质予以保护。

4. 设备安装前的注意事项

（1）检查产品包装是否完整，并做好产品相关记录，例如产品名称、箱号及随机说明书等，便于后期移交工作。

（2）设备安装应按照合理的先后顺序，对于未安装的设备要按照相关说明进行存放，确保设备在安装前未受环境等其他条件影响。

（3）仔细阅读设备说明书以及安装规范，对于需要就位的设备应先查看预留位置是否与设计值有误差。

5. 安装气管路、油管路注意事项

（1）安装气管路前，应查看相关管路图纸，确认管线尺寸、走向及配套的阀门等部件的安装位置。

（2）对于在管线安装过程中遇到实际情况与设计图纸出现误差，应做到灵活应变，积极同设计沟通变更，最终达到安装美观、符合标准要求的目的。

（3）对油管线和气管线进行清理，保证管线的洁净度。

（4）确保压缩机（设备）进口、出口法兰和管道法兰连接后不产生附加应力。

6. 机组找正注意事项

（1）检查找正工具的挠度值。

（2）采用三表同轴找正的方式。

（3）以中间设备为基准向两边进行找正，或者以较重不便于调整的设备为基准。

7. 转子等部件安装注意事项

（1）转子在吊装时的索具应采用吊带，在吊装转子的位置垫上胶皮或软布，其主要作用是保证转子不被划伤。

（2）从压缩机壳体吊出或是向壳体吊入时，宜采用手拉葫芦方式，保证转子轻吊轻放，不被磕碰，禁止使用桁车直接吊装。

（3）如果转子较长，可做专用的横梁吊装转子，保证吊装转子时的水平和不被磕碰。

（4）其他设备如上机壳在吊装时要将导杆安装到位，吊装的钢丝绳与吊装设备之间进行保护，保证设备不受磕碰、变形。

8. 变频器电气安装注意事项

（1）输入和输出的高压电缆必须经过严格的单独耐压测试。

（2）输入和输出电缆必须分开配线，防止绝缘层损坏造成危险。

（3）输入和输出电缆屏蔽层必须分别与柜体接地铜排可靠连接。

（4）非专业人士禁止对设备进行安装、维护、维修等相关操作。

9. 变频器接地注意事项

（1）变频器的总接地点应与接地网可靠相接，接地线截面积至少为300mm^{2}铜线或等效扁铁焊接，接地点不少于7个，接地电阻小于1Ω。

（2）输入输出电缆的屏蔽层（或铠装层）接变频器的总接地点。

（3）变频器柜前电缆沟盖板承重需要不小于1t，以满足单元小车对单元拆装时地面的承重要求。

10. 干气密封（带中间迷宫串联式，如 S748L 型）安装注意事项

（1）在密封装入机组前，确认干气密封系统控制盘与机组之间的所有管道已正确连接完毕，并吹扫干净。

（2）清洗、检查安装密封的整个区域。确保密封通过的所有轴、腔体、槽的导向边缘都具有要求的倒圆。

（3）如干气密封本体还未安装在压缩机中或者还未安装在新的转子上，则应检查机组密封腔体及转子上轴向尺寸、径向尺寸是否符合安装图纸的规定。

（4）安装前检查转子相对于轴瓦运行位置的下落间隙，并测量机组的工作位置，以便最终确定密封垫片的厚度（机组的工作位置为压缩机运转的实际位置，即已装上推力盘后的机组转子位置）。

（5）将压缩机转子调整到工作位置，并采用合适方式固定，防止转子轴向移动和周向转动。

（6）确保安装工具齐全，主要包括密封专用装拆工具、机组抬轴器、千分表、深度尺、游标卡尺、开口扳手、内六角扳手、绸布、酒精等。

11. 空冷器安装注意事项

（1）基础底座的上平面必须水平，并且不得超过最大标高允许公差+0mm/-20mm。地脚螺栓必须按照空冷式换热器基础底板的钻孔尺寸布置。

（2）在进行安装工作前，必须确保辅助基础上平面的水平及平整，并且准备好所需的调整垫片以获得一个平整的安装面。

（3）在对大型组件进行吊运时，为了防止空冷器模块整体框架的扭曲变形和设备框架的变形，应设置4根具有相同长度的垂直吊索进行起吊，并配置尺寸及允许负载合适的起吊框架。

12. 三螺杆泵安装注意事项

（1）所有的管路、阀门等都应在安装前冲洗干净，否则安装中的残留物，如焊渣、钢粒、螺母、螺栓等将会损坏泵。

（2）泵底脚必须平稳安放在基础上。

（3）联轴器的同轴度、直线度必须用钢直尺、塞尺从4个方向上检查。

（4）装配后应能用手轻松转动螺杆。

（5）吸入和排出管道必须与泵体法兰连接正确。

（6）泵吸入管道、排出管道的公称尺寸应保证吸入管道流速不大于1m/s，排出管道流速不大于3m/s。

13. 压缩机组安装计划及安装流程

按照施工工序及工期排出压缩机组安装大表，根据压缩机安装流程图，对施工界面及区域进行划分。

（四）基础验收

1. 基础强度检查

（1）查验基础混凝土强度数据报告，设备安装前，混凝土强度应达到75%以上。检查基础的长、宽、对角线尺寸。压缩机水泥基础必须要求与其他设备的基础分离（独立基础）。

（2）压缩机组基础的混凝土应无疏松、脱层、裂缝、孔洞、钢筋外露等现象，基础尺寸及位置允许偏差数值见表6-7。

表6-7 基础尺寸及位置允许偏差数值表

项目名称		允许偏差 mm
坐标位置（设备安装纵、横中心线）		20
不同平面的标高		-200
平面外形尺寸		±20
凸台上平面外形尺寸		-200
凹穴尺寸		+20
平面的平整度（包括地坪上需安装设备的部分）	每米	5
	全长	10
垂直度	每米	5
	全高	10
预埋地脚螺栓	标高（顶端）	+200
	中心距（在根部和顶部两处测量）	±2
预留地脚螺栓孔	中心位置	10
	深度	+200
	孔壁的铅垂度	10
带锚板的预埋活动地脚螺栓	标高	+200
	中心位置	5
	平整度（带槽的锚板）	5
	平整度（带螺纹孔的锚板）	2

（3）压缩机组基础的中心线位置、标高应符合设计要求。

（4）以压缩机进出口中心线为基准，按基础设计图对螺栓的中心位置进行校核，地脚螺栓中心线及对角线距离误差不大于±2mm。

2. 基础表面处理

基础的表面处理是底座就位前的关键步骤。需要对基础凿毛、铲除疏松点、清理地脚孔，目的在于保证灌浆的质量。基础表面处理遵循以下标准：

（1）铲出麻面，麻点深度宜不小于10mm，密度以每平方分米内有3~5个点为宜，表面不应有油污或疏松层。

（2）放置垫铁或支持调整螺钉用的支撑板处（至周边约50mm）的基础表面应铲平。

（3）地脚螺栓孔内的碎石、泥土等杂物和积水，必须清除干净。

（4）预埋地脚螺栓的螺纹和螺母表面黏附的浆料必须清理干净，并进行妥善保护。

（5）基础表面处理完毕后即可将设备底座就位，就位的纵、横中心线位置由机组二层基础图确定。

（五）底座及辅件安装

1. 底座的吊装方式

（1）整体吊装：整体吊装通常是小型设备，底座刚度大，底座上支撑的设备较轻，在机组吊起悬空时，不会使机组底座产生变形。

（2）分体吊装：设备底座大，底座较长，刚度不大，设备质量大，在起吊时容易造成底座形变。或者吊车起吊吨数达不到设备整体吊装的重量，通常需要设备与底座分体吊装，或采取设备上下机壳分体吊装的方式。

2. 地脚螺栓安装要求

（1）地脚螺栓安装前预留孔中杂物应清理干净。

（2）地脚螺栓在预留孔中应垂直。

（3）地脚螺栓与孔壁的间距不宜小于15mm，地脚螺栓底端不应碰到孔壁。

（4）地脚螺栓上的油污、氧化物等应清除干净，螺纹部分应涂油脂。

（5）拧紧螺母后，螺栓应露出螺母，露出长度宜为2~3个螺距。

（6）套筒中的填充物，应符合设计技术要求。

3. 底座有垫铁安装

通过设置正式垫铁、临时垫铁、使用扁平液压千斤顶或借助其他工具的方式调整其位置和标高。垫铁型号可在长 100~160mm，宽 50~70mm 之间选取。楔形垫铁的斜度通常取 1∶10~1∶20，且薄的一端不应小于 5mm。楔形垫铁应当配对使用，错开部分不应大于该垫铁面积的 25%，垫铁层间在二次灌浆前点焊。平垫铁可用钢板或铸铁制成，楔形垫铁由钢板加工制成。底座有垫铁安装主要采用研磨基础法、坐浆法、压浆法。

4. 底座无垫铁安装

1) 底座无垫铁安装前应具备的条件

(1) 基础混凝土强度已达最大强度的 75% 以上。

(2) 底座底面的沙土、锈蚀、油污等已清理干净。

(3) 猫爪支撑面无变形、无损伤。

(4) 底座上地脚螺栓孔尺寸符合设计图纸。

(5) 附件齐全。

2) 底座无垫铁安装注意事项

(1) 定位键在设备就位过程中安装，定位板在机组精对中之后安装，在配管完成后焊接牢固。

(2) 猫爪螺栓、垫片在出厂前均已配对间隙，互相之间不具有互换性，拆除时需做好标记。

(3) 所有接触面在安装前均要检查，去除毛刺和高点。如果表面平整度较差，修整后还要进行研磨，并检查接触面积。

(4) 所有顶丝在安装前均要检查螺纹的完好程度，有必要进行试拧。

(5) 地脚螺栓和顶丝紧固的过程中要使底座受力均匀，避免底座变形。

（六）机组就位

1. 检查基础和设备中心位置

机组在基础上就位后，就可根据中心标板上的基准点挂设中心线，用中心线确定和检查机组纵、横水平方向的位置，从而找正机组的正确位置。当机组上的中心找出来以后，就可检查其中心与基础中心的位置是否一致，如不一致则需要调正机组。

2. 机组定位顺序

在机组的找正过程中首先需要选择基准设备或部件。选择基准定位目的，就是要便于其他设备在对中找正中调整，避免出现某设备或部件在对中时因为没有足够余量无法调整的问题，以齿轮箱为基准定位，可以保证齿轮的良好接触。

3. 机组落位

机组落位后可使用猫爪上的顶丝先进行初步调整，尽量与底座中心线保持一致（变速箱除外），以便接下来设备逐次落位参考。

1）各机组单元标高检查

离心式压缩机组厂降噪房内的各种设备组成单元，相互之间都有各自的标高。通常规定厂房内地平面的高度为零，高于地平面以"+"表示，低于地平面以"-"表示。基准点就是测量标高的依据，基准点上面的数字表示零点以上多少毫米或零点以下多少毫米。测量设备的标高面均选择在精密的、主要的加工面上。

找标高时，对于连续生产的联动机组要尽量减少基准点。调整标高时，要兼顾水平度的调节，二者要同时进行调整。在找正设备标高数值时，一般使设备高度超出设计标高1mm左右，这样在拧紧地脚螺栓后，标高就会接近设计规定的数值。设备标高可通过水准仪来测量。

2）联轴器法兰面间距测量

机组就位后，首先要测量各机组之间的半联轴器法兰端面距离，用内径千分尺测量两个半联轴器端面的距离，看是否与联轴器图纸要求的一致。为了保证数据的准确性，可在半联轴器端面多测量几个点取平均值，并预装联轴器中间节。

（七）对中找正

找正是确认驱动机与被驱动机轴系之间位置关系的一种方法。常用的找正方法可分为三表找正、两表找正、单表找正、激光找正。

（八）灌浆

1. 灌浆前的准备工作

(1) 灌浆前需要认真检查基础表面有无油、砂子、附着物等杂质，如果发现一定要在灌浆前清理干净,可用高压风或水冲洗干净。

(2) 需灌浆的基础表面要先进行凿毛处理,然后清扫基础表面,不得留有碎石、浮灰、油污和脱模剂等杂质。

(3) 灌浆前24h,基础表面必须充分湿润,灌浆前1h,吸干表面积水。

2. 地脚螺栓相关要求

底座地脚螺栓孔填充干砂要求为上、下浆层厚度为5~10cm,中间填砂。地脚螺栓孔上浆层24h后再进行一次灌浆。

3. 灌浆技术要求

1) 一次灌浆

灌浆前需打桩,用来限制灌浆料的范围。通常一次灌浆时,在地脚螺栓孔左右200mm、前后100mm打桩,然后进行灌浆。

2) 二次灌浆

二次灌浆时在水泥基础的边缘打桩,保证二次灌浆的面积和水泥基础表面积尺寸一致。

(九) 管线安装

1. 油管路酸洗钝化

管道的酸洗能清除管壁上附着的锈蚀、焊渣、氧化皮和杂质,能够大大缩短油循环或吹扫的时间,提高气体的清洁度。常用的两种酸洗方法为槽式酸洗法和循环酸洗法,现场通常使用循环酸洗法进行油管路酸洗。

(1) 槽式酸洗法操作程序为:脱脂→水冲洗→酸洗→水冲洗→中和→钝化→水冲洗→干燥→喷防锈油(剂)→封口。

(2) 循环酸洗法操作程序为:水试漏→脱脂→水冲洗→酸洗→中和→钝化→水冲洗→干燥→喷防锈油(剂)。

2. 管线无应力连接要求

(1) 通过设置封闭管道的方法消减管道残余应力对机组的影响,以设备法兰接口的一端为始点,向远离设备方向逐段配管。

(2) 在压缩机组管道焊接与法兰连接时,利用百分表对压缩机组的位移进行监控,以控制封闭管道的残余应力。

(3) 压缩机组与管道法兰组对前,法兰密封面应清理干净,组对时两法兰密封面的间距等于垫片厚度,调整法兰平行度偏差应小于0.1mm/m。

（4）在管道封闭前，使用临时支架进行支撑，待调整管段点焊固定后将所有临时支架拆除，使管道在支架支撑以及设备法兰自由状态的情况下进行焊接。

（5）压缩机组与管道连接前，应将管线内部清理干净，与设备连接时固定焊口应远离压缩机组，以避免焊接应力的影响。

（6）管道与压缩机组最终封闭连接时，在压缩机轴端处设百分表监测位移，位移不能大于0.05mm。

（7）管道安装不允许对压缩机产生附加应力，严禁采用强制的方法补偿安装偏差。管道安装合格后，不得承受设计外的附加载荷，管道与压缩机组连接应自由对中，在自由状态下法兰平行度与同轴度应满足要求。

（8）定期用百分表检测法兰是否存在变形，变形量是否超过规范要求，以保证压缩机组能够长周期安全平稳运行。

（十）压缩机复检

检查测温铂热电阻、振动探头延伸电缆连接情况，各测温电阻是否有断线现象，主机零部件缺失情况，设备外观是否存在明显缺陷裂纹，机组旁油管路、橇体密封气管路、隔离气管路、平衡气管路清洁度及畅通情况，管路是否进行了酸洗、吹扫、清洁、干气密封，管线是否100%探伤，转子轴颈测振区有无磕碰划伤，现场酸洗完管线回装前是否封堵等；检查并再次确认压缩机组及现场全部设备的情况。

出厂复检是整个生产流程中的最后一道质量控制环节，也是对产品质量的最后一次确认。出厂复检不仅有助于提高产品质量，同时也是保障设备安全性和性能稳定性的重要环节，减少后续安装调试的不确定性因素，为客户提供更加可靠的设备。

（十一）润滑油循环

1. 冲洗前的检查工作

（1）检查所有压力变送器和插入待冲洗油路中的压力开关具有关闭功能的阀门。

（2）检查确认插入待冲洗油路中的所有测温安装孔已安装温度探头。

（3）检查确认润滑油过滤器差压变送器（开关）切断阀在"打开"位置。

（4）检查确认油箱、油冷却器、油过滤器等所有的排污阀在"关闭"位置。

（5）检查确认油过滤器压力平衡管线阀门在"关闭"位置。

（6）检查确认控制盘切换到自动运行。

（7）检查确认油加热器控制（开和关）自动运行。

（8）当润滑油泵停止或润滑油处于低液位时，关掉油加热器。

（9）向油箱灌油，保持油加热器加热区在油位以下。泵吸入必须保持足够深度，以保证其功能及避免汽蚀。

（10）加热器加热区必须保持在油位以下，以避免其过热和可能使油碳化。

（11）利用油箱进口处的网筛加注润滑油，以避免油桶内部存在的杂质进入油箱内。

（12）检查过滤器筒体及滤芯内部洁净度。检查确认滤芯完整及安装正确。

（13）检查用于显示过滤器滤芯状态的差压变送器（开关）。

（14）使用主泵与备用泵进行冲洗工作。

（15）冲洗油不能进入并接触热零件，以免超过火焰点（约150℃）。

（16）轴承区冲洗时，必须保证已通密封气，防止润滑油进入压缩机内。冲洗时应先将油进行加热。在冲洗中，油温度为60~70℃，不能超过75℃，电机电流应始终保持低于额定电流，泵出口压力不得低于5.5bar。

2. 油品取样与验收

（1）在油冲洗过程中，通过适当的样品来检测油清洁程度。在现场条件具备的情况下，对油样电子数据进行分析。油样固体颗粒杂质含量应遵循ISO 4406：2021《液压传动 油液 固体粒污染等级代号法》的8级指标。

（2）如果不具备电子检测条件，在机组初跑油阶段，应该加100目的滤网。由于跑油初期油系统比较脏，因此要及时更换滤网。后期要添加200目的滤网，滤网要在回油总管的法兰处和各进油支管处添加。检验标准为油管路连续跑油4h以上，目测滤网每平方厘米的范围内残存的软点污物不多于2个，不能有任何硬质点的污物。

3. 油箱注油

（1）所使用的冲洗用油必须与设备使用的油是同一厂家生产的同型号

润滑油，润滑油质量满足 GB 11120—2011《涡轮机油》相关要求。油泵启动时部分油将流入管路中，油箱中的油位将会降低，需对油位实时补充。

（2）加注冲洗油时需通过过滤器进行加注，以免将杂质带入油管道内。

4. 油管路冲洗

管道油冲洗分两步进行：第一步加临时跨线形成油循环冲洗管道。第二步与机器相连进行机组本体油循环。油循环时利用油箱加热器和冷却器对系统内的油加热和冷却，以达到尽快剥离沉淀物的目的，冲洗时要确保油系统全部冲洗合格。

1）机组外跑油

（1）按照润滑油流程图纸要求，断开至轴承的供油管路并安装回流至油箱的临时管路，建立旁通轴承管路。

（2）安装润滑油主泵电机和备用泵电机临时开关。

（3）检查 MCC 的电源。

（4）检查润滑油冲洗管路连接情况。

（5）检查是否已关闭所有现场仪表盘上的切断阀。

（6）在 MCC 上插入油泵和加热器的断路器。

（7）启动由现场开关来操作的辅助油泵。

（8）30s 之后关闭油泵，检查法兰等连接处是否出现油泄漏。

（9）再次启动油泵。

（10）将加热器开关调至"开启"状态。

（11）在油冲洗操作期间，保持 60~70℃ 的温度范围。

（12）当油处在额定的温度下，检查管路油是否泄漏。

（13）在油循环时，采用橡胶槌、木槌或固定/便携式气动振动器使管路振动，移除可能粘着在管路内壁的杂质颗粒。

（14）油冲洗时间需连续进行 48h，如夜间未进行油冲洗，则需进行 4d 油冲洗工作。

（15）完成以上的油冲洗时间后，提取油样进行分析，将分析结果与验收标准进行比较，直至油冲洗结果合格。

2）机组内跑油

（1）关闭辅助润滑油泵，将电热器开关调至"关闭"状态。

（2）回装轴承及相关管口的最终油管路。

注意：现场要具备持续稳定的密封气源，气源压力要符合干气密封系统所需的压力要求，保证机组内跑油时润滑油不会进入机组腔内。

（3）开启密封气10min。

（4）再次打开油泵，将开关调至"开启"状态。

（5）再次连续进行36h油冲洗操作，如夜间未进行油冲洗，则需进行3d油冲洗工作。

（6）完成以上的油冲洗时间后，提取油样品进行分析，将分析结果与验收标准进行比较，直至冲洗结果合格。

5. 润滑油管网冲洗

（1）关掉加热器，关闭油泵，停止油泵10min后停止密封气供给。

（2）按照润滑油流程图纸要求，恢复润滑油循环管路，冲洗润滑油系统所用的管路连接，并按油冷却器冲洗→润滑油主油路冲洗顺序进行。

（3）确保冲洗油品合格后方可进行下一步工序。

（十二）油站调试

1. 双油泵运转试验

预防辅助油泵异常开启，关闭辅助油泵时机组联锁。

（1）主油泵运行，辅助油泵开关投入手动。

（2）手动开启辅助油泵，待油压稳定后，手动停止辅助油泵，记录辅助油泵停止时总管油压及控制油压的变化。

2. 控制油总管压力低，备用油泵自启动试验

（1）主油泵运行，备用油泵开关投入自动。

（2）通过手动打开油站一次调节阀（或者慢慢打开一次调节阀旁路阀门），待控制油压降低至0.65MPa左右，备用油泵自启动，PLC相应报警，记录下备用油泵启动时控制油压的压力数据。逐步提高控制油压后停运备用油泵。

（3）润滑油总管压力低，备用油泵自启动、低低联锁跳车应急油泵自启动。

① 从PLC上将机组联锁复位，使机组具备开车条件。

② 确认备用油泵开关投入自动，应急油泵开关置自动位。

③ 用启动器手柄建立启动油、速关油，并确认主汽阀打开。

④ 关小二次调节阀（或者关小二次调节阀后切断阀），当润滑油总管压

力降低至0.15MPa左右，备用油泵自启动，PLC相应报警，记录下备用油泵启动时润滑油总管的压力数据。

⑤将润滑油主油泵、备用油泵联锁旁路，备用油泵手动停运开关置关断位，继续降低润滑油总管压力至0.1MPa左右时，润滑油总管压力联锁报警并关闭主气阀、调速器阀，应急油泵自启动并运行正常。记录联锁时润滑油总管的压力数据。

⑥将主油泵、备用油泵位置切换，即将油泵A为主泵，油泵B为辅泵，改为油泵A为辅泵，油泵B为主泵，重复以上试验。

3. 应急油泵调试

根据现场情况手动将主油泵、辅助油泵出口压力降低，步骤与低低联锁跳车应急油泵自启动测试方式一致，判断应急油泵是否可以启动，或采用模拟信号将油压降低，判断应急油泵是否正常工作（配备高位油箱的压缩机组不需要进行此项工作）。

4. 电加热器

检查确认电加热器在供电的情况下，加热部位在油位下，带恒温控制的电加热器需将恒温开关进行设定。

5. 油滤器切换

（1）检查确认连接两个油过滤器中间过油管路中的旁通阀门全开。

（2）打开将要投入运转的备用油过滤器回油管路中的排放阀门，当观察到油气排入油箱后，此时说明油过滤器内已经充满了油。

（3）转动切换阀控制杆，使油流向备用油过滤器，使其投入运行。

（4）关闭旁通阀门，然后打开切换下来的油过滤器上的排泄阀（或螺塞），直至油过滤器内的油排放干净。

（5）打开旁通阀门及排油气至油箱的排油气阀门，将油充满清洗维修后的油过滤器，使油在油过滤器内正常流动，处于随时被切换投入运行的状态。

6. 油冷器调试

油冷却器调试主要是将润滑油用电加热器进行加热后，对油冷器供油，判断油冷器效果及是否有漏油等问题，判断油冷器正常后，再切换到备用油冷器进行检查。

7. 高位油箱三阀组

油站开启时，用截止阀给高位油箱补油，当观察到视镜里有回油时，关闭截止阀。由孔板给高位油箱补油。处于事故状态下，在惰转时间内高位油箱内的油通过止回阀供到各个润滑点。截止阀的作用是给高位油箱充油，待高位油箱回油视镜有回油后，关闭截止阀。开启截止阀给高位油箱充油时，截止阀开度开启 1/3 为宜，避免油从高位油箱溢出。

8. 排烟风机

检查排烟风机进出口管线配置是否正确，确认排烟风机的转向，启动排烟风机，运行 0.5~1h，查看排烟效果及是否有漏油现象，并根据配置调节排烟量。

（十三）工艺气冷却系统、过滤器、阀门、仪表等安装

1. 热电阻安装要求

安装前需要对热电阻的阻值进行检验：使用万用表按照表 6-8 的参照环境温度进行电阻检查。红线与白线之间电阻值见表 6-8，红线与红线之间为断路。

表 6-8 热电阻阻值表

温度，℃	-40	-30	-20	-10	0	10	20	30	40
阻值，Ω	84.27	88.22	92.16	96.09	100.00	103.90	107.79	111.67	115.54

（1）埋入式安装要求：插入测温孔后测温线用压线鼻进行固定，松紧适度，弯折点注意防止磨损。

（2）插入式安装要求：插入设计测温点，紧固测温热电阻。

2. 热电偶安装要求

（1）为了使热电偶和热电阻的测量端与被测介质之间有充分的热交换，应合理选择测点位置，尽量避免在阀门、弯头及管道和设备的死角附近装设热电偶或热电阻。

（2）带有保护套管的热电偶和热电阻有热交换损失，为了减少测量误差，热电偶和热电阻插入深度应满足要求。

3. 振动、位移探头和转速探头安装要求

（1）将探头旋入安装支架，探头前端距离被测主轴 5mm 左右时停止旋

入。由于大部分机组都无法直接看见探头距被测主轴的距离，在安装探头前，应测量安装孔距主轴的距离。

（2）将探头和前置放大器、延伸电缆连接，连接-24V直流电源。

（3）用万用表测量前置放大器的信号点（COM端）和信号输出（OUT端）之间的电压一般应为8.75~10V（或者根据厂家提供的数据）。

（4）测量电压高于10V时探头缓慢向里旋进，低于10V时探头缓慢向外旋出，直到电压为8.75~10V为止。

（5）紧固螺母，固定探头，并观察万用表测量的电压值有无变化。

（6）固定好信号线，待机组盖扣好后，观测PLC显示为0~3μm则安装无问题。

（7）清洁延伸电缆，用热缩管包裹好，避免油污污染和屏蔽接地。

（8）转速探头安装一般距检测面在1.1~1.5mm范围内。

4. 延伸电缆安装要求

延伸电缆长度和探头长度的总和一般为5m或者9m，检查延伸电缆长度是否与探头和前置器要求配套，延伸电缆长度加上探头所带电缆长度应该与前置器要求的电缆长度一致。

5. 前置器

振动前置器和位移前置器具有量程上的区别，在安装时应做好量程设置。

6. 端子排

凡是接到端子排上的线路都需要具有线号，便于检查。

7. 防爆接线箱、防爆挠性连接管、防爆穿线盒安装要求

防爆零部件安装时注意所有防爆垫圈、防爆胶垫应完好，穿线完成后，将垫圈、胶垫等安装回原位。

8. 孔板流量计安装的基本要求

（1）对于新设管路系统，必须先经吹扫后再安装标准孔板，以防管内杂物堵塞或损伤标准孔板。

（2）安装前应仔细核对标准孔板的编号、位号、规格是否与管道情况、流量范围等参数相符。在取压口附近标有"+"的一端应与流体上游管段连接，标有"-"的一端与流体下游管段连接。

（3）标准孔板的中心线应当与管道中心线同轴。

9. 压力开关调节方法

本节所指压力开关即为润滑油总管上的 3 取 2 联锁压力开关。拆开压力开关外壳，通过扳手调整调节螺栓上下移动，即可调节压力开关的整定压力。如发现压力开关动作压力与设定压力相差超过允许范围，可通过手动控制油站调节阀将总管压力降到所需压力，之后调整压力开关。

（十四）控制系统安装调试

离心式压缩机组控制系统主要由下位控制系统、上位控制系统和就地指示盘等构成。下位控制系统由压缩机组 UCP、ESD、MCP 控制机柜，轴系统，主电机变频器 PLC 控制系统，主电机水冷 PLC 控制系统，MCC 不间断电源控制系统等组成。同时也会配置压缩机轴系故障诊断与分析系统、润滑油在线监测系统。

1. 控制柜安装位置及环境检查

控制柜应安装在光线充足、通风良好、操作维修方便的地方，避免易导致振动、潮湿、机械损伤、强磁场干扰、高温、温差变化剧烈和有腐蚀性气体的环境。

2. 控制柜恢复性检查

（1）控制系统（柜）的所有机柜、操作站、工程师站、SOE 站等部件均已恢复安装到位。

（2）恢复系统的通信电缆（线）连接，并检查其正确性。

（3）检查柜体、柜内结构件是否松动，并进行紧固。

（4）检查柜内线路是否有掉落、松动等，并进行紧固。

3. 供电电源部分检查

（1）检查控制系统（柜）进户供电线路是否接好。

（2）检查控制系统（柜）进户供电电压是否符合图纸要求范围。

（3）记录供电电源波动情况。

（4）查验供电电源设备检测试验报告（设备调试报告、电缆检测报告、设备试验报告、整定值校验报告等）。

4. 控制柜接地检查

（1）检查保护接地是否可靠接地，接地电阻值是否符合设计规定。

(2）检查信号回路接地是否可靠接地，接地电阻值是否符合设计规定。

(3）检查屏蔽接地是否可靠接地，接地电阻值是否符合设计规定。

5. 信号线连接检查

(1）仪表信号电缆（线）与电力电缆（线）交叉敷设时，宜成直角。

(2）当平行敷设时，其相互间的距离应符合设计规定。

(3）不同信号、不同电压等级的电缆，应分类布置。

(4）对于交流仪表电源线路和安全联锁线路，应用隔板与无屏蔽的仪表信号线路隔开敷设。

(5）明敷设的仪表信号线路与具有强磁场和强静电场的电气设备之间的净距离，宜大于 1.5m，当采用屏蔽电缆或穿金属保护管以及在汇线槽内敷设时，宜大于 0.8m。

(6）检查控制系统（柜）与电气及控制系统（柜）与 DCS 的线路是否正确连接。

(7）检查确认控制系统（柜）供电回路无短路情况。

6. 控制柜上电调试

(1）检查外部进入机柜的线路（上电前），确保无高电压、强电流等不符合图纸要求的电源引入或串入，应特别注意直流 24V 处不可接入交流 220V 电压。高电压、强电流引入，易造成控制系统部分元器件的损坏。如现场具备条件，通过安全栅隔离现场线路后上电。

(2）控制系统（柜）检查无误后，通电测试。

(3）检查柜内 PLC 以及各元器件的自检测状态，如果发现异常情况，应立即关机并重新检查、分析原因，故障排除后，重新上电检测。

(4）通电正常后，检查系统通信是否正常，通信数据能否正确显示。

(5）控制系统（柜）联调，根据测点清单，在控制系统（柜）对外分界面或现场加入测点源信号，并检测每个测点的显示正确性。

报警系统的调试应符合下列要求：

① 报警设定值应按设计规定的报警值进行整定。

② 在系统的信号发生端输入模拟信号，检查其音响和灯光报警信号是否正确。

联锁停车系统的调试应符合下列要求：

① 系统内的联锁停车设定值，应按设计规定的联锁停车设定值进行

整定。

② 在系统的信号发生端输入模拟信号，检查其音响、灯光信号及停车信号输出是否正确。

（6）控制系统联动试验：根据测点清单，检测输出测点动作的正确性，并检测现场执行元件动作的正确性，分别对开车条件、调节回路、防喘振回路、调速回路、液力耦合器调速、联锁逻辑（如油压低自动启动备用油泵等）以及其他控制回路进行测试工作，检查并修复控制程序以及监控画面中存在的问题，对重要的控制逻辑进行程序检验，主要包括联锁停车部分等。

7. 其他设备调试

控制系统机柜就位后（UCP 控制柜、UMD 电控柜、变频器机柜、工艺气冷却系统机柜、水冷机柜），对其外观进行检查确认，再逐一确认变频器及电机、UMD/水冷/工艺气冷却系统/远程监控系统以及现场所有压力、温度、液位等变送器工作正常。

8. 机组控制系统联调

（1）机组 UCP、ESD 主控制器及输入输出模块、电源模块、交换机等元件工作正常，所有冗余控制器和冗余输入输出模块及交换机通过冗余测试。

（2）现场所有相关变送器、电磁阀、热电阻、流量计和位置开关及电动、液动、气动执行机构调整校验结束，处于正常工作状态。

（3）轴检测系统调试完毕，模拟试验正常，保护功能正常投用。

（4）逻辑功能符合要求，调试正常。

（5）PCS 与 UCP 的控制、通信已调试正常，各显示面板显示参数正确，无报警、故障，UCP 的 HMI（人机界面）上显示正常。

（6）所有控制柜端子板、端子排、通信电缆接线螺栓已紧固。

（7）历史数据采集和调用、事故顺序记录、报表打印及操作员操作记录、报警系统、联锁调试完毕，能正常投用。

（8）HMI、工程师站成功配置历史数据记录软件，能够实时采集关键参数，并将结果生成数据文件保存。

（9）将控制系统所有计算机、控制器时间调整一致，机组盘柜监控计算机、变频器 PLC 和各系统主控制器。

三、压缩机组辅助系统、动力系统和供配电系统调试

压缩机组辅助系统调试包括润滑系统、密封气系统、仪表控制系统、外围工艺系统和在线监测诊断系统,调试结束后相关信号及联锁保护投入运行。

压缩机组动力系统调试主要包括驱动电机、变频器系统、冷却系统(包含工艺气冷却系统、变频水冷系统、电机水冷系统、润滑油空冷系统),调试结束后相关信号及联锁保护投入运行。主要设备关系如图6-1所示。

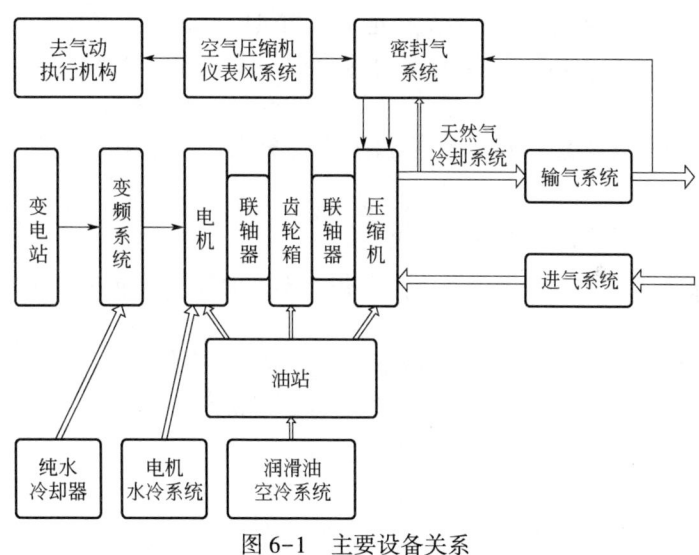

图6-1 主要设备关系

(一)辅助系统

1. 润滑系统

(1)所有管路连接可靠,使用的管件清洁,规格符合安装图纸要求。

(2)主油泵和辅助油泵电机供电电压等级(380V、三相、50Hz)、加热器(380V、三相、50Hz)及其绝缘性能符合安装图和相关规范要求。

(3)按照API 614标准对润滑系统进行循环冲洗,油质经分析化验合格,提供油质检验报告。

（4）润滑油油箱液位、温度、压差和压力传感器、变送器功能正常，接线良好，高位油箱液位正常。

（5）系统所有球阀、止回阀、截断阀、针形阀、温控阀等开关灵活，功能良好，确认所有的电磁阀操作灵活，工作正常。

（6）油冷却器回路畅通，无泄漏，油冷却器风扇运行正常。

（7）高位油箱回路畅通，无泄漏，油位高度符合技术要求。

2. 密封气系统

（1）系统管路连接可靠无泄漏，确认所有球阀、调节阀工作良好。

（2）确认密封气增压橇调试完毕，无故障。

（3）确认密封气电加热器工作正常，加热器控制系统正常。

（4）密封气调压阀、安全阀的压力设定及流量计校验符合机组运行标准。

（5）密封气系统温度、压差和压力传感器、变送器功能正常，接线良好。

3. 压缩机组在线监测诊断系统

（1）确认所有位移传感器、振动传感器和轴承温度传感器完好，接线正确。

（2）位移、振动与温度报警值的设定完成。

（3）各部位的位移、振动传感器预测试完成。

（4）确认UCP位移、振动监控仪正常工作。

（5）各部位轴承温度传感器完好。

（6）确认在线监测诊断系统上传数据正确。

4. 仪表控制系统

（1）空气压缩机系统启停机测试正常，压力和流量设定完成。

（2）压力、温度变送器数据正常，压力、流量满足各用气点要求。

（3）水露点检测仪完好，水露点数据符合设计要求。

（4）油过滤器差压、空气过滤器压差正常。

（5）确认润滑油油位正常。

（6）空气压缩机冷凝水排放阀、缓冲罐排水电磁阀功能正常。

5. 外围工艺系统

（1）压缩机本体氮气置换在气密性试验时进行，气密试验结束后放空至 0.1MPa 封存。

(2) 站控和机组的紧急停车按钮及控制保护系统确认工作正常。

(3) 厂房通风系统，气体、火灾联锁控制系统运行正常。

(4) 气质满足设计气体组分要求。

（二）动力系统

1. 冷却系统（电机水冷、变频水冷）

(1) 空冷系统启停机测试正常，风机首次运转 48h 后，确认风机各部件紧固件无松动；确认风机轴承内加足润滑脂；空冷器防虫网安装完成；工艺气冷却系统各风扇置于手动控制模式。

(2) 水冷系统运行正常，进、排水管路应畅通，管线无渗漏。

2. 驱动电机、变频器系统

(1) 测量定子绝缘电阻，数据正常。

(2) 检查电机轴承绝缘，数据正常。

(3) 电机的瓦温、振动回路测试正常。

(4) 电机的定子温度、漏水开关回路测试正常。

(5) 电机的顶升油泵压力开关回路测试正常。

(6) 电机的正压通风系统调试正常。

（三）供配电系统

1. 变电站

变电站完成建设、安装及调试工作，完成各项交接试验，保护、监控功能完善，并完成了试送电，变电所各项参数运行正常，满足机组用电需要。

2. 变频调速驱动系统

(1) 站场接地系统完好，设备所有接地接线正确良好，满足设计要求。

(2) 变频器的所有高低压电气设备、电缆已按设计和 GB 50150—2016《电气装置安装工程 电气设备交接试验标准》要求完成相关电气交接试验。

(3) 变频器的安装、调试、测试工作已经全部完成，变频器带驱动电机已完成空载试验，试验合格。

(4) 检查确认变频器各设备的安装满足要求，卫生已清洁，电缆接线已紧固。

3. 工业驱动不间断电源系统

（1）备用电池组部分、充电器部分、检测控制部分、工作状态指示部分切换测试完成。

（2）完成正常模式、逆变模式、手动旁路模式测试，确认外电断开时 UMDs 能正常启用。

4. 电机控制系统

（1）MCC 外观、机械性能测试完成，功能正常。

（2）MCC 电气性能测试完成，功能正常。

（四）特种设备

特种设备检测要求如下：

（1）所有的进口设备通过属地管理部门的检查验收，取得现场监检报告或安全性能检验报告。

（2）压力容器和桁车完成报建和注册。

（3）安全阀校验合格。

（4）防雷接地检测完成并出具检测合格报告。

（五）资料、工具、用具及材料准备

1. 相关资料

生产所需运行参数原始记录等资料齐全（离心式电驱压缩机组运行记录本、生产日报表、压缩机组及配套设备巡检表、维护保养记录、压缩机故障处理情况记录、岗位操作卡等）。建立的技术资料齐全，包括设备使用说明书，操作机维护保养规程（操作流程示意图），设备管理的各种规章制度、技术规程，站场输气工艺流程图，巡回检查图，压缩机组润滑系统流程图，压缩机组冷却循环水流程图，压缩机工艺气流程图，逃生路线图和岗位职责制度。对投产涉及的各阀室、管网示意图、资料台账及时更新配备到位。

2. 工具

生产工具（使用单位和厂家在投产前对机组调试所需的生产工具、专用工具、各类油品、安全消防器材、防护器材、医疗急救物资、办公用品等）配备到位并检查合格可使用；空气置换、升压验漏所需要的气体检测仪等仪器、仪表及工具准备到位并检查合格可使用。

3. 用具及材料

压缩机组调试用随机备品送达现场，材料齐全；机组常用易损备品备件使用单位已提前完成计划并且采购到位，存放在压缩机组专用备品备件库。

（六）人员配备及上岗培训、应急预案演练

根据使用单位定员和人员结构，投产前组织有关管理人员、操作工进行理论和现场实际操作培训，学习压缩机组操作规程和安全知识，熟悉工艺流程，掌握设备生产中常见的故障和处理。同时组织有关管理人员、操作工开展压缩机组异常停机、泄漏、自控系统误报警等应急预案演练。

（七）站场设备、管线的检查和仪器仪表的联合校验

（1）输气（地下储气库）工程已按设计文件所规定的范围全部完成。

（2）全站管线装置设备（不包括压缩机组）完成强度和严密性试验、吹扫合格，完成氮气置换、升压验漏工作。压缩机组完成严密性试验，具备天然气置换氮气、升压验漏条件。

（3）调试前最后对流程进行确认，检查站场管道各切断阀门的开关状态，对关键阀门进行隔离、挂牌、上锁，对关键流程、参数等进行现场标识。

（4）检查压缩机组主橇及空冷器找平、基础二次灌浆质量，压缩机和电机安装调整对中已完成，并合格；站场的供水、供电、供油、供气及仪表控制系统能正常运行；土建工程、照明系统、通信、站场及压缩机组厂房各项安全防护设施完成并投用；车辆备齐；对压气站的各种电气、仪表、节流装置、安全阀及压缩机组等设备进行检查、清洗、调校，并核准各种技术参数和计算参数。

（5）"电驱离心式压缩机组启动前检查清单"符合现场实际情况。

（八）投产前技术交底

参与投产及保运的所有相关人员进行安全技术交底，主要对试运行投产方案、应急处置措施和事故救援预案进行安全、技术交底，包括压缩机组主要技术规范、主要技术参数可视化、压缩机运行边界控制点（现场工况下极限进出机压力）、压缩机组自控报警保护点、阀门开关顺序等，并进行应急事故救援预案的演练。

（九）其他应具备的投产条件

（1）整套设备范围内的土建工程和生产区域的设施，已按设计完成并进行了验收。

（2）调试、运行及检修人员均已配齐，运行人员已经培训并考试合格，整套启动方案和措施报审完毕，并按进度向有关参与投产人员交底。

（3）已准备投产测试所需要的相关工具。

（4）输气（地下储气库）工程已将运行所需的规程、制度、系统图表、记录表格、安全用具、运行工具、仪表等准备齐全。

（5）有关照明、通信联络设备按设计安装完成，防寒、采暖通风设施已安装调试完毕，能正常投入使用。

（6）站场的消防设施齐全，消防保卫工作均已落实，与机组有关的消防设施已经通过消防部门检查验收合格，并有上级部门的正式书面文件。

（7）设备命名、挂牌工作已全部结束。

（8）保温油漆工作已按设计完工，并验收合格。

（9）管道支吊架冷态安装完工，并验收合格。

（10）压缩机投产测试所需物资（密封气滤芯、压缩机入口法兰垫片等）、液压扳手等应急工具准备齐全。

四、压缩机组置换升压

（一）置换

压缩机组天然气置换氮气合格后，检查关闭所有排污阀、放空阀，并确认其状态是否正确。期间保持干气密封，密封气压力高于机组壳体内压力 0.5MPa。

（二）升压验漏

压缩机严密性试验采用氮气，期间保持干气密封，密封气压力高于机组壳体内压力 0.5MPa。升压分为三个阶段：第一次升压至试验压力的 30%，稳压 30min；第二次升压至试验压力的 60%，稳压 30min；第三次升压至试验压力的 100%，稳压 24h。无泄漏，压降不大于 1% 试验压力值，且不大于 0.1MPa，则严密性试压合格。

稳压期间对站场设备全面验漏，无异常无泄漏时继续升压，直至升至设计工作压力，经 24h 稳压，检查无渗漏为合格。

注意在升压到 0.3MPa 时，对压缩机驱动和非驱动端干气密封盘、机组腔体进行排污。

五、全站 ESD 功能测试

（一）目的

验证在触发全站 ESD（包括模拟测试和实际动作）情况下机组保护功能的完整性，确认紧急情况下机组 ESD 保护系统的有效性。验证在触发全站 ESD 的工况下，机组紧急停机后冷却系统和润滑系统的完整性。

（二）前提条件

ESD 测试在站场氮气置换、天然气置换、管道空管清管后进行，保证机组各项测试过程中全站 ESD 系统正常发挥作用。

1. 模拟测试前提条件

（1）PCS（储能变流器）系统完成与机组 ESD 相关的程序设计，机组控制系统完成 ESD 程序设计。

（2）PCS 和机组控制系统工作正常。

（3）机组控制系统和 PCS 系统通信调试完毕。

2. 实际动作测试前提条件

（1）按照启机流程启动压缩机组最低转速。

（2）机组和 PCS 控制系统工作正常。

（三）测试步骤

模拟测试在 PCS 系统和压缩机控制系统测试阶段完成，必须将 SIS（安全仪表系统）因果图中所有触发条件进行测试。

1. 模拟测试步骤

（1）在 PCS 系统 ESD 程序中强制给压缩机组 ESD 系统的输出命令为有效。

（2）变频驱动系统 ESD 按钮给压缩机组 ESD 系统的输出命令为有效。

（3）在压缩机组查看是否能收到来自 PCS 系统的 ESD 命令。

（4）查看压缩机组是否按预定程序执行。

2. 实际动作测试

（1）至少选择下列一种方式，触发全站 ESD，同时触发压缩机组 ESD：

① 调控中心远控下发 ESD 命令。

② 站控室、工艺区或 SCADA、ESD 系统、机柜全站 ESD 触发按钮按下。

③ 压缩机厂房两个或两个以上火焰报警高高报。

全站 ESD 系统触发后，会同时执行以下动作：

① 压缩机停机（泄压放空）。

② 关闭进站阀门、出站截断阀，开启进站放空阀、出站放空阀、压缩机出口管汇上放空阀。

③ 非消防电源关闭，声光报警器启动。

（2）至少选择下列一种方式，触发全站压缩机组 ESD（关闭干线进出站阀门）：

① 压缩机厂房 ESD 按钮动作。

② 至少两台可燃气体 40% 报警（压缩机厂房）。

压缩机组 ESD（关闭干线进出站阀门）系统触发后，会同时执行以下动作：

① 压缩机停机（保压不放空）。

② 关闭进站阀门、出站截断阀。

③ 声光报警器启动。

（3）至少选择下列一种方式，触发全站压缩机组 ESD（不关闭干线进出站阀门）：

① 空气压缩机储气罐压力低低报。

② 压缩机入口压力低低报。

③ 压缩机出口压力高高报。

④ 压缩机出口温度高高报。

压缩机组 ESD 系统触发后，会同时执行以下动作：

① 压缩机停机（保压不放空）。

② 声光报警器启动。

3. 压缩机组 ESD 逻辑

压缩机组 ESD 逻辑图如图 6-2 所示。

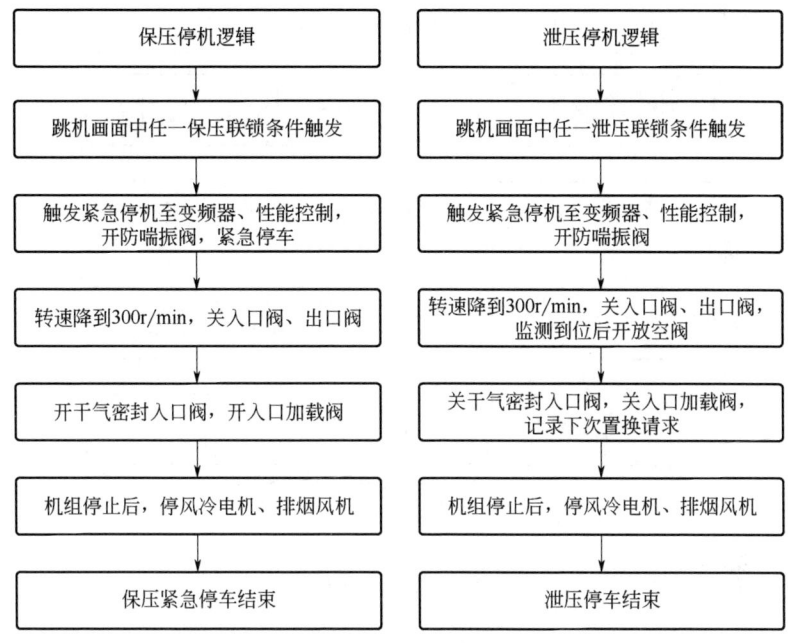

图 6-2　ESD 逻辑图

（四）全站 ESD 测试评估

（1）ESD 系统触发后，没有接收到 ESD 成功信号，则 ESD 系统紧急停站失败，上位机报警提示 ESD 紧急停站失败。

（2）若 ESD 系统紧急停站失败，应检查程序逻辑设计和现场执行机构。

（3）对检查出的问题进行整改后重新进行测试。

（4）测试方式、测试人员、测试时间、存在问题及处理等应记录在测试报告中。

六、试运投产

当离心式压缩机组试运投产前置条件满足并完成设备置换升压、ESD

功能测试合格,以及气量调配保障等条件后,便可开展离心式压缩机组投运前四步测试工作,依次为24h机械测试、防喘振测试、机组典型性能测试和压缩机72h性能测试。72h性能测试后可认为压缩机单台机组调试结束,单台机组可投入使用。机组测试流程如图6-3所示。

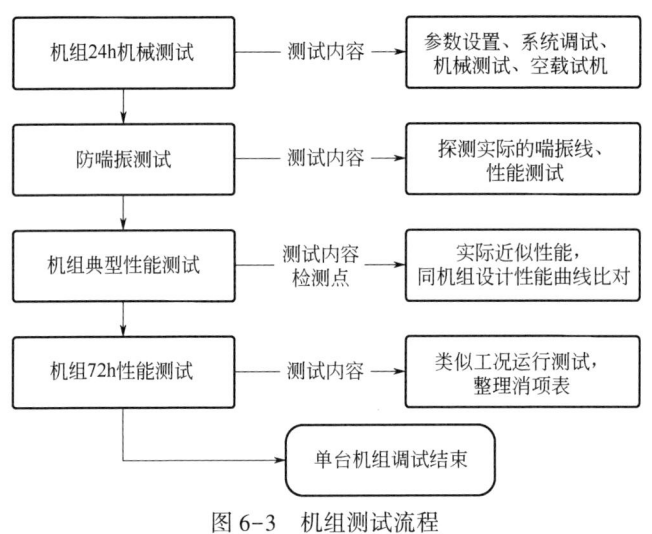

图6-3 机组测试流程

(一)24h机械测试

1. 目的

验证成套机组的机械和安装质量、各子系统组成的整个机组的整体性以及与工艺系统的整体性,验证轴系和设备各部位有无异常的振动、各个法兰连接处等静密封点有无润滑油或者天然气的泄漏,验证控制和保护系统的完整性和功能的有效性。

2. 测试要求

(1)机组24h机械测试不受管道和压气站(集注站)的工况条件影响,机组在站内循环流程条件下无负荷进行测试。

(2)测试前,提前上报机组24h测试计划。

(3)在开始24h不间断机械测试之前,整台机组包括辅助系统必须已经调试完成,功能完全和具备可操作性,特别是控制系统、消防和安全系统以及紧急停车按钮功能正常有效。

（4）测试前所有监控机组运行状态的一次仪表和二次仪表均已经安装就位且完好正常投用，确认测试期间所需监控参数全部可以使用已经安装在机组上的仪表采集或读取。

（5）单机空冷系统调试完成，处于可控状态，并且在整个测试期间需保持稳定运行状态，以保证工艺气体温度的稳定。

（6）测试过程需由机组供应商进行，保证机组运行期间没有喘振、温度过高等风险。

（7）24h 机械测试必须连续进行，原则上保持带载连续稳定运行达到 24h 以上为合格，以确保达到测试验证目的为基准。若发生对运转安全和设备质量的重要报警，应该停机处理。任何停机发生后，测试时间归零，时间重新计算。

（8）测试过程中如果需要强制参数运行，需经过设计单位、用户、生产厂家、监理认可。

3. 准备工作

（1）机组 24h 机械测试基于管道和压气站（集注站）的实际工艺工况条件进行，并且不影响管道和压气站的正常生产运行。为了防止压缩机入口滤网堵塞，24h 测试时，站场工艺流程应为正输流程。

（2）在开始 24h 不间断机械测试之前，整个机组包括辅助系统已经调试完成，功能完全和具备可操作性，特别是控制系统、消防和安全系统以及紧急停车按钮功能正常有效。

（3）测试前所有监控机组运行状态的一次仪表和二次仪表均已经安装就位且完好正常投用，确认测试期间所需监控参数全部可以使用已经安装在机组上的仪表采集或读取，不需要额外的仪表。

（4）设备厂家负责测试的工程师须在测试前对整个机组做一个全面检查，确认机组处于就绪状态。

（5）压气站（集注站）回流管线上的冷却系统调试完成，处于可操作的状态，并且在整个测试期间需处于稳定运行状态，以保证工艺气体温度的稳定。

4. 测试方式

为防止压缩机在试运初期入口滤网堵塞，24h 机械测试前 4h 采用正输流程，以压缩机最低负载转速进行测试。4h 后，调整站内输入气量和压力，再进行各转速测试（可在运行一段时间后，先升速到最大连续转速）。24h 机械测试分阶段进行：正输流程（前 4h），站内循环流程（4h 后）。

5. 操作步骤

（1）24h 测试启动前 4h，密封气的供应采用外接氮气进行供应，并关闭密封气内部气源气的供应，以防止投产前期存在管线脏污堵塞滤芯，损坏密封气。

（2）确认机组启动前的所有检查确认内容均已经完成。

（3）启动机组，在机组达到怠速转速稳定后，记录机组主要运行参数。

（4）监测所有的参数，确认机组所有参数在正常范围内，调整压缩机转速至最低负载并开始计时。

（5）根据调度指令，调整压缩机转速到要求的转速稳定运行 20h 后，调整机组转速到最大连续运行转速，保持该转速稳定运行 4h。进行主操作界面拷屏，每 2h 记录一次完整的工艺和机械数据，包括压缩机、电机、变频器和变压器。

（6）在最大连续运行转速下稳定运行 4h 后，按紧急停机按钮，机组紧急停机，记录机组由最大转速到停机状态之间的振动频谱信息（波特图、相位、转速等）参数，并将其作为测试报告的一部分。

（7）根据机组实际控制程序，修改压缩机 24h 机械测试转速变化图。

6. 分析与评估

（1）根据测试过程中拷屏记录的时间点，对历史数据库记录的重要运行参数进行趋势分析。

（2）压缩机运行情况分析，包括转速、转子的径向振动、润滑油供油、回油温度、密封气控制压力、一级放空流量等关键参数。

（3）齿轮箱的运行情况分析，包括径向轴承的振动、温度参数，止推轴承温度、驱动端轴位移等参数。

（4）对机组其他辅助系统进行评估，包括密封气系统、润滑系统、工艺气冷却系统、循环水冷却系统、正压通风系统等。

（5）在测试期间，所有运行参数在报警值以下，且没有明显的异常趋势为合格。

（6）按照上述要求编制 24h 测试报告。

（二）防喘振测试

1. 目的

验证现场的实际喘振线，设置喘振保护，现场实际喘振线与合同喘振线比对，确定设备处于最佳安全运行工况。

2. 准备工作

（1）机组 24h 机械测试完成，必须整改的项目已经整改完成。

（2）厂家派现场工程师调试完毕振动检测系统。

（3）测试之前，压缩机喘振控制保护系统必须已经调试完成并且经过验证，入口压力变送器、出口压力变送器、入口流量变送器完成校验。测试将基于管道和现场的实际工艺条件进行。

（4）压缩机组出口管线上的空冷系统须处于可操作的状态，并且在整个测试期间全部处于运行状态，进口阀全开和出口阀关闭，空冷器手动可调，以保证工艺气体温度的稳定。必须要求压缩机进口温度低于 50℃，出口温度低于 150℃才可进行该项试验（可参考 24h 测试数据），否则现场不能进行测试。

（5）为了避免在测试过程中机组故障停机，达到确认实际喘振线的目的，需要进行以下操作：

① 防喘振控制阀处于手动开的状态。

② 将安全线平移到预期的喘振线 SLL 上，由厂家自控人员将防喘振线屏蔽。

③ 通过更改防喘阀控制的速率设置参数，加快防喘振控制阀开启的速度，使得在压缩机进入喘振时防喘阀能迅速打开。

（6）测试过程中通过压缩机管道上安装的标准流量计测试流量。

（7）压缩机控制人员必须到场，以便对实时情况给出处理方案。

3. 测试方式

测试按工况计算表要求的进气压力值，在 65%、80%、90%、100% 和 105% 额定转速下进行，测试 5 个喘振点。确认机组启动前的所有预检查已经完成，采用站内防喘振循环回路，用防喘阀调节工况点、喘振点，实测压缩机气动性能曲线。

4. 操作步骤

（1）启动机组。

（2）记录和选取数据。

（3）65%额定转速下的喘振测试。

① 增加机组转速到65%额定转速，期间保持防喘振控制阀全开。

② 手动缓慢关闭防喘振阀，验证操作点处于远离喘振线的位置，至压缩机流量为此转速下预期喘振点的130%（可调整，只需保持测试开始时运行点远离喘振线）。注意关阀的速度一定要慢，以防止流量突变导致压缩机进入喘振区域，同时密切注意压缩机的振动，运行30min，以期达到稳定状态。

③ 继续缓慢地减小防喘振控制阀的开度，使压缩机的体积流量减小10%（或者压差减小20%）。

④ 运行30min，以期达到稳定状态。

⑤ 重复上述步骤，直到压缩机的体积流量为此转速下预期喘振流量的110%，在流量减小到预期喘振流量的110%之前，每个测试点、每个表中的参数记录三组数据，然后对每个参数取平均值。

⑥ 验证喘振点，手动缓慢减小防喘振控制阀的开度，每次1%，等压缩机工艺气体参数稳定后，记录数据，再减小1%。

⑦ 可以根据预期曲线判断是否接近喘振区，在此期间监视以下参数，直到下述中任意一条显示出机组将发生喘振：

（a）压缩机入口和出口有异常低频脉动声音。

（b）观察到压缩机入口压力值出现明显波动。

（c）观察压缩机出口压力值，防喘阀缓慢关闭时，排气压力会缓慢升高，当第一次监测到压力显示有降低时，认为机组发生喘振。

（d）观察压缩机入口流量值，当动态压差超过稳定状态的20%时，如果没有其他指示，可认为机组发生喘振。

（e）观察机组气动检测界面和振动检测系统压缩机驱动端和非驱动端振动以及轴向位移的振动图像和趋势，如果振幅信号有微小的突变表示机组可能开始喘振。

⑧ 如果在测试时，喘振保护系统开始打开压缩机的防喘振控制阀，此时需要将SLL往左平移1%。

⑨ 测试期间，如压缩机出口温度上升至150℃以上时，则在机组防喘阀

全开的状态下，正常降速至怠速模式运行。运行一段时间，站内工艺气压力与进出站压力压差保持在 0.1MPa 左右时，开启进口阀。而后压缩机正常加载至下一个测试转速，流程上实现了正输的平稳切换，随机组负荷的增加，站内热的工艺气逐步输送出去，站外冷工艺气引入，从而实现了工艺气降温的目的。待温度达到允许测试条件后（随当时气温、机组负荷而定，一般可以控制在 40℃ 以下），则继续进行下一个喘振点的测试，直至完成所有测试过程。

⑩ 如果压缩机进入喘振，迅速打开防喘振控制阀，使其处于全开状态，将最近的一个数据点作为喘振点。

注意关阀的速度一定要慢，以防止流量突变导致压缩机进入喘振区域，同时密切注意压缩机的振动。在机组高转速下的防喘振测试过程中，对于防喘阀的开度应根据防喘振裕量合理控制，不允许防喘阀瞬间开启，若有喘振现象，微开防喘振阀，退出喘振现象即可，防止电机过载、气体倒流。

测试结束后，恢复喘振线测试中改变的参数。依据测试得到的喘振点，更新机组控制系统中的防喘振控制和保护系统的参数。

（4）80%、90%、100%、105%额定转速下的喘振测试。

提高至相应转速后，参照 65%额定转速下的喘振测试步骤执行。

测试结束后，恢复喘振线测试中改变的参数。依据测试得到的喘振点，更新机组控制系统中的防喘振控制和保护系统的参数，实际喘振线和防喘设置测试结果样式(控制曲线) 如图 6-4 所示。

（5）测试分析与评估。

① 根据测试过程拷屏记录的时间点，使用实时相关数据（包括实际工艺组分、转速、压缩机进口压力和温度、出口压力和温度、流量压差），计算和绘制"控制曲线"和"性能曲线"。

② 防喘控制设置的保护控制线与实际喘振线呈符合防喘裕度的正偏差，为合格。

③ 实测喘振线与合同喘振线的比较呈无偏差或负偏差，为合格。

（三）机组典型性能测试

机组典型性能测试是指验证变频电驱系统、压缩机在不同负荷下的功率、效率等性能参数和压缩机实际典型性能，并同机组供应商所提供机组设计性能曲线进行对比。测试目的为计算压缩机在不同转速下机组下列性能参数：

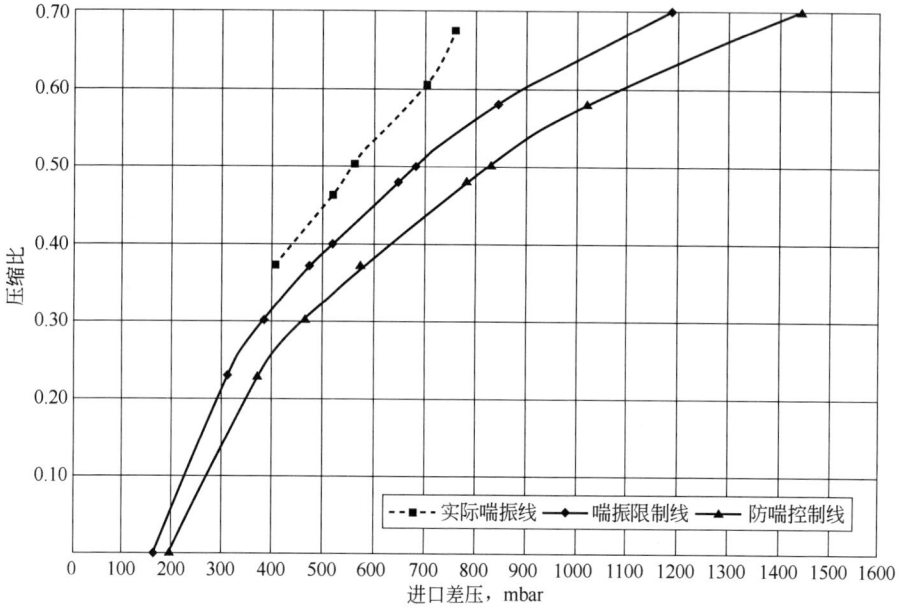

图 6-4 实际喘振线和防喘设置测试结果样式(控制曲线)

（1）压缩机效率。
（2）压缩机功耗。
（3）变频驱动系统的输出功率。
（4）变频驱动系统效率。
（5）变频器（变压器）效率。
（6）驱动电机效率。
（7）压缩机组总效率。

机组典型性能测试能更直接、更准确地反映机组运行情况，有利于对压缩机组性能进行评估，为装置运转提供重要依据，通过测试可以确定装置的高效运行范围。

（四）72h 性能测试

1. 目的

使机组在运行工况允许的条件下以尽量高的转速和负荷，在尽可能接近正常运行的条件下，验证机组连续工作的稳定性、可靠性。考察成套机组在设计转速下连续工作的稳定性，各系统参数有无异常，机组控制系统报警、参数记录功能是否完好。验证机组负荷调整、防喘控制等基本功能是否满足机组平稳运行需求。

2. 准备工作

（1）机组 24h 机械测试、防喘振测试已经完成。

（2）机组已经完成启动前的全部检查工作。

（3）工艺气冷却系统具备连续运行的条件，处于可控的完好状态。

（4）机组 72h 期间为正输增压流程，根据实际工况可通过防喘阀调节流量，同时开启工艺气冷却系统风扇降低压缩机入口温度。

（5）配置好数据采集软件，测试过程中使用计算机进行关键参数记录，并将记录结果作为测试报告的附件。

3. 测试要求

（1）需要记录的数据，包含符合时间、大气压力、流量差压、流量显示、进出口压力、进出口温度、试验转速、电机电流、电机电压、电机因数和电机功率等。

（2）测试开始后，机组供应商技术服务人员保存测试开始、测试期间某一时间点、测试结束时的主控制画面截屏，和机组历史数据库自动采集的机组运行参数一起作为测试报告的一部分。

（3）控制系统记录测试期间出现的报警和跳机事件，并且生成文件保存，将此文件作为测试报告附件的一部分。

（4）测试期间出现的问题，必须详细列出清单，需要设备供应商技术服务人员签字确认，作为测试报告的内容，并需要设备供应商技术服务人员明确消项处理的具体时间。

（5）测试期间，如果由于机组本身原因导致的故障停机，在外部条件具备或故障排除后，各方重新检查机组启机条件，再重新启动机组进入测试状态，上次测试时间归零、重新计时。

第四节　安全环保与节能

离心式压缩机组从选用开始就应遵循先进适用、安全环保、经济高效的原则，达到设备全生命周期费用最经济、综合效能最高和保障安全运行的目的。生产单位在安全环保与节能工作中，应辨识机组主要危害因素，并制定切实可行的安全控制措施，同时抓好排污许可管理、生态保护和清洁生产、污染防治及节能减排等相关工作。

一、安全管理

离心式压缩机组主要危害因素辨识及安全控制措施包括以下内容。

（一）机械伤害

机械伤害是指压缩机组的运动部件，包括传动轴、联轴器、皮带、风扇等，与人体接触引起打击、挤压、碰撞、剪切、卷入、拉裂等伤害事故事件。

控制措施：

（1）定期对设备进行维护和检查，确保设备的正常运行和安全性能。

（2）操作人员应严格按照规程进行操作，避免因操作不当导致机械伤害。

（3）安装安全防护装置，如安全网、安全罩、安全栏杆等，以防止手、脚等部位接触到危险部位。

（4）保持工作场所的整洁和良好照明，减少因视线不清或滑倒等导致的机械伤害。

（二）起重伤害

起重伤害是指压缩机组所在降噪厂房的配套桁车，在吊装零部件、材料等过程中出现挤压、碰撞、坠物打击事故事件。

控制措施：

（1）使用安全带、安全网等防护设备。

（2）设置警戒区域，禁止无关人员进入作业现场。

（3）对可能出现的危险情况进行预测和预防，制定相应的应急预案和措施。

（4）定期对桁车维护和保养，定期由专业机构开展检测。

（5）操作人员必须持证上岗。

（三）触电

触电是指操作、检修压缩机组供配电设备和自控系统过程中，可能造成的触电事故事件。

控制措施：

（1）定期检查机组接地可靠性。

（2）开机前检查电源电压、频率是否在规定范围内。

（3）变频器预充柜使用电子锁，定期巡检，确认柜门性能完好，处于关闭状态，标识完好。

（4）定期巡检，发现去离子水电导率偏高时及时更换。

（5）正确穿戴劳保用品，使用绝缘手套。

（四）烫伤

压缩机组排气工艺管路、压缩机壳体及其冷却出水管线等均为高温，人体接触可能造成烫伤。

控制措施：

（1）对易产生高温的部件，设置防护罩、隔热屏等装置，操作区域应设置安全警示标识。

（2）定期检查与维护机组及其高温部件，防止因机组故障或防护设施失效导致烫伤事故。

（3）配备个人防护用品，如隔热手套、防护服等。

（五）高处坠落和坠物打击

在对压缩机组配套的桁车、进排气风扇、灯具、气体检测装置等进行检维修时，可能发生人员坠落造成伤亡事故，或工具零件坠落造成设备损坏、人员伤害。

控制措施：

（1）正确规范使用个人安全防护器具，作业时佩戴安全带和穿防滑鞋，安全带高挂抵用。

（2）作业时设置操作平台及安全防护栏，采取可靠的防滑措施。

（3）纳入作业许可进行管理。

（六）火灾

压缩机组天然气工作介质泄漏、着火引起火灾。

控制措施：

（1）现场配置便携式可燃气体报警仪。

（2）现场按目视化设置警示标识。

（3）上下游截断阀能有效切断。

（4）放空系统具备紧急放空条件。

（5）定期巡检，巡检时配备便携式可燃气体检测仪，及时对泄漏点进行处理。

（6）定期维护保养设备，确保正常运行。

（七）爆炸

在密闭的降噪厂房中，天然气泄漏与空气混合，达到爆炸极限并遇明火爆炸。压力容器、承压腔室、工艺管线超过极限压力发生爆炸。

控制措施：

（1）按目视化要求设置警示标识。

（2）配备可燃气体检测仪进行监测。

（3）配备干粉灭火器。

（4）按操作规程操作压力容器，对该操作规程开展工作循环分析，不断改进完善。

（5）现场启用防爆风机，对现场空气进行排放。

（八）中毒

压缩机组中含硫天然气泄漏，设备打开作业置换不彻底，人体吸入造成中毒事故。

控制措施：

（1）使用气体检测仪进行持续监测。

（2）纳入作业许可进行管理。

（3）开展作业前安全分析，属地人员全程参与。

（4）系统隔离，受限空间需进行强制通风。

（5）按实际情况，履行好属地监督、气体检测员相关职责，严格对照工作前安全分析表督促施工单位落实现场风险管控措施。

（九）噪声

压缩机组在运行过程中会产生较大噪声，长期处于降噪房内，可能引起听力下降、受损等危害。

控制措施：

(1) 定期监测，根据监测结果采取相应的控制措施。

(2) 配置防护耳塞，控制在噪声较大区域的活动时间。

(3) 按规定参加职业健康体检。

（十）高压

高压气体检修打开前未完全释放或管线泄漏，对人体造成冲击伤害。

控制措施：

(1) 打开作业区前确保管道泄压为零。

(2) 作业人员严禁正对泄压口。

(3) 正确穿戴劳保用品。

（十一）振动

压缩机组在运行过程中会产生较大振动，可能引起部件疲劳损坏，人员长期接触可能引起身体受损等危害。

控制措施：

(1) 在安装压缩机时设计、使用减振装置，确保机组处于规定范围运行。

(2) 调整安装位置，将压缩机安装在坚固的基础和钢结构底座上，可以增加稳定性。

(3) 增加承重面积或刚性结构，增大支持力，减小振动。

(4) 定期调整机组平衡，对机组进行检修时注重平衡调整。

(5) 对机组使用加固螺栓或支撑降低振动。

（十二）窒息

配备气体消防设施的机组在意外触发或橇内天然气泄漏的情况下，可能造成降噪房内人员窒息。

控制措施：
（1）现场设置气体检测仪实施连续检测。
（2）培训员工，掌握站内所存危化品的物理化学特性及应急处理处置方法。
（3）定时巡检，发现异常，及时处置。

二、环保管理

（一）排污许可管理

离心式压气站生产管理单位应依法取得排污许可证，按照政府规定规范排污口设置、缴纳排污费。污染物排放种类、浓度、总量以及排放地点、方式、去向等应符合排污许可证的规定。

排污许可证正本应悬挂于办公场所或生产经营场所。不得涂改、伪造、出租、出借、倒卖或以其他方式非法转让排污许可证。需要变更、重新申领或延续排污许可证的排污单位，应当及时向环境保护主管部门提出申请。

（二）生态保护和清洁生产

离心式压缩机生产管理单位应当树立"尊重自然、顺应自然、保护自然"的生态文明理念，按照"保护优先，在保护中开发，在开发中保护"的原则，开展各项生产经营活动。采取措施防止土壤和地下水污染。对可能受污染的场地、饮用水水源开展调查、评估，并建立污染场地和可能受污染饮用水水源档案，对污染场地和受污染饮用水水源开展环境修复。

离心式压缩机生产管理单位应当在生产、产品和服务中践行清洁生产理念，强化污染预防和全过程控制，按照地方政府要求制定并实施清洁生产审核计划，落实清洁生产方案，实现污染物减量化、再利用、资源化，提高资源环境效率。

（三）离心式压缩机组主要环境因素辨识及控制措施

离心式压缩机组主要环境危害因素辨识及控制措施见表6-9。

表6-9　离心式压缩机组主要环境危害因素辨识及控制措施

环境因素	环境影响	控制措施
固废：更换后产生的滤芯、机械零部件、橡胶类零部件、废油漆桶、清管污物等	(1) 因固废降解、锈蚀或含油等影响水源、污染土壤； (2) 清管污物排放造成土壤、植被、河流的污染	(1) 对固废分类存放，不得随意丢弃或私自售卖，应交由专业合规单位拉运、处置； (2) 清管作业前进行安全分析，编制有针对性的作业方案和预案，严格按排污操作规程作业，妥善处置清管污物
废液：润滑油、冷却液泄漏，检维修废润滑油与冷却液随意排放	造成场站内外土壤、河流污染和植被死亡	(1) 加强压缩机组运行与维修管理，避免泄漏； (2) 加强泄漏、检维修产生废液的规范化管理，交由专业合规单位拉运、处置
废水：泄漏、随意排放	(1) 排污池泄漏，造成土壤、河流污染和植被死亡； (2) 污水转运过程中意外泄漏，造成土壤、河流污染，植被死亡	(1) 加强排污池管理，定期拉运污水，发现外溢或损坏后及时上报、清理维修； (2) 委托合规企业进行污水转运，加强转运过程监督
废气：天然气泄漏、排放	机组正常运行中天然气泄漏排放挥发性有机化合物或放空点火产生二氧化碳影响环境	(1) 加强应急处置，关断压缩机组前端阀门，减少天然气泄漏排放量，注意通风避免引发火灾； (2) 可对放空系统点火，执行"先点火，后放空"，杜绝天然气直接排放到大气
物理性污染：噪声、振动、电磁辐射	压缩机组及其配套系统在运行、遭遇异常工况或故障时可能造成厂界或敏感点噪声、振动超标，高压电机运行可能造成电磁辐射超标	(1) 正确、合理设置设备运行参数或调整工艺流程，降低噪声； (2) 对可能超标的压缩机组及其配套系统进行监测，并采取相应控制措施； (3) 施工现场选择低噪声的施工工具，施工人员佩戴好耳罩、穿戴防辐射服等劳保用品

（四）污染防治

离心式压气站生产管理单位应当将污染防治设施等同生产设施并重管理，重点做好以下几点：

(1) 建立管理台账，对污染防治设施实施动态管理。

(2) 建立污染治理设施管理和操作岗位责任制。对操作人员进行必要的操作和理论培训，经培训合格后上岗。

(3) 编制操作规程、维护保养和巡检制度。

(4) 操作人员严格按照规程进行操作，定时巡回检查，及时填写设施运行、保养和交接班记录。

（5）不得擅自简化、拆除、闲置或者停运防治污染的设施。若因生产情况发生变化、设施设备故障或其他原因，更改、停运或拆除污染治理设施，应采取有效措施保证污染物达标排放、防止污染事故，并报当地环境保护行政主管部门批准。

（6）污染防治设施因故障或其他情况不能正常运行时，可能导致的超标排放污染物或其他环境事件的风险控制，应纳入本单位环境风险应急预案进行控制和管理。

三、节能管理

离心式压缩机组作为高耗能设备之一，应在全生命周期管理过程中予以重点关注，主要应做好管理节能、技术措施节能和节能评估改进等工作，持续提升其效能水平。

（一）管理节能要求

（1）离心式压缩机组在设计阶段应按照 GB 17167—2006《用能单位能源计量器具配备和管理通则》、GB/T 20901—2007《石油石化行业能源计量器具配备和管理要求》标准等规定，配备能源计量器具。

（2）离心式压缩机组的能效水平应纳入项目建设前的节能评估工作一并评价、分析，项目验收时也应进行节能指标考核。

（3）使用过程中应积极开展机组能效对标管理活动，持续推进在用压缩机组及其配套系统的节能节水经济运行管理工作。

（4）运行过程中应按要求做好压缩机组的油、气、水、电消耗量统计、分析工作，减少各类泄漏点，掌握消耗规律并及时查找能耗异常原因。

（5）检维修过程中应加强能源消耗管理，减少压缩机组配件、材料等物资消耗。

（6）在使用阶段应定期进行离心式压缩机组节能监测工作，并根据监测对标结果开展不合格机组的节能问题整改。

（二）技术措施节能要求

（1）对于储气库、天然气处理厂、气田外输增压等气量大、波动幅度小的工艺场合，宜优先选用离心式压缩机。

（2）运行过程中应做好工况技术分析，及时调整相关参数，根据工况合理采用串并联方式，少用或停用能耗高的压缩机组。

（3）运行过程中应加强压缩机组状态监测与故障诊断技术工作，及时准确发现影响运行的潜在故障隐患，实现压缩机运行故障预知，做到科学监测，合理维修。

（4）对于节能监测能耗高的压缩机组，应积极实施节能节水技术改造，不断提高能效水平。

（5）强化压缩机润滑、冷却技术管理，规范润滑油选型、使用，做到性能相符、品质合格、按期检测、按质换油，优化空冷、水冷系统的技术管理措施。

（三）节能评估改进要求

（1）离心式压缩机组的能效水平应纳入设备技术评价，定期滚动开展，评价结果可用于指导新机组的选型、采购工作。

（2）对于节能监测不合格且无法整改达标的离心式压缩机组，应逐步退出使用状态并报废。

（3）主动淘汰落后的和国家明令禁止使用的压缩机组及其配套生产工艺系统，确保绿色低碳发展。

附录

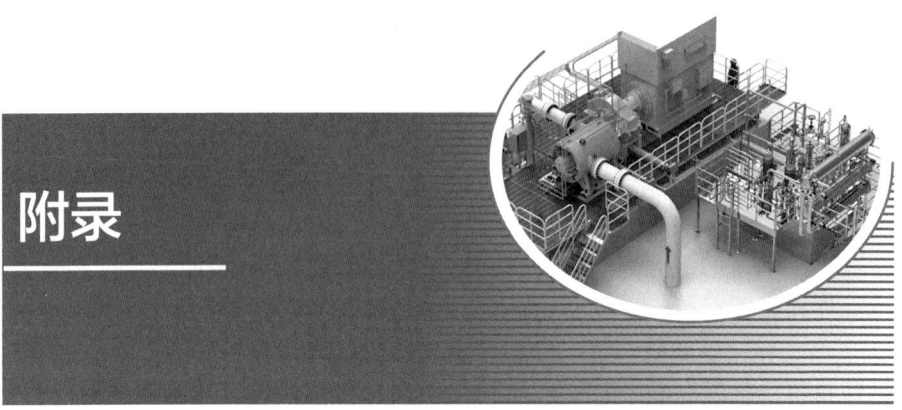

附录一 工序流程图

总体工序流程图如附图 1-1 所示。

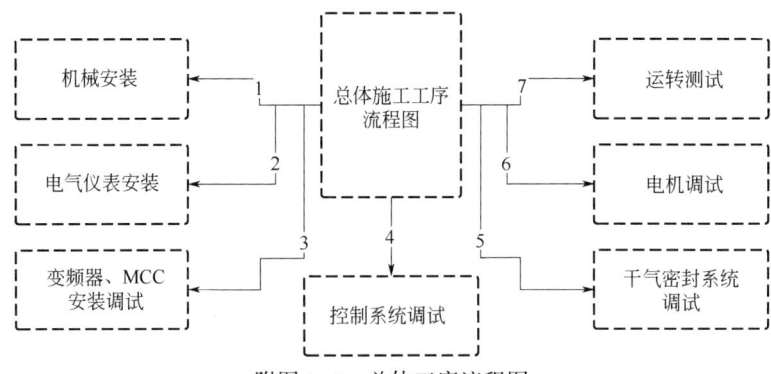

附图 1-1 总体工序流程图

电气仪表安装工序流程图如附图 1-2 所示。
控制系统调试工序流程图如附图 1-3 所示。
干气密封系统调试工序流程图如附图 1-4 所示。
电机调试工序流程图如附图 1-5 所示。

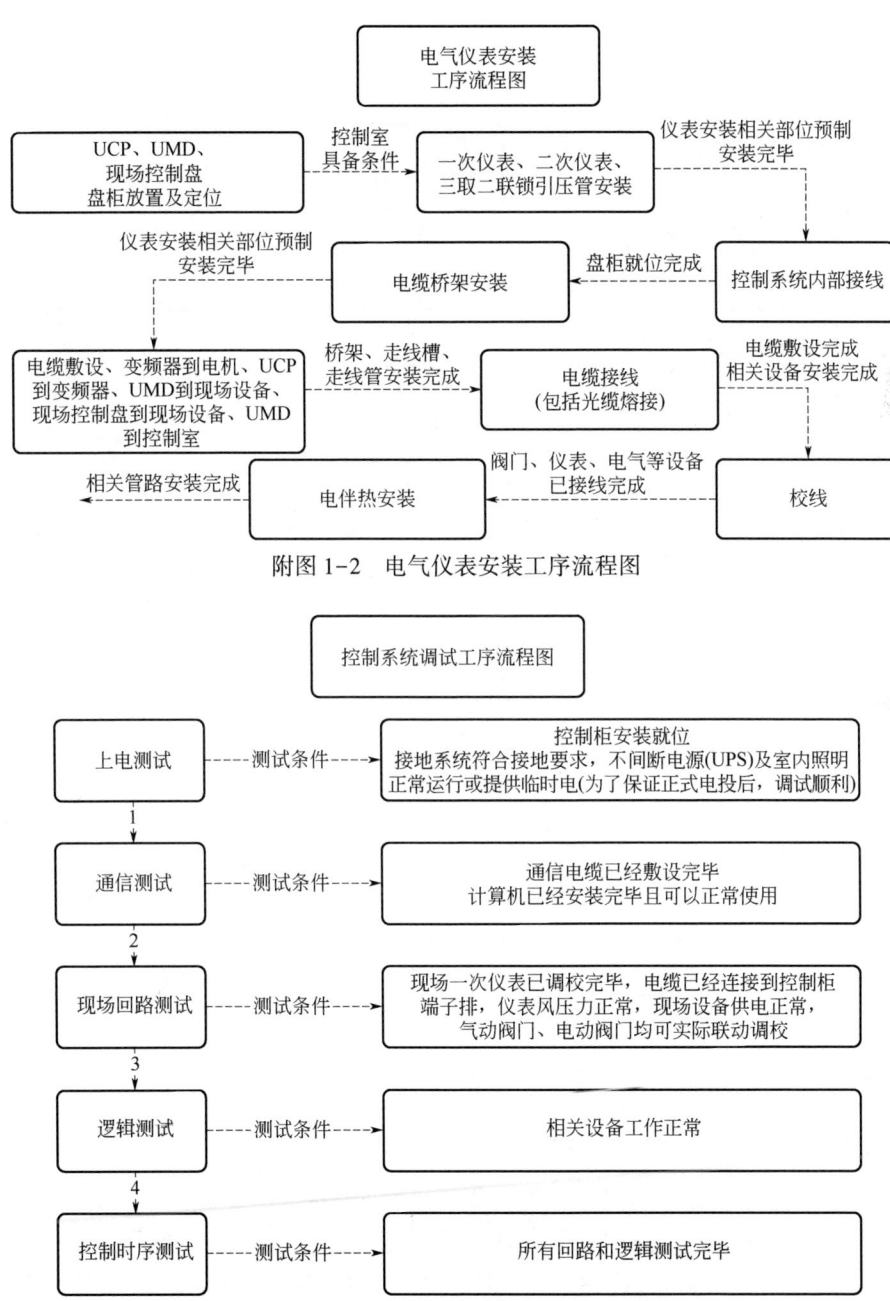

附图 1-2　电气仪表安装工序流程图

附图 1-3　控制系统调试工序流程图

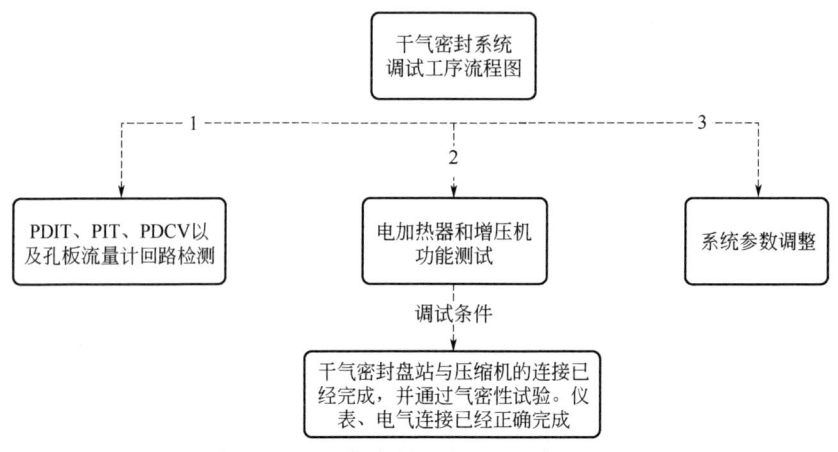

附图 1-4　干气密封系统调试工序流程图

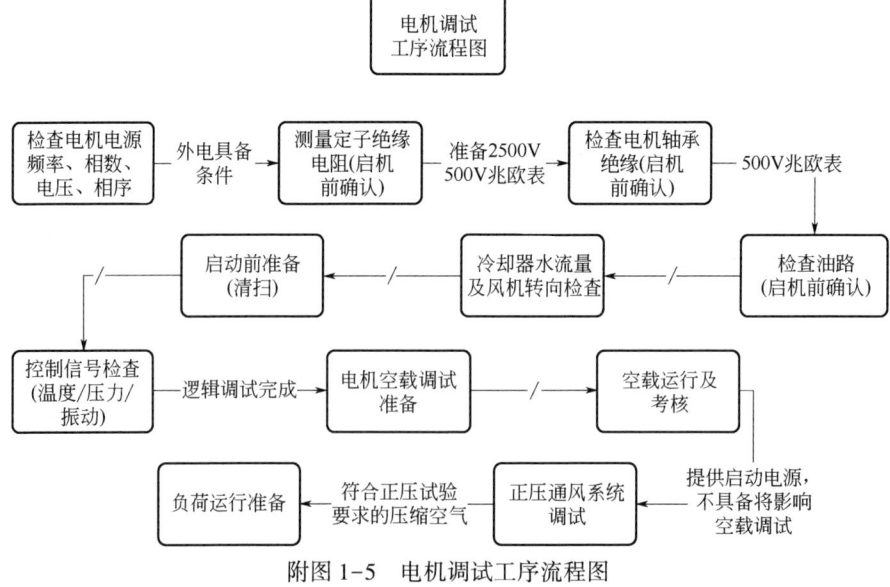

附图 1-5　电机调试工序流程图

附录二　练习题及参考答案

一、**单项选择题**（每题4个选项，只有1个是正确的，将正确的选项号填入括号内）

1. 离心式压缩机按其作用原理分属于（　　）。
   A. 速度式　　　B. 容积式　　　C. 回转式　　　D. 轴流式

2. 离心式压缩机气体的流动过程是（　　）。
   A. 叶轮入口产生低压吸气—气体在叶轮中做功—气体在流道中扩压、降速—气体连续从排气口排出
   B. 气体在叶轮中做功—转子高速回转—气体在流道中降速、扩压—气体连续从排气口排出
   C. 叶轮入口产生低压吸气—气体在叶轮中做功—气体在流道中降速、扩压—气体连续从排气口排出
   D. 气体在叶轮中做功—叶轮入口产生低压吸气—气体在流道中降速、扩压—气体连续从排气口排出

3. 离心式压缩机是整个装置中的（　　）。
   A. 辅助机械　　B. 控制机械　　C. 主要机械　　D. 备用机械

4. 离心式压缩机主轴的表面粗糙度是（　　），装轴承处应更低一些。
   A. 0.75　　　B. 0.8　　　C. 0.85　　　D. 0.9

5. 半开式叶轮与闭式叶轮相比，半开式叶轮没有（　　）。
   A. 轮盘　　　B. 叶轮片　　　C. 叶轮盖　　　D. 叶轮螺母

6. 离心式压缩机双面进气式叶轮的特点是共用一个（　　）。
   A. 轮盘　　　B. 叶轮　　　C. 轮盖　　　D. 叶片

7. 离心式压缩机双面进气式叶轮的特点是流量较大，能自动抵消叶轮所受的（　　）。
   A. 径向力　　　B. 轴向力　　　C. 综合力　　　D. 摩擦力

8. 离心式压缩机叶轮的出口气流速度为（　　）。
   A. 100~200m/s　　　　B. 200~300m/s
   C. 300~400m/s　　　　D. 400~500m/s

279

9. 离心式压缩机平衡盘的作用是（　　）。
　　A. 密封缸内气体　　　　　　　B. 利用气体压力差来平衡轴向力
　　C. 对气体进行冷却　　　　　　D. 对气体进行导向
10. 离心式压缩机平衡盘的安装方式是采用（　　）。
　　A. 热装　　　　B. 冷装　　　　C. 人工锤击　　D. 机器压入
11. 离心式压缩机平衡盘的（　　）决定轴向力的大小。
　　A. 受力大小　　B. 受力体积　　C. 受力面积　　D. 受力距离
12. 离心式压缩机由于平衡盘只能平衡部分轴向力，其余轴向力通过推力盘传给（　　），实现力的平衡。
　　A. 止推轴承　　B. 轴套　　　　C. 隔套　　　　D. 平衡盘
13. 离心式压缩机止推轴承平衡掉轴向推力，由此保证（　　）之间的安全间隙，防止设备的磨损或损坏。
　　A. 转子与缸体　　　　　　　　B. 叶片与缸体
　　C. 叶片与轴套　　　　　　　　D. 隔套与轴套
14. 离心式压缩机径向轴承的作用是支撑（　　）。
　　A. 叶轮　　　　B. 转子　　　　C. 轴套　　　　D. 隔套
15. 离心式压缩机可倾瓦轴承一般有（　　）个轴承瓦块，等距安装在轴承体的槽内。
　　A. 2　　　　　B. 4　　　　　C. 5　　　　　D. 6
16. 离心式压缩机可倾瓦轴承瓦块内表面浇铸一层（　　）。
　　A. 轴承合金　　B. 巴氏合金　　C. 铜基合金　　D. 铝基合金
17. 离心式压缩机采用的米契尔止推轴承有两组止推元件，每组有（　　）个止推块置于旋转的推力盘两侧。
　　A. 4　　　　　B. 6　　　　　C. 8　　　　　D. 10
18. 金斯伯雷止推轴承采用水平剖分，每组有（　　）个止推块（特殊系类要多一些）置于旋转的推力盘两侧。
　　A. 4　　　　　B. 6　　　　　C. 8　　　　　D. 10
19. 止推轴承的轴向位置，由（　　）调整，其厚度在装配时加工。
　　A. 波形垫　　　B. 弹簧垫　　　C. 调整垫　　　D. 缠绕垫
20. 离心式压缩机（　　）形成扩压室，使气体流出后动能减少、压能增加。
　　A. 进口隔板　　B. 中间隔板　　C. 段间隔板　　D. 排气隔板

21. 离心式压缩机中间隔板的作用是形成扩压器，同时（　　）。

　　A. 形成排气室　　　　　　B. 形成进气室

　　C. 分隔各级　　　　　　　D. 形成弯道和回流器

22. 气体通过离心式压缩机弯道后进入（　　）。

　　A. 进气室　　B. 扩压器　　C. 回流器　　D. 叶轮

23. 离心式压缩机（　　）使气体按照所需的方向均匀进入下一级，它由隔板和导流叶片组成。

　　A. 弯道　　　B. 扩压器　　C. 回流器　　D. 叶轮

24. 气体在离心式压缩机弯道中经（　　）转弯，然后再经过回流器从半径较大的位置返回到半径较小位置，最后经90°转弯进入下一级叶轮。

　　A. 90°　　　B. 180°　　　C. 270°　　　D. 360°

25. 离心式压缩机吸气室把气体从进气管道或中间冷却器顺利地引入（　　）。

　　A. 弯道　　　B. 扩压室　　C. 回流器　　D. 叶轮

26. 离心式压缩机排气室把扩压器后或叶轮后流出的气体汇集起来排出压缩机，同时起到（　　）的作用。

　　A. 增速扩压　B. 降速扩压　C. 降速降压　D. 增速降压

27. 离心式压缩机串联的目的，主要是解决（　　）不能完全满足需要的问题。

　　A. 温度　　　B. 流量　　　C. 压力　　　D. 流速

28. 离心式压缩机串联的两台压缩机（　　）相同。

　　A. 体积流量　　　　　　　B. 质量流量

　　C. 流体密度　　　　　　　D. 气体流量

29. 离心式压缩机并联的目的，主要是解决（　　）不能完全满足需要的问题。

　　A. 温度　　　B. 流量　　　C. 压力　　　D. 流速

30. 离心式压缩机进口节流调节方法是在压缩机进口管上安装调节阀，通过入口调节阀来调节进气（　　）。

　　A. 温度　　　B. 流量　　　C. 压力　　　D. 流速

31. 离心式压缩机出口节流调节是在管道上距离压缩机（　　）的位置安装一个阀门。

　　A. 很近　　　B. 很远　　　C. 中间　　　D. 任意距离

32. 离心式压缩机导叶叶片从全开状态逐步关闭的过程中，主要改变气体的（　　）。

A. 流向　　　　B. 流态　　　　C. 压力　　　　D. 气流

33. 离心式压缩机改变转速调节范围，是性能曲线图上额定转速压比曲线左下方的（　　）和右上方的有限区域。

A. 较大区域　　B. 较小区域　　C. 中间区域　　D. 有限区域

34. 离心式压缩机（　　），具有范围广、节能性强的特点，在大型压缩机中获得广泛应用。

A. 进出口节流调节　　　　　　B. 转动可调叶片扩压器
C. 部分放空或回流调节　　　　D. 改变转速调节

35. 大型天然气离心式压缩机组一般选用（　　）作为主电机。

A. 直流电动机　　　　　　　　B. 同步电动机
C. 高压异步电动机　　　　　　D. 高压正压型异步电动机

36. 电动机的型号一般由4部分依次排列组成，其中规格代码表示（　　）。

A. 轴中心高（单位 m），电机极数
B. 轴中心高（单位 mm），电机极数
C. 电机高度（单位 mm），电机极数
D. 电机高度（单位 m），电机极数

37. 电动机的型号中系列代码（　　）表示高压正压型三相异步电动机。

A. YZ　　　　B. YR　　　　C. YK　　　　D. YG

38. 电动机的型号中系列代码（　　）表示高压异步绕线转子电动机。

A. YZ　　　　B. YR　　　　C. YK　　　　D. YG

39. 电动机的型号中冷却方式代码 KS 表示（　　）。

A. 封闭带空—空冷却器　　　　B. 封闭带空—水冷却器
C. 空—空冷却器　　　　　　　D. 空—水冷却器

40. 一般情况下，与主电机轴承的出油口相接的管道应至少向下倾斜（　　），以避免轴承油位过高。

A. 5°　　　　B. 10°　　　　C. 12°　　　　D. 15°

41. 离心式压缩机主电机空水冷系统具有三种工作电气控制模式，以下描述错误的是（　　）。

A. 在环境温度较低时（此温度可设定）以散热器单独工作的模式，仅由冷风进行散热

B. 在环境温度大于设定温度但不高于设定水温时，采用风冷+制冷混合模式运行

C. 当环境温度高于设定水温时，切断换热橇水路，由制冷橇单独运行，以满足高环境温度下的冷却要求

D. 在环境温度小于设定温度但不高于设定水温时，采用风冷+制冷混合模式运行

42. 主电机空—水冷却器供水压力一般为 0.2~0.4MPa，最高进水水温不大于（　　）。

　　A. 35℃　　　　B. 40℃　　　　C. 45℃　　　　D. 50℃

43. 为了确保主电机安全，空—水冷却器在芯体下方设计有集水槽，集水槽安装有无源漏水报警装置，该装置采用先进的（　　）实时对集水槽液位进行检测。

　　A. 浮球液位开关　　　　　　B. 音叉限位开关
　　C. 雷达液位开关　　　　　　D. 超声波液位开关

44. 主电机水冷系统循环泵采用一用一备配置，系统正常运行中水泵采用定期自动切换设计，切换周期不长于（　　），在切换不成功时应能自动切回。

　　A. 一周　　　B. 半个月　　　C. 一个月　　　D. 半年

45. 以下（　　）不是主电机水冷系统供水温度高报警的原因。

　　A. 报警值设定太低　　　　　B. 外界温度高，超过设计值
　　C. 换热器脏堵　　　　　　　D. 冷却水流量过大

46. 主电机正压吹扫系统换气时间一般为（　　），以确保将电动机内部的爆炸性混合气体完全置换。

　　A. 5~10min　　B. 10~15min　　C. 20~25min　　D. 30~45min

47. 电动机启动前首先进行内部气体的置换，气体选自纯净的空气或氮气，压力为（　　），换气结束后进入泄漏补偿状态。

　　A. 0.01~0.05MPa　　　　　　B. 0.05~0.08MPa
　　C. 0.1~0.5MPa　　　　　　　D. 0.5~0.8MPa

48. 电动机进入正常运行状态，为了保持电动机内部压力高于外部压力，外部气体无法进入电动机内部，最低正压值至少应高于外部压力（　　）。

　　A. 5Pa　　　B. 15Pa　　　C. 20Pa　　　D. 25Pa

49. PCL系列电驱离心式压缩机组设计的高精度齿轮箱常用型号为

70HSR，70 指的是齿轮箱中心距的大小，齿轮箱中心距为（　　）。

A. 700mm　　　B. 70mm　　　C. 700cm　　　D. 700dm

50. 齿轮箱大齿轮支撑轴承、推力轴承分别采用（　　）。

A. 多排滚柱轴承、单向推力球轴承

B. 滚珠轴承、单向推力球轴承

C. 米歇尔推力轴承、可倾瓦轴承

D. 可倾瓦轴承、米歇尔推力轴承

51. 齿轮箱的轴端密封采用的是（　　），以防止箱体内的润滑油溢出，对周围环境造成污染。

A. 干气密封　　B. 填料密封　　C. 迷宫密封　　D. 机械密封

52. 齿轮箱体设起升螺钉，起升螺钉处的接合面有（　　），防止螺钉拧紧时，擦伤接合面使接合面接触不良。

A. 垫片　　　B. 沉孔或凹槽　　C. 凸台　　　D. 螺纹

53. 大、小齿轮均为刚性转子，要求一阶临界转速要大于大、小齿轮最大连续转速的（　　），这样才能保证转子的振动值符合要求。

A. 5%　　　B. 10%　　　C. 15%　　　D. 20%

54. 膜片联轴器由几组膜片（不锈钢薄板）用螺栓交错地与两半联轴器连接，每组膜片由数片叠集而成，膜片分为（　　）和不同形状的整片式。

A. 半开式　　B. 连杆式　　C. 全开式　　D. 封闭式

55. 膜片联轴器靠膜片的（　　）来补偿主动机与从动机之间由于制造误差、安装误差、承载变形以及温升变化等所引起的轴向、径向和角向偏移。

A. 弹性变形　　B. 塑性变形　　C. 硬度　　　D. 强度

56. 下列（　　）不属于挠性联轴器。

A. 万向联轴器　　　　　　B. 膜片联轴器

C. 弹性块联轴器　　　　　D. 轮胎式联轴器

57. 下列（　　）属于挠性联轴器。

A. 凸缘联轴器　B. 膜片联轴器　C. 夹壳联轴器　D. 套筒联轴器

58. 以下（　　）不是电动盘车装置的主要组成部分。

A. 电动机　　　　　　　　B. 自动啮合机构

C. 超负荷脱扣装置　　　　D. 不间断电源（UPS）

59. 电动盘车装置手动操作部位在盘车电机尾部，打开电机罩壳，此时

（　　）被断开，阻止了外界启动电机的可能，起到安全保护作用。

　　A. 连接机构　　　B. 接近开关　　　C. 离合机构　　　D. 润滑油路

60. 当被盘轴系的扭矩超过设定的力矩时，限矩盘内的钢珠推动碟簧组使得（　　），从而保护盘车装置。

　　A. 盘车轴与盘车减速机构脱扣　　　B. 接近开关断开

　　C. 盘车装置电源短路断开　　　　　D. 盘车装置电源过载保护断开

61. 以下（　　）不是盘车装置不能启动的原因。

　　A. 控制线路不正确　　　　　　　　B. 接近开关断开

　　C. 被盘机械卡死　　　　　　　　　D. 蓄电池电压不足

62. 离心式压缩机一般油过滤器压差大于等于（　　）时控制系统发出警报，提示滤芯堵塞严重，应准备切换油过滤器。当压差达到（　　）时应立即切换油过滤器，否则机组将会联锁停机。

　　A. 0.05MPa，0.10MPa　　　　　　B. 0.05MPa，0.15MPa

　　C. 0.10MPa，0.15MPa　　　　　　D. 0.15MPa，0.15MPa

63. 高位油箱的容积一般设计为最少满足（　　）的离心式压缩机惰转时间。

　　A. 4~6s　　　B. 20~30s　　　C. 1~3min　　　D. 4~6min

64. 离心式压缩机润滑系统油雾分离器风机入口压力一般控制在（　　），确保机组周围既无油烟溢出，高位排气口也无油液滴落。

　　A. -5~-2kPa　　B. 2~5kPa　　C. -50~-20kPa　　D. 20~50kPa

65. 离心式压缩机组润滑油站现场常用的为（　　）蓄能器。

　　A. 弹簧式　　　B. 隔膜式　　　C. 囊式　　　D. 活塞式

66. 蓄能器若用于吸收液压泵的压力脉动时，一般以平均脉动压力的（　　）为充气压力。

　　A. 20%　　　B. 40%　　　C. 60%　　　D. 80%

67. 大型离心式压缩机场站最常用的是（　　）空气压缩机。

　　A. 活塞式　　　B. 螺杆式　　　C. 离心式　　　D. 滑片式

68. （　　）不属于螺杆式空气压缩机的工作过程。

　　A. 吸入　　　B. 压缩　　　C. 排气　　　D. 膨胀

69. 下列关于螺杆式空气压缩机冷却剂（润滑油）液位说法正确的是（　　）。

　　A. 机组卸载时观察，从油窥镜中能看到，但不要超过一半

B. 机组加载时观察，从油窥镜中能看到，但不要超过一半

C. 处于 1/2~2/3

D. 处于 1/2 以上

70. 以下（　　）不是螺杆压缩机组油耗大或压缩空气含油量大的原因。

　　A. 回油管堵塞　　　　　　　　B. 油分离芯破裂

　　C. 机组运行时排气压力太高　　D. 冷却剂量太多

71. 无热再生干燥机是基于（　　）原理而设计的。

　　A. 变压吸附　　B. 变温吸附　　C. 低温分离　　D. 膜分离

72. 进入无热再生干燥机的气体应经必要的装置预处理，使气体温度不高于（　　），含油量（　　），并无液态水存在。

　　A. 65℃，≤1mL/m³　　　　　B. 46℃，≤0.1mL/m³

　　C. 45℃，≤1mL/m³　　　　　D. 45℃，≤0.1mL/m³

73. 无热吸附式干燥机的标准工作循环周期为 10min，其中一塔干燥（　　），同时另一塔再生（　　）后关闭再生排气阀，使该塔升压（　　）至管网压力，如此循环交替工作。

　　A. 4min，5min，1min　　　　B. 5min，4min，1min

　　C. 3min，5min，2min　　　　D. 5min，3min，2min

74. 以下（　　）不是冷干机四大部件。

　　A. 压缩机　　　B. 蒸发器　　　C. 冷凝器　　　D. 液体分离器

75. 压缩机是冷干机的核心部件，它的作用是把从蒸发器来的（　　），经压缩变为（　　）送往冷凝器。

　　A. 低温低压制冷剂蒸气，高温低压制冷剂蒸气

　　B. 低温低压制冷剂蒸气，高温高压制冷剂蒸气

　　C. 高温低压制冷剂蒸气，高温低压制冷剂蒸气

　　D. 高温低压制冷剂蒸气，高温高压制冷剂蒸气

76. 低温低压制冷剂液体，在蒸发器里发生相变变成（　　），在相变过程中吸收周围热量，从而使压缩空气降温。

　　A. 低温高压制冷剂蒸气　　　　B. 低温低压制冷剂蒸气

　　C. 高温高压制冷剂蒸气　　　　D. 高温低压制冷剂蒸气

77. 下列关于冷干机的循环流程正确的是（　　）。

　　A. 压缩机—蒸发器—膨胀阀—冷凝器

B. 压缩机—膨胀阀—冷凝器—蒸发器

C. 压缩机—膨胀阀—蒸发器—冷凝器

D. 压缩机—冷凝器—膨胀阀—蒸发器

78. 与普通接触式机械密封相比，（　　）不是干气密封的主要优点。

A. 大大减少了计划外维修费用和生产停车

B. 避免了工艺气体被油污染的可能性

C. 维护费用低，经济实用性好

D. 结构简单

79. 衡量干气密封稳定性的主要指标就是密封产生气膜刚度的大小，气膜刚度是（　　）之比。

A. 气膜作用力的变化与气膜厚度的变化

B. 气膜作用力与气膜厚度

C. 气膜厚度的变化与气膜作用力的变化

D. 气膜厚度与气膜作用力

80. 在正常情况下，干气密封的闭合力等于开启力，其中闭合力为（　　）。

A. 弹簧作用力+气膜反力　　　　B. 弹簧作用力+介质作用力

C. 介质作用力+气膜反力　　　　D. 介质作用力

81. 干气密封动环随压缩机转子做高速旋转，动环表面加工有一定数量的流体动压槽，其深度为（　　）。

A. $3\sim15\mu m$　　B. $15\sim30\mu m$　　C. $30\sim50\mu m$　　D. $50\sim80\mu m$

82. 气膜刚度越大，表明密封的抗干扰力（　　），密封运行越（　　）。

A. 越弱，平稳　　　　　　　　B. 越强，平稳

C. 越弱，不稳定　　　　　　　D. 越强，不稳定

83. 对于不同的工况条件，可采用不同的干气密封结构。实际应用中，用于离心式压缩机的干气密封主要有（　　）种基本结构。

A. 2　　　　B. 3　　　　C. 4　　　　D. 5

84. 单端面干气密封适用于（　　）场合。

A. 压力不高的易燃易爆有毒介质

B. 允许有少量泄漏的易燃易爆有毒介质

C. 压力不高的允许少量泄漏介质

D. 压力不高的零泄漏介质

85. 没有氮气的场所，天然气离心式压缩机通常选用（　　）。
　A. 单端面干气密封　　　　　　B. 双端面干气密封
　C. 串联式干气密封　　　　　　D. 带中间迷宫的串联式干气密封

86. 干气密封控制系统的作用不包括（　　）。
　A. 为干气密封工作提供干净、干燥并且具有一定压力和流量的气体
　B. 对提供给密封的气体进行控制，以满足密封对气体压力、流量和温度的要求
　C. 通过对密封气或密封泄漏气的压力、流量等参数的测量来监测密封运行状况
　D. 保证隔离气水露点合格

87. 以下（　　）不是对提供给干气密封的气体进行过滤、干燥的设备。
　A. 聚结器　　　B. 加热器　　　C. 滤芯　　　D. 增压泵

88. 一级密封气经过滤处理后，除去气体中（　　）的固体颗粒，并附带除去气体中仍然存在的微量液滴。
　A. ≥10μm　　　B. ≥5μm　　　C. ≥2μm　　　D. ≥1μm

89. 一级密封气经过滤处理后，经过控制阀减压，将阀后压力控制在高于平衡管压力（　　）。
　A. 0.2MPa　　　B. 0.02MPa　　　C. 0.5MPa　　　D. 0.05MPa

90. 离心式压缩机正常运行时，从（　　）引出一路工艺气作为一级密封供气气源。
　A. 压缩机入口端　　　　　　B. 压缩机出口端
　C. 空冷器后汇管　　　　　　D. 其他答案均正确

91. 进入一级泄漏气单元的工艺气经过孔板节流，同时通过调压阀调压，使孔板前一级密封气泄漏气压力在正常运行时维持在（　　）左右。
　A. 0.07MPa　　　B. 0.17MPa　　　C. 0.27MPa　　　D. 0.37MPa

92. 增压单元过滤器压差（　　）或者使用超过一年，均必须更换滤芯。
　A. ≥10kPa　　　B. ≥30kPa　　　C. ≥50kPa　　　D. ≥80kPa

93. 增压单元过滤器最大压差为（　　），超过该值会造成滤芯损坏。
　A. 0.05MPa　　　B. 0.15MPa　　　C. 0.25MPa　　　D. 0.5MPa

94. 增压泵工作为往复式运动，其活塞密封可靠的使用寿命通常为循环

动作（　　）万次。

  A. 10   B. 50   C. 100   D. 200

95. 在输出流量足够时，可以调节减压阀，使增压泵的动作频率一般控制在（　　），这样能延长其活塞密封的使用寿命。

  A. 30~40 次/min   B. 50~60 次/min

  C. 70~80 次/min   D. 90~100 次/min

96. 蓄能器若用于蓄存能量时，其充气终了时的压力不得超过液压系统最低工作压力的（　　），但不得低于最高工作压力的（　　）。

  A. 90%，15% B. 95%，15% C. 90%，25% D. 95%，25%

97. 油雾分离器滤筒出口负压超过（　　）时，则需要更换油雾分离滤芯。

  A. -5kPa   B. -7kPa   C. -8kPa   D. -10kPa

98. 变频器是为电机提供（　　）可变的交流电，从而达到改变电机转速的目的，可以实现电机软启动。

  A. 电流   B. 电压   C. 频率   D. 功率

99. 变频水冷系统主要是为变频器的以下（　　）部件降温。

  A. 高压开关柜 B. 充电阻尼柜 C. 变频馈出柜 D. 功率单元柜

100. 主要用于检测离心式压缩机、驱动电机和齿轮箱传动轴振动的仪表是（　　）。

  A. 电涡流传感器   B. 振动速度变送器

  C. 振动变送器   D. 振动温度一体化变送器

101. 一般变频器拓扑方案为（　　）的电压源型变频器，每相两个2电平功率单元串联的5电平结构。

  A. 低压直—交—直形式   B. 低压交—直—交形式

  C. 高压直—交—直形式   D. 高压交—直—交形式

102. 以下属于控制系统模拟输出的信号是（　　）。

  A. 电机转速控制信号   B. 百叶窗开度控制信号

  C. 阀位反馈信号   D. 电机振动过大信号

103. 对于同一台离心式压缩机，在一定转速下，增大流量，压力比将（　　）。

  A. 增大   B. 减小

  C. 不变   D. 先减小后增大

104. 离心式压缩机叶轮的出口安装角小于90°，称为（　　）叶轮。
 A. 后向　　　　　　　　　　B. 径向
 C. 前向　　　　　　　　　　D. 前向或者后向

105. 离心式压缩机内部的实际流动是三维非定常流动，为了研究方便，在讲述气动方程时一般采用如下简化，即假设流动沿流道的每一个截面，气动参数是相同的，用平均值表示，按照一元流动来处理，同时认定气体为（　　）。
 A. 三维流动　　B. 稳定流动　　C. 二维流动　　D. 非定常流动

106. （　　）是质量守恒定律在流体力学中的数学表达式。
 A. 连续方程　　B. 欧拉方程　　C. 能量方程　　D. 伯努利方程

107. 根据离心式压缩机连续方程，随着气体在压缩过程中压力不断提高，其密度也在不断增大，因而容积流量在压缩机后面级流动中（　　）。
 A. 不断增大　　　　　　　　B. 先增大后减小
 C. 不断减小　　　　　　　　D. 无法确定

108. 轴向涡流的存在使得离心式压缩机叶轮出口相对气流角（　　）、周速系数（　　）。
 A. 减小，降低　　B. 增大，升高　　C. 减小，升高　　D. 增大，降低

109. （　　）主要说明叶轮对气体做功的原理并用于计算叶轮对气体所做的功。
 A. 连续方程　　B. 能量方程　　C. 欧拉方程　　D. 气动方程

110. （　　）从功能转化的角度，说明气体接受叶轮做功之后自身能量发生的变化。
 A. 连续方程　　B. 能量方程　　C. 欧拉方程　　D. 气动方程

111. （　　）从机械能的角度，说明叶轮对气体所做的功如何分配。
 A. 气动方程　　B. 能量方程　　C. 欧拉方程　　D. 伯努利方程

112. 能量方程适用于一级压缩机，也适用于多级压缩机或其中任一通流部件，取决于所选的（　　）。
 A. 流动方式　　B. 气体压力　　C. 进出口截面　　D. 能量损失

113. 离心式压缩机质量流量为 Q_m（单位为 kg/s），叶轮轮盖的泄漏量为 Q_{mL}（单位为 kg/s），理论功和总耗功分别为 w_{th}、w_{tot}（单位均为 J/kg），叶轮轮阻消耗功率为 P_{df}（单位为 W），则离心式压缩机的内功率 $P=$（　　）。

A. $Q_m \times w_{tot}$ B. $(Q_m + Q_{mL}) \times w_{tot}$
C. $(Q_m + Q_{mL}) \times w_{th}$ D. $(Q_m + Q_{mL}) \times w_{tot} + P_{df}$

114. 离心式压缩机中，以下热力学过程不属于理想压缩过程的是（　　）。

A. 等温过程　　B. 绝热过程　　C. 多变过程　　D. 等熵过程

115. 在（　　）压缩过程中，对气体加入的压缩功全部变为对外散出的热。

A. 等温　　　B. 绝热　　　C. 多变　　　D. 等熵

116. 关于离心式压缩机级内的沿程摩擦损失，下面描述正确的是（　　）。

A. 沿程摩擦损失与沿程长度成正比

B. 沿程摩擦损失与平均水力直径成正比

C. 沿程摩擦损失与气流平均速度的平方成反比

D. 沿程摩擦损失与摩阻系数成反比

117. 在减速增压的通道中，近壁边界层容易增厚，甚至形成分离旋涡区和倒流。分离的结果导致流场中形成旋涡区，由于旋涡运动损耗大量有效能量，从而造成（　　）。

A. 摩擦损失　　B. 分离损失　　C. 二次流损失　　D. 尾迹损失

118. 无分离气流的主要流动损失通常是摩擦损失，在有分离的情况下，（　　）成为主要矛盾。

A. 摩擦损失　　B. 分离损失　　C. 二次流损失　　D. 尾迹损失

119. 当气流角与叶片安装角不一致时，就会在叶片进口一侧形成较大的局部扩压度使气流出现分离，这种损失称为（　　）。

A. 摩擦损失　　B. 冲击损失　　C. 二次流损失　　D. 尾迹损失

120. 由于叶轮叶片工作面的压力高，而非工作面的压力低，叶片边界层中的气流受此压力差的作用，通过盘盖边界层，由叶片工作面窜流至非工作面，于是形成与主流方向垂直的流动，它加剧叶片非工作面的边界层增厚与分离，并使主流也受到影响，从而造成的能量损失称为（　　）。

A. 摩擦损失　　B. 冲击损失　　C. 二次流损失　　D. 尾迹损失

121. 离心式压缩机级内（　　）产生的原因是叶片尾缘有厚度。

A. 摩擦损失　　B. 冲击损失　　C. 二次流损失　　D. 尾迹损失

122. 流动损失主要包括摩擦损失、分离损失（含冲击损失）、二次流损失和尾迹损失。产生流动损失的根本原因在于（　　），在不同的具体条件下产生了不同形式的流动损失。

　　A. 叶轮旋转产生的离心力　　　　B. 气体具有黏性
　　C. 流动不稳定　　　　　　　　　D. 叶片尾端有厚度

123. 为了尽量减少漏气损失，在离心式压缩机固定部件与轮盖、隔板与轴套，以及整机轴的端部需要设置密封件。离心式压缩机一般使用（　　），其工作原理是每经过一个梳齿密封片，等于节流一次，多次的节流减压能有效地减少气量。

　　A. 迷宫式密封　　B. 干气密封　　C. 机械密封　　D. 液膜密封

124. 对于（　　）需要计算漏气量的大小，以便为压缩机设计留出合理的流量裕量。

　　A. 内泄漏　　　　　　　　　　　B. 外泄漏
　　C. 叶轮轮盖密封泄漏　　　　　　D. 级间隔板密封处泄漏

125. 在离心式压缩机叶轮设计时，通常选择（　　），以减少压缩机轮阻损失。

　　A. 低速大叶轮　　B. 低速小叶轮　　C. 高速大叶轮　　D. 高速小叶轮

126. 由于气体具有一定黏性，叶轮高速旋转时其周围气体会对叶轮轮盘和轮盖的外侧壁面产生摩擦阻力作用，叶轮对气体做功的同时还需克服摩擦阻力矩而额外做功，这部分额外做功被称为（　　）。

　　A. 内漏气损失　　B. 轮阻损失　　C. 摩擦损失　　D. 分离损失

127. 在流体力学和离心式压缩机中，所谓流动相似，就是指流体流经几何相似的通道时，其任意对应点上（　　）比值相等。

　　A. 同名物理量　　B. 压力　　　　C. 流量　　　　D. 效率

128. 当两台离心式压缩机符合相似条件时，只要知道一台压缩机的（　　），则可通过（　　）得到另一台压缩机的性能参数。

　　A. 几何尺寸，精确计算　　　　　B. 性能参数，相似换算
　　C. 进口条件，相似换算　　　　　D. 气质条件，精确计算

129. 已知两台离心式压缩机符合相似条件，两台机组原料气的气质相同，进气压力、进气温度相等，则它们之间转速比、流量比、功率比与模化比的关系，下列描述正确的是（　　）。

　　A. 转速比等于模化比的平方　　　B. 流量比等于模化比的三次方
　　C. 功率比等于模化比的三次方　　D. 转速比等于模化比

130. 对于几何相似和工质相等，且流动相似的两台离心式压缩机，下列描述正确的是（　　）。

  A. 压力比相等　　　　　　　　B. 能量头系数相等

  C. 效率相等　　　　　　　　　D. 转速相等

131. 离心式压缩机组设计时，一般使用（　　），它是指在气体压力为1标准大气压、温度为0℃状态下的容积流量。

  A. 标准容积流量　　　　　　　B. 进口容积流量

  C. 出口容积流量　　　　　　　D. 最大处理量

132. 离心式压缩机组设计时，考虑到制造精度，最佳工况点可能存在偏差，压力比和流量达不到性能参数所规定的要求，通常流量考虑（　　）的余量。

  A. 1%~3%　　　B. 1%~5%　　　C. 2%~10%　　　D. 2%~6%

133. 离心式压缩机组设计时，考虑到制造精度，最佳工况点可能存在偏差，进出口的压力升考虑（　　）的余量。

  A. 1%~3%　　　B. 1%~5%　　　C. 2%~10%　　　D. 2%~6%

134. 离心式压缩机组设计时，叶轮的相对宽度可选在（　　）范围内，在这个区间压缩机的性能良好、效率较高。

  A. 0.025~0.065　　　　　　　B. 0.035~0.065

  C. 0.045~0.065　　　　　　　D. 0.055~0.065

135. 提高气体压力所需的压缩功与气体常数R成正比，压缩轻气体所需的有效功更大，一般不选用（　　）。

  A. 多缸串联的离心式压缩机组　　B. 一缸多段的离心式压缩机组

  C. 一缸多级的离心式压缩机组　　D. 单级离心式压缩机组

136. 为了工作的稳定与安全，在气体被压缩的同时，应对温度的提高进行控制，按需要选用（　　）。

  A. 带有中间冷却器的离心式压缩机

  B. 多缸串联的离心式压缩机组

  C. 一缸一段多级的离心式压缩机组

  D. 单级离心式压缩机组

137. 同步电机的转子配备（　　），需要外加励磁电源，通过滑环引入电流。

  A. 短路绕组　　　　　　　　　B. 直流励磁绕组

C. 交流励磁绕组　　　　　　　D. 电磁感应

138. (　　) 以下变频器建议采用 6kV 电机电压，功率单元和变压器副边电缆仅为 10kV 电机电压的一半，投资及占地更小。

A. 15MW　　B. 5MW　　C. 1MW　　D. 2MW

139. (　　) IGBT 器件双面散热，热阻小，通流能力强，功率密度大，具有较强的防爆性能，且内部不含绑定线，器件杂散电感小，可靠性高。

A. 焊接式　　B. 压接式　　C. 1MW　　D. 2MW

140. 常用的压接式功率器件分为 (　　) 两种。

A. IGBT 和 IEGT　　　　　　B. IGCT 和 IEGT
C. IGBT 和 IECT　　　　　　D. IGBT 和 IECD

141. 与其他常用的干气密封形式相比，单端面的干气密封特点是 (　　)。

A. 结构紧凑，性价比高　　　　B. 实现工艺介质零泄漏
C. 安全性、可靠性最高　　　　D. 结构复杂，成本较高

142. 常用的干气密封硬环采用 SiC 或硬质合金，软环采用石墨或 SiC，流体动环槽一般加工在 (　　)。

A. 动环表　　B. 静环表面　　C. 硬环表面　　D. 浮动密封圈

143. 停机后润滑可单独安装应急停车用润滑油箱或者提供 (　　)。

A. 单独设置的高架油箱　　　　B. 单独设置的低位油箱
C. 带有单独电源的应急油泵　　D. 润滑油备用油泵

144. 根据 API 614，油冷却器可使用管壳式(板式)或空气冷却器，油冷却器出口应保持润滑油温度 (　　)。

A. ≤50℃　　B. ≤40℃　　C. ≤55℃　　D. ≤45℃

145. 离心式压缩机组启动前应检查干气密封系统增压泵仪表风过滤器差压、密封气过滤器差压、隔离气过滤器差压在 (　　) 以下。

A. 0.08MPa　　B. 0.18MPa　　C. 0.28MPa　　D. 0.38MPa

146. 保压机组启动前检查原料气入口阀、出口阀、放空阀处于 (　　) 状态，加载阀、防喘振阀处于 (　　) 状态。

A. 关闭，全开　　B. 关闭，关闭　　C. 全开，关闭　　D. 全开，全开

147. 新启用、长期停用或大修后离心式压缩机组启动前应检查确认氮气置换完成，(　　)、放空阀处于全开状态。

A. 入口阀　　　B. 出口阀　　　C. 防喘振阀　　D. 加载阀

148. 离心式压缩机组启动前应检查确认电机、变频器水冷系统补水箱液位在（　　）以上，蓄能罐氮气压力在0.2MPa左右。

A. 2/3　　　　B. 1/3　　　　C. 2/4　　　　D. 1/2

149. 离心式压缩机组启动分为泄压状态启动和（　　）状态启动。

A. 升压　　　B. 保压　　　C. 降压　　　D. 保温

150. 保压机组启动后，主控室操作人员、现场操作人员同时确认（　　）全关，机组进入加载状态。

A. 入口阀　　　B. 出口阀　　　C. 防喘振阀　　D. 加载阀

151. 泄压机组启动后在执行"气体置换"程序时，系统自动打开（　　），开始气体置换，10min后完成置换自动关闭，主控室操作人员、现场操作人员同时确认其关闭状态。

A. 入口阀　　　B. 放空阀　　　C. 出口阀　　　D. 加载阀

152. 主控室操作人员至少每（　　）记录一次运行参数。

A. 1h　　　　B. 2h　　　　C. 3h　　　　D. 4h

153. 现场操作人员巡检时，应检查蓄能器压力为（　　）。

A. 0.1~0.2MPa　B. 0.2~0.3MPa　C. 0.3~0.4MPa　D. 0.4~0.5MPa

154. 干气密封过滤器更换滤芯标准为差压（　　）。

A. ≥80kPa　　B. ≥150kPa　　C. ≥100kPa　　D. ≥50kPa

155. 现场操作人员巡检时，应检查润滑油系统有无泄漏、各视镜是否有油均匀流动、油过滤器差压是否（　　）。

A. ≥0.10MPa　B. ≤0.10MPa　C. ≥0.15MPa　D. ≤0.15MPa

156. 离心式压缩机组停机一般分为正常停机、（　　）、紧急停机三种。

A. 不正常停机　B. 人工停机　C. 自动停机　D. 联锁停机

157. 离心式压缩机组人工停机包括（　　）和正常停机。

A. 人工紧急停机　　　　　　B. 联锁停机
C. 失电停机　　　　　　　　D. 其他选项均正确

158. 离心式压缩机组保压停机（　　）后，主控室操作人员关闭主油泵和油冷器、空冷器、电机正压通风阀门；（　　）后现场操作人员关闭电机冷却风机或水冷系统及变频器水冷系统。

A. 5min，10min　　　　　　B. 10min，20min
C. 15min，20min　　　　　　D. 20min，10min

159. 离心式压缩机组长期停机需要在油站停运之前，保证隔离气处于投用状态，待高位油箱回油完成或应急油泵停运（　　）后，再手动关闭隔离气控制总阀。

A. 10min　　　B. 20min　　　C. 25min　　　D. 30min

160. 以下不属于保压联锁停机条件的是（　　）。

A. 压缩机轴等振动、齿轮箱轴位移过大

B. 压缩机止推力轴承等温度过高

C. 压缩机出口压力、温度高

D. 仪表风减压阀后压力低

161. 以下不属于保压联锁停机条件的是（　　）。

A. 润滑油总管压力和压缩机润滑油、齿轮箱润滑油、电机润滑油进流量过低

B. 压缩机入口过滤器压差大

C. 变频器超速保护器联锁、主电机外水冷故障停机

D. 驱动一级泄压气压力低

162. 离心式压缩机组失电停机后，事故油泵启动（　　）后自动停运。

A. 2min　　　B. 5min　　　C. 10min　　　D. 15min

163. 离心式压缩机组干气密封启用后，过滤器压差应（　　）。

A. ≤0.05MPa　B. ≤0.06MPa　C. ≤0.07MPa　D. ≤0.08MPa

164. 离心式压缩机组干气密封系统投用顺序为（　　）。

A. 隔离密封供气→一级泄漏气→一级密封供气

B. 隔离密封供气→一级密封供气→一级泄漏气

C. 一级泄漏气→隔离密封供气→一级密封供气

D. 一级泄漏气→一级密封供气→隔离密封供气

165. 离心式压缩机组干气密封系统投用前检查内容包括（　　）。

A. 干气密封橇设备设施紧固情况，确保各连接部件无松动、无缺失、无渗漏

B. 干气密封气流正常流向，阀门处于正确开关状态，确保气流通道畅通

C. 电气连接可靠，接地完好

D. 其他选项均正确

166. 离心式压缩机组干气密封系统投用后检查内容包括（　　）。

A. 增压泵驱动压力、气动阀驱动压力、过滤器压差

B. 隔离气压力、流量

C. 密封气压力、流量、温度

D. 其他选项均正确

167. 离心式压缩机组启机时润滑油站油箱中的油温达到（　　）以上时，可启动主（或辅助）油泵，使油系统循环，并对油进行过滤。当润滑油冷却器后油温达到（　　）时，符合机组运行条件。

A. 20℃，35℃±5℃　　　　　　B. 20℃，45℃±5℃

C. 10℃，35℃±5℃　　　　　　D. 10℃，45℃±5℃

168. 新启用、长期停用机组或大修后机组，检查确认润滑油油箱油位不低于（　　）。

A. 50%　　　B. 60%　　　C. 70%　　　D. 80%

169. 离心式压缩机组润滑油站投用前检查内容包括（　　）。

A. 检查阀门开关状态正确

B. 阀门、设备、罐体等外观完好，部件齐全、密封可靠

C. 检查变频间 UMD 柜主油泵等电气设备均已上电，并处于远程控制状态

D. 其他选项均正确

170. 空气压缩机启动后，吸附式干燥机压力露点达到（　　）后，才能打开橇出口阀。

A. -30℃　　　B. -10℃　　　C. 10℃　　　D. 30℃

171. 空气压缩机在运行中发现下列情况，应立即进行紧急停车（　　）。

A. 润滑油中断或风冷却中断，水温突然升高或下降

B. 负荷突然超出正常值

C. 排气压力突然升高，安全阀失灵

D. 其他选项均正确

172. 有反吹系统的空气压缩机在停机期间，应保持空气压缩机电源处于（　　）状态，干燥反吹阀保持（　　）位置。

A. 接通，常关　　B. 接通，常开　　C. 关闭，常关　　D. 关闭，常开

173. 离心式压缩机组变频器水冷装置控制系统操作的手动模式一般在（　　）时采用。

A. 系统检修维护、系统调试　　　　B. 正常运行

C. 停机状态 D. 启机状态

174. 离心式压缩机组变频器水冷装置操作的风险主要有（　　）。

A. 人员操作过程中存在触电风险

B. 水冷系统渗漏水可能造成设备故障

C. 转动设备存在机械伤害的风险

D. 其他选项均正确

175. 离心式压缩机组变频器水冷装置启动前缓冲罐液位高度应在（　　）格。

A. 20~30　　B. 40~50　　C. 60~70　　D. 80~90

176. 离心式压缩机组变频器水冷装置氮气储能罐压力为（　　）。

A. 0.9bar　　B. 0.8bar　　C. 0.7bar　　D. 0.6bar

177. 离心式压缩机组电机水冷装置启动时优先采用工作累计时间较（　　）的泵作为（　　），此启动方式不适用于泵故障和手动选择启动泵情况。

A. 短，主循环泵　　　　　　B. 短，备用循环泵

C. 长，主循环泵　　　　　　D. 长，备用循环泵

178. 启动离心式压缩机组电机水冷装置的准备工作包括（　　）。

A. 检查各部件连接是否紧固，有无异常

B. 检查水位是否合格，有无泄漏

C. 对需要操作的流程、运行参数、阀门阀位开关状态进行确认并记录

D. 其他选项均正确

179. 离心式压缩机组润滑系统备用循环泵应定期进行切换，切换周期不大于（　　）。

A. 5d　　B. 10d　　C. 15d　　D. 20d

180. 每（　　）对离心式压缩机组进行腔体排凝液，记录凝液基本情况。

A. 月　　B. 季度　　C. 半年　　D. 年

181. 干气密封控制橇过滤器滤芯压差大于（　　）时，应更换滤芯。

A. 0.05MPa　　B. 0.08MPa　　C. 0.1MPa　　D. 0.15MPa

182. 仪表风系统的水露点高于（　　）时，应检查水露点检测仪或更换干燥塔的氧化铝。

A. −5℃　　B. −10℃　　C. −15℃　　D. −20℃

183. 以下选项中（　　）不是离心式压缩机组工艺气系统应设置的装置。

　　A. 压缩机入口计量装置　　　　B. 除砂器

　　C. 文丘里管流量计　　　　　　D. 管道过滤器

184. 离心式压缩机工艺气系统的主要设备不包含（　　）。

　　A. 干式分离器　　　　　　　　B. 卧式分离器

　　C. 超声波流量计　　　　　　　D. 润滑油泵

185. 工艺气出压缩机冷却后温度不宜超过（　　），保证卸载回流和放喘回流情况下安全运行。

　　A. 25℃　　　B. 35℃　　　C. 50℃　　　D. 75℃

186. 以下（　　）不是离心式压缩机工艺气系统主要设置的分离器类型。

　　A. 多管旋风分离器　　　　　　B. 过滤分离器

　　C. 管道过滤器　　　　　　　　D. 燃气过滤器

187. 离心式压缩机工艺气系统设置的过滤分离器压力不应超过（　　）。

　　A. 0.1MPa　　B. 0.2MPa　　C. 0.3MPa　　D. 0.4MPa

188. 离心式压缩机工艺气系统设置的过滤分离器滤芯超（　　）年宜进行更换。

　　A. 1　　　　B. 2　　　　C. 3　　　　D. 4

189. 离心式压缩机工艺气系统防喘振阀一般配置（　　）执行机构。

　　A. 电动　　　B. 气动　　　C. 气液联动　　D. 电液联动

190. 防喘振阀从全关到全开的动作时间一般需要控制在（　　）以内。

　　A. 1s　　　　B. 2s　　　　C. 3s　　　　D. 4s

191. 防喘振阀必须采用能够满足（　　）的要求。

　　A. 大压差、低噪声　　　　　　B. 大压差、高噪声

　　C. 小压差、高噪声　　　　　　D. 小压差、低噪声

192. 工艺气后空冷器的最大压差不得大于（　　）。

　　A. 0.05MPa　　B. 0.01MPa　　C. 0.5MPa　　D. 0.15MPa

193. 空气冷却器额定功率下，外壳水平处1m、高1.5m处测得的噪声不得超过（　　）。

　　A. 75dB　　　B. 80dB　　　C. 85dB　　　D. 90dB

194. 每套空冷器的换热面积应保证（　　）余量。
　　A. 10%　　　　B. 20%　　　　C. 12%　　　　D. 25%

195. 文丘里管流量计的测量精度最高可达（　　）。
　　A. 0.5%　　　B. 1%　　　　C. 2%　　　　D. 4%

196. 离心式压缩机入口管道过滤器滤网过滤精度一般为（　　）。
　　A. 10 目　　　B. 20 目　　　C. 30 目　　　D. 40 目

197. 管道过滤器主要部件不包含（　　）。
　　A. 过滤套筒　　B. 壳体　　　C. 过滤网　　　D. 滤芯

198. 管道过滤器有效通流面积应大于（　　）管道横截面积。
　　A. 50%　　　　B. 100%　　　C. 150%　　　D. 200%

199. 离心式压缩机维护保养中，应（　　）对百叶窗进行全行程活动，以防轮毂内部粘连。
　　A. 每天　　　B. 每周　　　C. 每月　　　D. 每季度

200. 压缩机正常泄压停车时段，应（　　）盘车 1 次。
　　A. 每天　　　B. 每周　　　C. 每月　　　D. 每季度

201. 对电机系统的月度检查保养内容包括（　　）。
　　A. 用轻便型测量设备测量电机振动情况并与控制系统数据进行对比
　　B. 检查水泵的电流值是否正常
　　C. 检查显示屏运行数据是否正确
　　D. 检查电机基础是否下沉、有无裂缝

202. 对后空冷系统的月度检查保养内容包括（　　）。
　　A. 用轻便型测量设备测量电机振动情况并与控制系统数据进行对比
　　B. 检查水泵的电流值是否正常
　　C. 检查显示屏运行数据是否正确
　　D. 每月对百叶窗进行全行程活动，以防轮毂内部粘连

203. 压缩机正常泄压停车时段，每周盘车（　　）次，齿轮箱小齿轮不低于（　　）圈。
　　A. 2，16　　　B. 1，32　　　C. 1，16　　　D. 2，32

204. 正常运转或热备润滑油站油泵应定期进行切换，切换周期不大于（　　）。
　　A. 13d　　　B. 14d　　　C. 15d　　　D. 16d

205. 在离心式压缩机维护保养中，应（　　）对干气密封系统过滤器

及聚结器进行排污。

A. 每天　　　　B. 每周　　　　C. 每月　　　　D. 每季度

206. 对电机水冷系统的月度检查保养内容包括（　　）。

A. 检查换热橇目视化情况

B. 检查空冷器风机安全开关是否处于竖直开启状态，检查现场操作柱开关离合状态

C. 检查电机电流值是否正常

D. 检查报警灯是否正常

207. 润滑油过滤器进出口压差达到（　　）时，拆卸滤芯进行查看、清洗或更换。

A. 0.5MPa　　B. 0.25MPa　　C. 1MPa　　D. 0.15MPa

208. 每（　　）对润滑油站进行一次抽样检查，确认油品质量是否符合所规定指标。

A. 周　　　　B. 月　　　　C. 季度　　　　D. 年

209. 仪表风系统季度检查保养要求润滑油温度小于（　　）。

A. 45℃　　　B. 50℃　　　C. 55℃　　　D. 65℃

210. 仪表风系统季度检查保养要求中冷器压力范围为（　　）。

A. 0.5~0.8bar　　B. 0.8~1.8bar　　C. 1.8~2.6bar　　D. 2.6~3.2bar

211. 在润滑油系统年度保养中，视蓄能器工作压力情况对蓄能器充装氮气，工作压力保持（　　）以上。

A. 0.1MPa　　B. 0.2MPa　　C. 0.3MPa　　D. 0.4MPa

212. 电机系统年度保养时，用500V兆欧表测量防冷凝加热器的绝缘电阻值应大于（　　）（20℃）。

A. 2MΩ　　B. 0.25MΩ　　C. 1MΩ　　D. 1.5MΩ

213. 润滑油系统年度保养时，检查油箱油位是否正常，运行时最低液位不低于（　　），停机时最高液位不超过（　　），若油位低于规定值，及时补充。

A. 400mm，600mm　　　　　B. 430mm，710mm

C. 450mm，700mm　　　　　D. 500mm，600mm

214. 干气密封年度保养时，检查干气密封增压橇增压泵，记录增压泵增压次数。增压泵增压次数余量不小于（　　）。

A. 5%　　　B. 10%　　　C. 15%　　　D. 25%

215. 电机系统年度保养时，应用（　　）（测量 3000V 及以下电机）或（　　）（测量 3000V 以上电机）兆欧表测量定子线圈到定子铁芯和机壳的绝缘电阻。

　　A. 1000V，2500V　　　　　　　B. 1000V，2000V
　　C. 2000V，2500V　　　　　　　D. 2000V，3000V

216. 电机年度保养时，（　　）及以下电机，其绝缘电阻值应大于 0.5MΩ。

　　A. 1000V　　B. 2000V　　C. 3000V　　D. 4000V

217. 电机年度保养时，（　　）以上电机，其绝缘电阻值应不低于 U_nMΩ（U_n 是额定电压）（20℃）。

　　A. 1000V　　B. 2000V　　C. 3000V　　D. 4000V

218. 电机年度保养时，打开正压通风进气阀，正压通风系统进入吹扫状态，按要求吹扫（　　）。

　　A. 15min　　B. 30min　　C. 45min　　D. 60min

219. 采用水冷系统的电机年度保养时，当主供水过滤器前后压差超过（　　）或在每年年检时，需对主过滤器滤芯进行清洗。

　　A. 0.05bar　　B. 0.01bar　　C. 0.5bar　　D. 0.15bar

220. 变频水冷系统年度保养时，检查在额定压力（　　）倍条件下连续运行 3h，水冷系统管道与配水管道是否漏水。

　　A. 0.5　　B. 1　　C. 1.2　　D. 0.15

221. 长期停运的离心式压缩机组其润滑油泵至少每周盘车一次，每（　　）个月运行一次，每次运行（　　）。

　　A. 半，1h　　B. 一，2h　　C. 一，1h　　D. 半，2h

222. 离心式压缩机组长时间停机，后空冷风机皮带和油冷风机皮带应保持松弛状态，计划停机在（　　）个月以上应摘掉传动带，入库保存。

　　A. 1　　B. 2　　C. 3　　D. 4

223. 长期不使用的变频器需保证（　　）进行一次送电合闸试验，并带电时间（　　）以上。

　　A. 每天，1h　　B. 每周，2h　　C. 每月，1h　　D. 每季度，1h

224. 备用空气压缩机应定期切换，切换周期不大于（　　）。

　　A. 5d　　B. 10d　　C. 15d　　D. 20d

225. 空气压缩机入口滤芯的更换周期一般为（　　）。

A. 2000h　　　　B. 4000h　　　　C. 6000h　　　　D. 8000h

226. 年度维护保养中检测变频水冷系统散热风机配套电机三相直流阻值，不平衡值在（　　）范围，检测绝缘电阻，阻值应大于（　　）（20℃）。

A. ±5%，0.5MΩ　　　　　　　　B. ±5%，1MΩ

C. ±10%，0.5MΩ　　　　　　　D. ±10%，1MΩ

227. 检查去离子树脂罐的阀门开度，如阀门全开电导率仍未降低，需更换去离子树脂并清洗树脂罐，使电导率降低至小于（　　）。

A. 0.3μS/cm　　B. 0.5μS/cm　　C. 1.0μS/cm　　D. 2.0μS/cm

228. 打开变频器辅助水冷控制柜门，检查氮气瓶压力小于（　　）时，需更换氮气瓶。

A. 0.5MPa　　　B. 1.0MPa　　　C. 1.5MPa　　　D. 2.0MPa

229. 假设某压缩机组主机转速为12000r/min，电机转速为1000r/min，那么该压缩机组齿轮比为（　　）。

A. 1∶9　　　　B. 1∶10　　　　C. 1∶11　　　　D. 1∶12

230. 下列（　　）会造成齿轮箱轴承温度高。

A. 机组进气压力较高　　　　　B. 轴承间隙不合格

C. 机组排气压力较高　　　　　D. 进机组润滑油温度较低

231. 润滑油回流不足导致齿轮箱过热的解决办法是（　　）。

A. 加大或重新布置回油管　　　B. 校正轴承间隙

C. 进油管路增压泵损坏　　　　D. 润滑油起沫

232. 轴校准太差导致齿轮轴承温度高的解决办法是（　　）。

A. 重新校准齿轮轴系　　　　　B. 清理轴瓦积炭

C. 检查油质　　　　　　　　　D. 降低负荷

233. 造成润滑油系统流量大的可能原因之一是（　　）。

A. 增压泵损坏　　　　　　　　B. 回流量不够

C. 轴承间隙不正确　　　　　　D. 油路系统中孔板取掉

234. 针对相同的进口体积流量，采用（　　）的方式可以减少压缩机的质量流量。

A. 进口节流　　B. 出口节流　　C. 增大回流量　　D. 以上均正确

235. 通过调节（　　）来提高或降低叶轮的圆周速度改变叶轮做功能力，从而改变机组压比曲线的位置。

A. 转速　　　　B. 进口压力　　C. 出口压力　　D. 进口温度

303

236. 某离心式压缩机组的实际运行转速为 12000r/min，其二倍频为（　　）。

A. 100Hz　　　　B. 200Hz　　　　C. 400Hz　　　　D. 600Hz

237. 某离心式压缩机组转子频率为 100Hz，其机械振动周期为（　　）。

A. 0.01s　　　　B. 0.02s　　　　C. 0.04s　　　　D. 0.06s

238. 通过检查（　　）来分析处理空气压缩机运行时排气温度异常故障。

A. 安全阀是否失灵　　　　　　B. 冷凝水分离器

C. 运行负荷　　　　　　　　　D. 紧急停机按钮

239. 下列（　　）不会导致空气压缩机排气温度异常。

A. 油分离器堵塞　　　　　　　B. 油冷却器堵塞

C. 主机失灵　　　　　　　　　D. 油位过低

240. 通过（　　）来处理微热吸附式干燥机显示"电磁阀无输出"的故障。

A. 更换电磁阀与熔断器　　　　B. 吸附剂粉化

C. 检查油质　　　　　　　　　D. 更换消声器

二、多项选择题（每题有 4 个选项，至少有 2 个是正确的，将正确的选项号填入括号内）

1. 离心式压缩机主要由（　　）组成。

A. 转子　　　　B. 定子　　　　C. 机壳　　　　D. 底座

2. 离心式压缩机气体由吸气室进入，经过压缩机（　　）后从排气室排出。

A. 叶轮　　　　B. 扩压器　　　　C. 弯道　　　　D. 回流器

3. 离心式压缩机的定子由吸气室、（　　）、排气室、气缸、级间密封等组成。

A. 隔板　　　　B. 扩压器　　　　C. 弯道　　　　D. 回流器

4. 离心式压缩机定子的作用是把气体引导至下一级叶轮，并使其具有一定的（　　）。

A. 引导　　　　B. 速度　　　　C. 方向　　　　D. 压力

5. 离心式压缩机从结构形式上划分为（　　）两种类型。

A. 单轴　　　　B. 双轴　　　　C. 三轴　　　　D. 多轴

6. 单轴离心式压缩机为（　　）结构，是目前使用最广泛的基本形式。
   A. 一缸　　　　　B. 一轴　　　　　C. 二缸　　　　　D. 二轴
7. 离心式压缩机辅助系统主要包括（　　）、变频器及水冷却系统、仪表风系统、仪表控制系统等。
   A. 电动机及冷却系统　　　　　B. 传动系统
   C. 润滑油及冷却系统　　　　　D. 干气密封系统
8. 离心式压缩机的转子包括（　　）、平衡盘、止推盘、轴承等零部件。
   A. 主轴　　　　　B. 叶轮　　　　　C. 轴套　　　　　D. 隔套
9. 离心式压缩机的主轴是关键部件，主要装配的零部件有（　　）。
   A. 叶轮　　　　　B. 平衡盘　　　　C. 推力盘　　　　D. 轴承
10. 离心式压缩机主轴装径向振动探头的部位不能（　　）。
    A. 电镀　　　　　B. 镶套　　　　　C. 焊接　　　　　D. 粘接
11. 离心式压缩机闭式叶轮由（　　）组成。
    A. 轮盘　　　　　B. 叶轮盖　　　　C. 叶轮片　　　　D. 螺母
12. 离心式压缩机叶轮按照外形结构分通常有（　　）。
    A. 闭式叶轮　　　　　　　　　B. 半开式叶轮
    C. 开式叶轮　　　　　　　　　D. 双面进气叶轮
13. 离心式压缩机叶轮按叶片形式分有（　　）。
    A. 等厚度薄板叶片　　　　　　B. 机翼形叶片
    C. 长短叶片　　　　　　　　　D. 三元扭曲叶片
14. 离心式压缩机中主要采用（　　）轴承。
    A. 径向　　　　　B. 止推　　　　　C. 滑动　　　　　D. 滚动
15. 离心式压缩机径向轴承分为（　　）。
    A. 可倾瓦轴承　　B. 椭圆瓦轴承　　C. 止推轴承　　　D. 滑动轴承
16. 可倾瓦支撑轴承主要由（　　）组成。
    A. 支撑瓦块　　　B. 轴衬　　　　　C. 定位销钉　　　D. 挡油环
17. 离心式压缩机采用金斯伯雷止推轴承的优点包括（　　）。
    A. 载荷分布均匀　　　　　　　B. 调节灵活
    C. 对中精度高　　　　　　　　D. 成本高
18. 根据隔板在离心式压缩机所处的位置，隔板可分为（　　）类型。
    A. 进口隔板　　　B. 中间隔板　　　C. 段间隔板　　　D. 排气隔板

19. 离心式压缩机隔板由（　　）组成。
    A. 扩压器　　　B. 弯道　　　C. 回流器　　　D. 机壳
20. 离心式压缩机扩压器的主要作用包括（　　）。
    A. 降低气流速度　　　　　　B. 将动能转化压力能
    C. 增大气流速度　　　　　　D. 将压力能转化为动能
21. 离心式压缩机有叶片扩压器的结构形式有（　　）。
    A. 直壁型扩压器　　　　　　B. 斜壁型扩压器
    C. 直通式扩压器　　　　　　D. 转角式扩压器
22. 离心式压缩机扩压器的设计要求主要包括（　　）等。
    A. 流动损失小　　　　　　　B. 效率高
    C. 变工况性能好　　　　　　D. 工况调节范围宽
23. 离心式压缩机弯道和回流器的设计要求主要有（　　）。
    A. 流动损失小，效率高　　　B. 回流器出口气流均匀
    C. 符合轴向均匀进气条件　　D. 符合叶轮进气条件
24. 离心式压缩机吸入室的设计要求主要有（　　）。
    A. 气流均匀　　B. 流动效率高　　C. 结构易制造　　D. 制造费用高
25. 离心式压缩机吸气室的常见结构形式有（　　）。
    A. 轴向进气管　　B. 径向进气管　　C. 径向排气室　　D. 水平排气室
26. 离心式压缩机排气室的截面形状有（　　）。
    A. 圆形　　　B. 梨形　　　C. 梯形　　　D. 矩形
27. 离心式压缩机内泄漏主要发生在（　　）位置。
    A. 叶轮轮盖密封　　　　　　B. 隔板密封
    C. 轴套密封　　　　　　　　D. 隔套密封
28. 离心式压缩机轴向密封包括（　　）。
    A. 浮环密封　　　　　　　　B. 阻塞密封
    C. 迷宫密封　　　　　　　　D. 密封填料密封
29. 离心式压缩机常见的密封形式包括（　　）。
    A. 迷宫密封　　B. 干气密封　　C. 浮环密封　　D. 阻塞密封
30. 离心式压缩机内部用迷宫密封的部位有（　　）。
    A. 叶轮轮盖密封　　　　　　B. 级间隔板密封
    C. 平衡盘与气室密封　　　　D. 进气法兰
31. 离心式压缩机迷宫密封结构形式有（　　）。

A. 平滑形　　　B. 曲折形　　　C. 台阶形　　　D. 蜂窝形

32. 离心式压缩机气缸内装的零部件有（　　）。

A. 隔板　　　B. 主轴　　　C. 轴承　　　D. 叶轮

33. 两台压缩机并联的特点是两机（　　）相同。

A. 进口压力　　B. 出口压力　　C. 压比　　　D. 流量

34. 离心式压缩机出口节流调节作用是（　　）。

A. 改变调节阀的开度　　　　B. 改变管路性能曲线

C. 改变压缩机的工作点　　　D. 改变流量

35. 离心式压缩机转速调节的原理主要是（　　）。

A. 改变压比　　　　　　　　B. 改变叶轮做功

C. 改变压比曲线　　　　　　D. 改变气体流量

36. 变频器室主要设备由（　　）、变频馈出柜、系统控制柜、水冷柜、励磁柜及相应的辅助设备等组成。

A. 高开柜　　B. 充电阻尼柜　　C. 隔离变压器　　D. 功率单元柜

37. 变频水冷系统的主要设备有（　　）、稳压罐、制冷机等。

A. 变频器水冷控制器　　　　B. 水冷泵

C. 空冷器　　　　　　　　　D. 水箱

38. 压缩机控制系统，是以计算机为核心的用于自动、连续地监视和控制压缩机组及其辅助系统运行的控制系统，实现压缩机组（　　）等功能。

A. 正常运行监控　　　　　　B. 仪表风压力控制

C. 安全联锁保护　　　　　　D. 多机组负荷分配控制

39. 压缩机控制系统由（　　）、负荷分配控制盘、超速保护器等子系统构成。

A. 机组单元控制盘　　　　　B. 振动监测装置

C. 紧急停车装置　　　　　　D. 机械保护系统

40. 以下属于控制系统数字输入的信号有（　　）。

A. 启动变频器信号　　　　　B. MCC 故障信号

C. 阀门全开到位信号　　　　D. 正压通风系统吹扫完成信号

41. 离心式压缩机内部气体的流动特点有（　　）。

A. 三元流动　　B. 非定常流动　　C. 质量守恒　　D. 能量守恒

42. 在 $q_m = \rho_i q_{Vi} = \rho_{in} q_{Vin} = \rho_2 q_{V2} = \rho_2 c_{2r} f_2 = \text{const}$ 这个离心式压缩机连续方程的基本表达式中，物理量描述正确的有（　　）。

A. q_m 表示质量流量 B. q_V 表示容积流量
C. ρ 表示气流密度 D. f 表示垂直该截面的法向流速

43. 针对单位质量的气体，若要满足能量方程 $W_{tot}=h_2-h_1+\dfrac{c_2^2-c_1^2}{2}$，前提是忽略压缩机（ ）。

A. 级与外界热交换 B. 气体动能变化
C. 气体位能变化 D. 级内流动损失

44. 针对单位质量的气体，若要满足伯努利方程 $W_{tot}=\int_1^2\dfrac{\mathrm{d}p}{\rho}+\dfrac{c_2^2-c_1^2}{2}+h_{loss}$，前提条件是（ ）。

A. 流体做定常绝热流动 B. 忽略重力影响
C. 三元流动 D. 非定常流动

45. 已知离心式压缩机级中的沿程摩擦损失 $h_{fri}=\lambda\dfrac{l}{d_{hm}}\times\dfrac{c_m^2}{2}$，关于式中物理量描述正确的有（ ）。

A. l 表示沿程长度
B. d_{hm} 表示平均水力直径
C. c_m 表示气流平均速度
D. λ 表示摩阻系数，离心式压缩机级中，在一定的相对粗糙度下，λ 为变量

46. 考虑轮阻损失和漏气损失后，叶轮对单位质量气体的总耗功可表示为：$W_{tot}=W_{th}(1+\beta_L+\beta_{df})$，关于式中各物理量描述正确的有（ ）。

A. β_L 表示离心式压缩机漏气损失系数
B. β_{df} 表示轮阻损失系数
C. W_{tot} 表示叶轮对单位质量气体的总耗功
D. W_{th} 表示叶轮对单位质量气体的有用功

47. 离心式压缩机在不同转速、工作介质温度和压力变化条件下工作时，如果保持工况相似，则以下关于压缩机的性能参数不变的有（ ）。

A. 流量　　　B. 效率　　　C. 出口压力　　D. 压比

48. 两台离心式压缩机的流道结构中，所有对应的线性尺寸成比例，对应角度相等，则把两台压缩机对应半径、长度、宽度尺寸的比值称为模化比，用 λ_L 表示，进而推导出以下组合关系式（ ）。

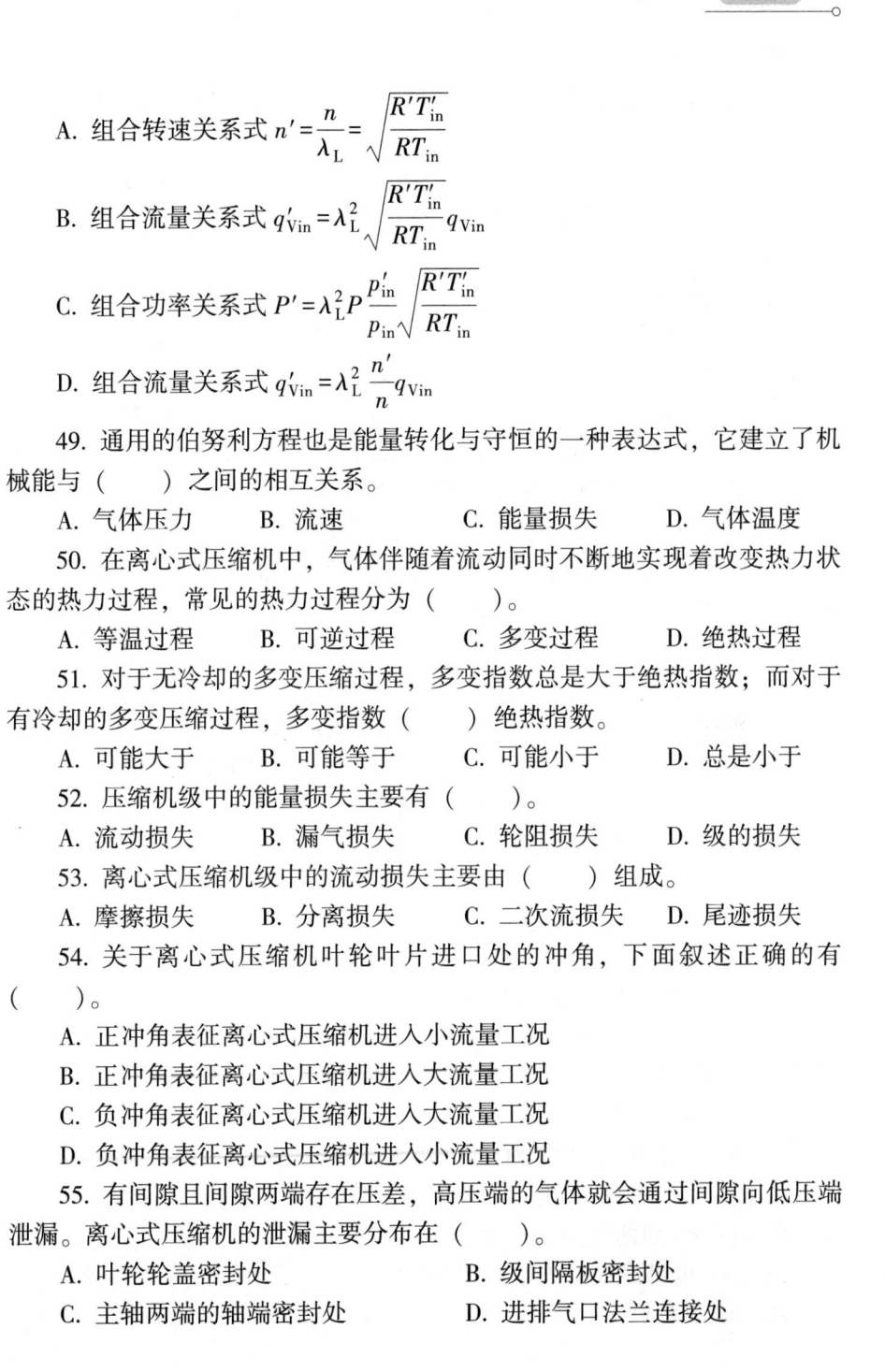

A. 组合转速关系式 $n' = \dfrac{n}{\lambda_L} = \sqrt{\dfrac{R'T'_{in}}{RT_{in}}}$

B. 组合流量关系式 $q'_{Vin} = \lambda_L^2 \sqrt{\dfrac{R'T'_{in}}{RT_{in}}} q_{Vin}$

C. 组合功率关系式 $P' = \lambda_L^2 P \dfrac{p'_{in}}{p_{in}} \sqrt{\dfrac{R'T'_{in}}{RT_{in}}}$

D. 组合流量关系式 $q'_{Vin} = \lambda_L^2 \dfrac{n'}{n} q_{Vin}$

49. 通用的伯努利方程也是能量转化与守恒的一种表达式，它建立了机械能与（　　）之间的相互关系。

A. 气体压力　　B. 流速　　C. 能量损失　　D. 气体温度

50. 在离心式压缩机中，气体伴随着流动同时不断地实现着改变热力状态的热力过程，常见的热力过程分为（　　）。

A. 等温过程　　B. 可逆过程　　C. 多变过程　　D. 绝热过程

51. 对于无冷却的多变压缩过程，多变指数总是大于绝热指数；而对于有冷却的多变压缩过程，多变指数（　　）绝热指数。

A. 可能大于　　B. 可能等于　　C. 可能小于　　D. 总是小于

52. 压缩机级中的能量损失主要有（　　）。

A. 流动损失　　B. 漏气损失　　C. 轮阻损失　　D. 级的损失

53. 离心式压缩机级中的流动损失主要由（　　）组成。

A. 摩擦损失　　B. 分离损失　　C. 二次流损失　　D. 尾迹损失

54. 关于离心式压缩机叶轮叶片进口处的冲角，下面叙述正确的有（　　）。

A. 正冲角表征离心式压缩机进入小流量工况
B. 正冲角表征离心式压缩机进入大流量工况
C. 负冲角表征离心式压缩机进入大流量工况
D. 负冲角表征离心式压缩机进入小流量工况

55. 有间隙且间隙两端存在压差，高压端的气体就会通过间隙向低压端泄漏。离心式压缩机的泄漏主要分布在（　　）。

A. 叶轮轮盖密封处　　　　　　B. 级间隔板密封处
C. 主轴两端的轴端密封处　　　D. 进排气口法兰连接处

56. 在离心式压缩机组中存在不同形式的损失，不属于流动损失的是（   ）。

    A. 轮阻损失   B. 摩擦损失   C. 漏气损失   D. 分离损失

57. 对于离心式压缩机而言，其流动相似应具备的条件可归结为（   ）。

    A. 几何相似   B. 叶轮进口速度三角形相似

    C. 特征马赫数相等   D. 气体绝热指数相等

58. 流动相似的条件有模型与实物或两台压缩机之间（   ）。

    A. 几何相似   B. 运动相似   C. 动力相似   D. 热力相似

59. 当离心式压缩机在不同转速、周围介质的温度和压力变化条件下工作时，如果保持工况相似，则压缩机的（   ）不变。

    A. 压比   B. 效率   C. 功率   D. 流量

60. 相似理论的应用是离心式压缩机设计和实验工作中的一项重要内容，其主要解决（   ）两方面的问题。

    A. 性能换算   B. 流量计算   C. 模化设计   D. 功率计算

61. 用于衡量离心式压缩机组效率的物理量有（   ）。

    A. 多变效率   B. 绝热效率

    C. 等温效率   D. 进口容积流量

62. 离心式压缩机设计时，安全指标包括合理商定（   ）和压缩机运行振动值等，其中最主要的是振动值。

    A. 主要零部件材质的力学性能

    B. 转子动平衡允许的残留不平衡量

    C. 工作转速离开1阶和2阶转子临界转速的数值

    D. 零部件装配尺寸及其间隙值

63. 为保证压缩机的性能和效率，叶轮的相对宽度有一定的取值范围，根据流量选择不同的叶轮，下面描述正确的有（   ）。

    A. 流量较小时应选用窄叶轮

    B. 较大流量时可选用双面进气的叶轮

    C. 流量继续增大可选用具有空间扭曲形叶片的三元叶轮

    D. 流量较小时应选用宽叶轮

64. 防爆电机按防爆原理可以分为（   ）。

    A. 隔爆型电机   B. 增安型电机

C. 本安型电机　　　　　　　　D. 防爆异步电机

65. 离心式压缩机正压通风主电机防爆功能的实现过程包括（　　）。

　　A. 启机前的预吹扫　　　　　B. 正常运行时的保压

　　C. 故障状态时的报警　　　　D. 失压时的联锁停机

66. 正压型防爆电动机常见的种类包括（　　）。

　　A. 伺服电机　　　　　　　　B. 三相异步电动机

　　C. 步进电机　　　　　　　　D. 无刷励磁同步电动机

67. 离心式压缩机主电机主要冷却的方式包括（　　）。

　　A. 强制风冷　　B. 强制水冷　　C. 润滑油冷却　　D. 自然冷却

68. 常用的功率器件包括（　　）。

　　A. 不控型器件　　B. 半控型器件　　C. 全控型器件　　D. 功率单元

69. 变频器常用的全控型器件分为（　　）。

　　A. IGBT　　　　B. IGCD　　　　C. IGCT　　　　D. IEGT

70. 干气密封虽然在工作时端面为非接触，但在启停机时仍会有短暂的接触，这就要求配对材料的耐磨性好。干气密封摩擦副材料，硬环一般采用（　　）的材料，如 SiC 或硬质合金。

　　A. 低膨胀系数　　　　　　　B. 高弹性模量

　　C. 高抗拉强度　　　　　　　D. 高热导率及硬度

71. 常用的干气密封形式有（　　）。

　　A. 单端面干气密封

　　B. 双端面干气密封

　　C. 带中间迷宫的串联式干气密封

　　D. 不带中间迷宫的串联式干气密封

72. 压气站离心式压缩机常用的干气密封形式有（　　）。

　　A. 单端面干气密封　　　　　　B. 双端面干气密封

　　C. 带中间迷宫的串联式干气密封　　D. 串联式干气密封

73. 润滑油站按照 API 614 进行选型，润滑油系统的正常流量为（　　）所需要的总油量。

　　A. 主电机　　　B. 齿轮箱　　　C. 压缩机　　　D. 润滑油站

74. 根据 API 614 规定，关于离心式压缩机润滑油站设计，以下描述正确的是（　　）。

　　A. 高位油箱从低位报警至低位停机应不小于 10min 正常流量

311

B. 主油泵和备用泵的额定流量应不小于1.2倍润滑油系统正常流量或（正常流量+40L/min），取其中的较大者

C. 应急停车用润滑油箱规格确定应按不小于10min 正常流量

D. 使用空冷式热交换器时应具有10%的管束余量，遇到泄漏时允许封堵不超10%的管束

75. 齿轮箱过热可能是由于（　　）造成的。
A. 油流量较大　　　　　　　B. 回流不足
C. 润滑油起沫　　　　　　　D. 机组负荷较低

76. 使用空冷器冷却润滑油效果不好的解决办法是（　　）。
A. 检查环境温度是否偏高　　B. 处理温控阀故障
C. 清洗空冷器水垢　　　　　D. 更换空冷器电机损坏的皮带

77. 通过改变（　　）来调节离心式压缩机组运行工作点。
A. 进口流量　　　　　　　　B. 回流阀开度
C. 转速　　　　　　　　　　D. 机组出口管网压力

78. 出口调节通过改变（　　）来改变离心式压缩机组工作点。
A. 出口温度　　　　　　　　B. 出口管网阻力曲线
C. 出口流量　　　　　　　　D. 出口压力

79. 变转速调节的主要优点（　　）。
A. 调节范围广　　　　　　　B. 调节范围窄
C. 节能性好　　　　　　　　D. 节能性差

80. 离心式压缩机组机械振动主要分析指标包括（　　）。
A. 振幅　　　B. 频率　　　C. 相位　　　D. 温度

81. 下列会导致空气压缩机排气温度高的原因有（　　）。
A. 油冷器堵塞　　　　　　　B. 空气冷却器堵塞
C. 主机失灵　　　　　　　　D. 油位过量

82. 下列会导致仪表风露点过高的原因有（　　）。
A. 进气含湿量过大　　　　　B. 吸附剂粉化
C. 露点传感器损坏　　　　　D. 空气压缩机排气温度偏高

83. 通过（　　）来排查微热吸附式干燥机显示"加热传感器"的故障。
A. 传感器是否超出量程　　　B. 传感器是否断线、损坏
C. 温度变送器是否故障　　　D. 吸附剂是否粉化

三、判断题（对的画"√"，错的画"×"）

1. （　　）离心式压缩机组用高压正压异步电动机大都采用端盖式球面滑动轴承，有调心功能。
2. （　　）离心式压缩机组用高压正压型异步电动机在热态下只允许启动一次。热态启动后的下一次启动时间至少在停车 15min 以后进行。
3. （　　）空—水冷却器是一种复合型换热器。
4. （　　）主电机水冷系统循环泵采用一用一备配置，系统正常运行中水泵采用定期自动切换设计，切换周期不长于一个月，在切换不成功时应能自动切回。
5. （　　）水风换热器可以根据环境温度、热负载量、供水温度自动调节投运的数量，使水温控制在一定范围内，不会出现骤升骤降的情况。
6. （　　）主电机正压吹扫系统的作用是启动前预吹扫，运行时保证内部压力大于外部压力。
7. （　　）主电机正压吹扫系统停机或者无气时，可视信号球的颜色分别是红色和黑色。
8. （　　）为了减少由于油过热、温度升高而产生的蒸气，齿轮箱体设有辅助底板和排气罩。
9. （　　）PCL 系列电驱离心式压缩机组设计的高精度齿轮箱大小齿轮均为人字齿。
10. （　　）挠性联轴器是一种能补偿两轴相对位移的联轴器。
11. （　　）膜片联轴器属挠性联轴器，其依靠金属联轴器膜片来连接主、从动机传递扭矩。
12. （　　）膜片联轴器具有弹性减振、无噪声、不需润滑的优点，结构较紧凑，强度高，使用寿命长，无旋转间隙，但受温度和油污影响比较大。
13. （　　）电动盘车装置，既可现场投入啮合（就地电控箱操作），也可在中控室远程控制投入啮合，且不需零转速即可启动盘车进行投运。
14. （　　）电动盘车装置只能电动盘车，禁止手动盘车操作。
15. （　　）油雾分离器是设计用于除去大型、高速运转设备润滑油系统中产生的可见油烟，它同时还用于油箱和整个油系统中真空度的产生和调节。

16. （　　）蓄能器若用于蓄存能量时，其充气终了时的压力不得超过液压系统最低工作压力的90%，但不得低于最高工作压力的25%。

17. （　　）三螺杆泵是一种离心式泵。

18. （　　）螺杆式空气压缩机冷却剂（润滑油）液位在机组加载时观察，应该从油窥镜中能看到，但不要超过一半。

19. （　　）螺杆压缩机是速度式压缩机中的一种。

20. （　　）螺杆压缩机的空气压缩是靠装置于机壳内互相平行啮合的阴阳转子的齿槽的容积变化而实现的。

21. （　　）无热再生干燥机是一种利用多孔性固体物质表面的分子力来吸取气体中的水分，从而获得较高露点温度、更干燥、洁净气体的净化设备。

22. （　　）再生塔的压力应小于0.022MPa，任何较高的再生气压力都说明系统的工作压力状态不良。

23. （　　）冷干机是冷冻式压缩空气干燥机的简称。

24. （　　）蒸发器是冷干机的主要换热部件，高压冷媒液体，在蒸发器里发生相变变成为低压冷媒蒸气，在相变过程中吸收周围热量，从而使压缩空气降温。

25. （　　）干气密封是一种新型的非接触式轴密封。

26. （　　）干气密封的主要原理是流体静压力和流体动压力的平衡。

27. （　　）干气密封单元通常由一个可以轴向浮动的动环和一个固定在轴套上的静环构成。

28. （　　）干气密封端面的流体动压槽有多种形式，如螺旋槽、枞树形槽等适用于轴单向旋转的槽形，有T形槽、人字形槽等适用于轴双向旋转的槽形。

29. （　　）串联式干气密封相当于前后串联布置的两组单端面干气密封。

30. （　　）双端面密封相当于前后串联布置的两组单端面干气密封。

31. （　　）干气密封隔离气必须使用低压氮气。

32. （　　）干气密封控制系统用于调节、控制、监测干气密封运行的相关参数。

33. （　　）隔离气的作用是隔绝外界空气进入避免污染密封。

34. （　　）隔离密封气采用现场仪表风作为供气气源。

35. （　）隔离密封气体经过滤处理后，经过自力式减压阀减压，将阀后压力恒定在 0.53MPa。

36. （　）增压泵工作为往复式运动，其活塞密封可靠的使用寿命通常为循环动作 10 万次。

37. （　）增压装置用于在压缩机启动时，一级密封气气源压力不足的情况下，提供满足干气密封开车阶段需要的流量。

38. （　）经过增压泵增压后的气体进入缓冲罐减小气流的脉冲后，引至干气密封控制系统使用。

39. （　）油雾分离器调整时要缓慢，认真观察，最佳状态为离心式压缩机周围无油烟溢出，高位排气口无油液滴落。

40. （　）油过滤器进出口的管道上设有差压变送器，用来显示油过滤器进出口间的压差，当压差达到 0.5MPa 时，说明油过滤器的滤芯堵塞严重，此时需立即更换滤芯。

41. （　）两台离心式压缩机，将喘振流量大的压缩机放在后面有利于扩大两机串联后的工况范围。

42. （　）采用两台离心式压缩机串联工艺时，尽量选择流量相近的，否则串联后的运行工况范围会扩大。

43. （　）采用两台离心式压缩机并联工艺时，尽量选择流量相近的，否则并联后运行工况范围会缩小。

44. （　）行业中通常把离心式压缩机固定于主轴上并随主轴一起旋转的零部件总成称为转子，把除转子以外的所有静止零部件的总成称为定子或静子。

45. （　）定子的主体是气缸，其他静止零部件都安装在气缸外。

46. （　）离心式压缩机上的轴承分径向轴承和止推轴承两种。

47. （　）在离心式压缩机中气体流动所通过的流道部分即为离心式压缩机的通流部分。

48. （　）离心式压缩机气体从吸气室进入，逐级经过压缩机叶轮、弯道、扩压器、回流器至排气室排出。

49. （　）离心式压缩机中转子上的叶轮、轴套、隔套等通过过盈配合的方式安装在主轴上。

50. （　）离心式压缩机转子传递扭矩的方式是通过键固定安装，其他零件则通过螺纹固定在轴上。

51. （　　）离心式压缩机主轴的轴线确定了各旋转零件的几何轴线。

52. （　　）离心式压缩机主轴通常为阶梯轴，以便于零件的安装，各阶梯的凸肩起轴向定位作用。

53. （　　）离心式压缩机主轴的表面粗糙度为 $Ra0.4\sim0.8$，不能通过研磨或砂纸打磨得到。

54. （　　）叶轮是离心式压缩机对气体做功提高能量的唯一部件。

55. （　　）闭式叶轮与半开式叶轮相比，闭式叶轮通常具有相对较高的效率。

56. （　　）离心式压缩机单极压比低。

57. （　　）在多级离心式压缩机中，轴向力是由于每级叶轮两侧的元件作用力大小不等，使转子受到一个指向高压端的合力。

58. （　　）离心式压缩机平衡盘装在最后一级叶轮相邻的轴端上。

59. （　　）离心式压缩机平衡盘只平衡部分径向力。

60. （　　）离心式压缩机当转子发生轴向窜动时，推力盘要接触到径向轴承。

61. （　　）离心式压缩机止推轴承分米契尔轴承和金斯伯雷型止推轴承。

62. （　　）离心式压缩机米契尔止推轴承是单面止推的。

63. （　　）离心式压缩机吸气室的出口一般就是叶轮的出口。

64. （　　）离心式压缩机隔板是形成固定元件的气体通道。

65. （　　）离心式压缩机弯道的主要作用是把扩压器出口气流引导到下一级叶轮的出口。

66. （　　）在离心式压缩机中气体在弯道和回流器中流动条件相对较差，流动损失相对较小。

67. （　　）离心式压缩机排气室设计的基本要求是流动损失小，效率高。

68. （　　）离心式压缩机机壳有足够的强度以承受气体的压力，法兰接合面应严密，主要由铸钢组成。

69. （　　）离心式压缩机外泄漏主要发生在主轴两端的轴端密封处。

70. （　　）离心式压缩机密封的作用是防止气体在级间倒流及向内泄漏。

71. （　　）离心式压缩机迷宫密封是接触式密封。

72. (　　) 迷宫密封是利用节流的原理，使气体每经过一个齿片压力就下降一次，经过一定数量的齿片后就形成压差。

73. (　　) 干气密封通常在不允许存在气体外泄的场合被用作压缩机主轴两端的轴端密封。

74. (　　) 阀位控制、驱动电机转速控制、风机转速控制、百叶窗开度控制等信号属于数字输出信号。

75. (　　) u_2 为叶轮叶片进口线速度，即叶轮旋转引起的牵引速度（m/s）。

76. (　　) 在气体做定常一元流动的情况下，流经压缩机任意截面的质量流量相等。

77. (　　) 一元流动是指气流参数（如速度、压力等）仅沿主流方向有变化，而垂直于主流方向上的截面无变化。

78. (　　) 轴向涡流存在时，欧拉方程不需要调整。

79. (　　) 在轴流压缩机中，不存在横向涡流。

80. (　　) 当流动损失存在时，欧拉方程不再适用。

81. (　　) 当离心式压缩机与外界换热量不为零时，欧拉方程不再适用。

82. (　　) 能量方程式是既含有机械能又含有热能的能量转化与守恒方程，它表示由叶轮所做的机械功，转换为级内气体焓的升高和动能的增加。

83. (　　) 能量方程式表明对于有黏性气体所引起的能量损失以热量的形式传递给气体，使气体焓升高。

84. (　　) 伯努利方程表示了流体与叶轮之间能量转换与静压能和动能转换的关系。

85. (　　) 离心式压缩机中，气体等温压缩过程是没有损失但与外界有热交换的理想压缩过程。

86. (　　) 气体有黏性是气体在流动过程中产生摩擦损失的根本原因。

87. (　　) 气体有黏性是气体在流动过程中产生分离损失的根本原因。

88. (　　) 合理增大叶片的曲率半径和增加叶片数，可以有效控制二次流损失。

89. （　　）产生二次流损失的根本原因是气体具有黏性。

90. （　　）小流量级流道的当量水力直径小，边界层面积相对较大，更容易产生二次流并导致气流分离。

91. （　　）叶片尾缘有厚度，气流离开其尾部时，厚度突然消失，局部流动截面突然扩张形成旋涡，产生分离损失。

92. （　　）当迷宫密封两端的压差一定时，采用的密封齿数越多，单个密封齿两侧的压差或压降越小，压力下降转化为密封间隙中的气流速度也越小，整个密封的漏气量就越小。

93. （　　）离心式压缩机轮阻损失和漏气损失这部分能量以热量的形式提供给气体，体现为单位质量气体经过叶轮后温度升高。

94. （　　）由于离心式压缩机是流体机械，所以两台压缩机相似本质是两机之间流动相似。

95. （　　）相似理论基于一元定常流动假定，工质符合状态方程的理想气体；且流动过程中不存在中间冷却，气体压缩过程为绝热压缩过程。

96. （　　）对于流动相似的离心式压缩机，可以用组合参数和 ε、φ_{2r}、η 无因次参数来表示它们的性能曲线，可以得到与运行条件无关的通用性能曲线。

97. （　　）离心式压缩机设计时，若要使用进口容积流量，则需注明进口的气体状态压力 p_{in}（Pa）和温度 T_{in}（K）。

98. （　　）针对气体含有固体颗粒或液滴的两相介质，离心式压缩机需根据气体所含颗粒或液滴的浓度进行设计，并按两相流理论进行设计制造，通流部件（尤其是叶轮、叶片）应选用耐磨损、耐腐蚀的材料，并在其表面喷涂硬质合金进行特殊处理。

99. （　　）正压型电机通过保持壳体内部压力，始终高于外部爆炸性环境压力，以阻止爆炸性气体进入电机内部，进而达到防爆的目的。

100. （　　）全可控功率器件根据封装方式不同分为焊接式和压接式，不同器件厂家采用各自积累的成熟技术研发了具有不同性能的产品。

101. （　　）与压接式功率器件相比，焊接式功率器件双面散热，热阻小，通流能力强，功率密度大，具有较强的防爆性能，且焊接式功率器件内部不含绑定线，器件杂散电感小，可靠性高。

102. （　　）干气密封运转的稳定性和可靠性取决于密封面气膜刚度大小，无论是工艺参数还是螺旋槽结构参数对密封性能的影响，都主要体现在对气膜刚度的影响,气膜刚度越大,密封稳定性越好。

103. (　) 干气密封气膜刚度螺旋槽的结构参数主要有槽深、螺旋角、槽数、槽宽与堰宽比、槽长与坝长比等,需用专用软件进行优化设计。

104. (　) 润滑油站应采用低位油箱,低位油箱最高和最低运行油位之差应不小于50mm;润滑油箱最低运行油位和油泵最低吸入油位之差应不小于3min正常流量。

105. (　) 润滑油系统应包括可连续运行的一台主油泵和一台备用油泵,每台泵应单独驱动。对于没有轴端驱动泵的,主泵和备用泵可以相同也可以不同。

106. (　) 离心式压缩机组启动前需检查确认增压橇干气密封总阀、驱动气(仪表风)总阀打开;确认密封气排空阀、排凝阀处于关闭状态。

107. (　) 新启用、长期停用或大修后投用的离心式压缩机组需在启机前进行盘车操作,盘车时间不超过5min。

108. (　) 离心式压缩机组启动过程中,现场操作人员应到现场,通过防爆对讲机与主控室操作人员同步核实压缩机及附属设施无异常,现场操作人员按照启动时序,逐一核实目标状态完成情况,直至机组运行正常。

109. (　) 离心式压缩机组手动调整负荷时,只能点击UCS启动调速界面上"升速""降速"按钮,将压缩机转速调整至合理值。

110. (　) 每4h应检查确认变频器参数界面所有参数(实时值)均在正常范围内,系统无报警。

111. (　) 主控室操作人员及时检查确认在线状态监测与故障诊断系统有无报警。

112. (　) 离心式压缩机组停运后,不需要根据实际生产情况对其他运行机组转速进行合理调整。

113. (　) 保压停机状态下不允许停运干气密封系统。

114. (　) 操作员工只要按下全站ESD紧急停机按钮,就能实现压缩机泄压停机。

115. (　) 离心式压缩机组完成停机后,主控室操作人员应现场再次确认各阀门开关状态是否正确。

116. (　) 变频器超速保护器联锁、主电机水冷故障会导致保压联锁停机。

117. (　) 仪表风减压阀后压力低、驱动一级泄压气压力低、非驱动一级泄压气压力低等会导致泄压联锁停机。

118. （　　）失电停机是离心式压缩机组在运行状态下主电源突然断电造成的停机。

119. （　　）离心式压缩机组失电停机后，应立即确认事故油泵是否正常启动，并确认润滑油回油是否正常。

120. （　　）根据气质情况，定期对干气密封系统进行排凝操作。

121. （　　）离心式压缩机组机组工艺气系统打开作业后，启机前不用进行置换。

122. （　　）润滑油站启动后应检查出口压力和流量计温度是否正常、各管件连接处是否有漏油情况。

123. （　　）空气压缩机启动前依次确认橇内空气管路阀门、空气储气罐电动排水阀是否处于"开"位置，确认前端手阀处于关闭状态，旁通阀处于打开状态。

124. （　　）空气压缩机启动前只需检查空气压缩机各连接螺栓等紧固件是否紧固，不用检查空气压缩机润滑油油位。

125. （　　）离心式压缩机组变频器水冷装置控制操作分为手动和自动两种模式，通过触摸屏切换实现。

126. （　　）离心式压缩机组变频器水冷装置出水正常流量应为20~40L/min。

127. （　　）应定期检查离心式压缩机组电机水冷装置电气设备的绝缘性，启机后检查模块式风冷冷水机组接地线连接良好。

128. （　　）离心式压缩机组电机水冷系统严禁在非紧急情况下按"急停按钮"停机。

129. （　　）离心式压缩机组电机水冷装置运行分为就地控制运行和远程控制运行。

130. （　　）机组备用时，应检查并加注润滑油箱液位不低于70%。

131. （　　）离心式压缩机工艺气系统应设置过滤分离装置、回流装置、计量装置、防喘振装置、放空装置、压缩机入口计量装置、后空冷装置等。

132. （　　）离心式压缩机工艺气系统中压缩机入口可以不设置文丘里管流量计等计量装置。

133. （　　）立式重力式分离器分为四个功能段，即分离段、沉降段、除雾段、储存段。

134. （　　）为了提高重力式分器的效率，进口管线多以切线进入，利用离心力对液体、固体进行初步分离。

135. （　　）在最恶劣的工况下，在距阀 1m 处的噪声不得超过 100dB。

136. （　　）防喘振阀的气动执行机构应为气动薄膜或活塞类型。

137. （　　）工艺气出压缩机冷却后温度不宜超过 60℃，保证卸载回流和放喘回流情况下安全运行。

138. （　　）空气冷却器的噪声不得超过 90dB（额定功率下，外壳水平处 1m、高 1.5m 处测得）。

139. （　　）文丘里管流量计比高级孔板阀计量准确度等级低。

140. （　　）文丘里管流量计在离心式压气站的作用是对离心式压缩机入口的天然气进行计量，为机组的工况工作点的准确计算提供基础数据支撑。

141. （　　）文丘里流量计的基本测量原理是以能量守恒定律—伯努力方程和流动连续性方程为基础的流量测量方法。

142. （　　）管道过滤器的结构由过滤套筒、壳体、过滤网、法兰及紧固件等组成，安装在管道上。

143. （　　）管道过滤器不可以拆卸清洗后继续使用。

144. （　　）电机水冷系统月度检查保养需检查空冷器风机安全开关是否处于竖直开启状态，检查现场操作柱开关离合状态。

145. （　　）每月应对油冷器电机及排烟风机电机加注润滑脂。

146. （　　）电机水冷系统月度检查保养需检查空冷器风机电流值是否正常。

147. （　　）电机水冷系统月度检查保养需检查制冷机组过滤器是否需要更换或清洗。

148. （　　）应每季度检查润滑油双油滤切换阀活动是否灵活，并对在用、备用过滤流程进行切换。

149. （　　）每季度检查工艺冷却器、润滑系统油冷却器风机及配套电机轴承润滑情况，根据需要加注润滑脂。

150. （　　）每年对百叶窗进行全行程活动，以防轮毂内部粘连。

151. （　　）电机年度保养需检查防冷凝加热器，除去加热器的灰尘并更换检测部件，加热元件有故障时应保证更换。

152. （   ）采用水冷系统的电机，每半年检查驱动电机漏水检测器是否泄漏，出现泄漏立即更换。

153. （   ）长期不使用的变频器需保证每半个月进行一次送电合闸试验，带电时间 1h 以上。

154. （   ）离心式压缩机组停用期间，应每季度空载运行 4h。

155. （   ）每周对空气压缩机润滑油液位及颜色进行检查。

156. （   ）每周检查内置干燥机的水分指示器是否显示为蓝色，仪表风储罐是否正常排水。

157. （   ）变频水冷系统月度检查保养需检查风机、水泵运行电流值是否正常。

158. （   ）变频水冷系统月度检查保养需检查空气散热器翅片间是否有堵塞现象。

159. （   ）变频水冷系统月度检查保养需用温度测量仪对空气散热器每台运行电机的温度进行测量，并进行有效记录。

160. （   ）齿轮箱轴承有缺陷或磨损会造成齿轮箱振动异常。

161. （   ）齿轮接触啮合不合格不会导致齿轮箱振动异常，轴承温度超标。

162. （   ）齿轮箱箱体变形，应及时检查设备基座和基础，观测基础沉降情况。

163. （   ）转子动平衡不良会导致齿轮箱轴承振动超标联锁停机。

164. （   ）机组转子发生轴弯曲会引起压缩机组主机、齿轮箱、电机振动瞬时增大。

165. （   ）两台压缩机串联运行的目的一般是解决出口压力不能完全满足需要的问题。

166. （   ）两台离心式压缩机组单独运行时接近喘振工况，两台机组串联调节后运行更加危险。

167. （   ）两台离心式压缩机组并联运行的目的一般是解决流量不能完全满足需要的问题。

168. （   ）两台离心式压缩机并联时进出口压力（压比）相同。

169. （   ）通常采用进口节流的方式改变压缩机组进口流量。

170. （   ）一倍频，即实际运行转速频率，又称工频、基频、转频。

171. （　）设备通频振动是原始的、经傅里叶变换分解处理的、由各频率振动分量相互叠加后的总振动。

172. （　）机组齿式联轴器（带中间短节）和金属挠性（膜盘、叠片）联轴器的不对中故障特征频率主要为二倍频，常伴有呈递减状的三倍频、四倍频。

173. （　）空气压缩机冷却空气不足会导致设备出口排气温度高。

174. （　）空气压缩机油冷却器堵塞不会导致设备出口排气温度异常。

175. （　）空气压缩机油位过低会导致设备出口排气温度异常。

176. （　）空气压缩机排气温度高不会导致机组过载停机。

177. （　）再生调节阀关闭会导致微热吸附式干燥机加热超温报警。

178. （　）进气低压报警不会导致微热吸附式干燥机联锁停机。

179. （　）微热吸附式干燥机吸附剂粉化会导致仪表风露点过高。

四、简答题

1. 两台离心式压缩机串联的主要特点有哪些？
2. 两台离心式压缩机并联的主要特点有哪些？
3. 离心式压缩机进口调节工况的方法是什么？
4. 离心式压缩机进口节流调节有哪些特点？
5. 离心式压缩机出口节流调节有哪些特点？
6. 离心式压缩机可调进口导叶具备哪些作用？
7. 离心式压缩机采用进口导叶工况时的特点是什么？
8. 离心式压缩机转动可调叶片扩压器的主要特点是什么？
9. 离心式压缩机改变转速调节的主要特点是什么？
10. 离心式压缩机工况调节的方式有哪些？
11. 离心式压缩机异常振动的原因有哪些？
12. 离心式压缩机轴位移波动大的原因有哪些？
13. 离心式压缩机轴承温度高的原因有哪些？
14. 离心式压缩机轴端及密封面泄漏的原因有哪些？
15. 离心式压缩机发生喘振的原因有哪些？
16. 电机油封泄漏的原因有哪些？
17. 电机轴承发热和出现不正常杂声的原因有哪些？

18. 高压正压型异步电动机轴承窜动和振动的原因有哪些？

19. 电动机振动超标的原因有哪些？

20. 电动机空水冷系统常见故障有哪些？

21. 离心式压缩机干气密封密封面失效的原因有哪些？

22. 如何判断离心式压缩机干气密封一级密封失效，处理办法是什么？

23. 离心式压缩机润滑油压力油压低的原因有哪些？

24. 离心式压缩机润滑油油压高的原因有哪些？

25. 离心式压缩机润滑油泵常见故障有哪些？

26. 离心式压缩机油雾分离器启动无油烟排出、主油箱无负压的原因是什么？

27. 离心式压缩机油雾分离器运行中突然不排烟、主油箱无负压的原因是什么？

28. 离心式压缩机油雾分离器风机振动大的原因有哪些？

29. 离心式压缩机油雾分离器油雾风机运行后油箱内的负压达不到要求的原因有哪些？

30. 离心式压缩机油雾分离器油雾风机正常停机后不能启动，电机超电流的原因有哪些？

31. 离心式压缩机油雾分离器油雾风机超电流停机的原因有哪些？

32. 离心式压缩机油雾分离器油烟风机随着时间的增加除油烟效率越低的原因有哪些？

33. 离心式压缩机油雾分离器油雾风机出口往外喷油的原因有哪些？

34. 请写出离心式压缩机叶轮出口叶片安装角、叶片出口相对气流角、叶轮进口叶片安装角、叶片进口相对气流角的定义。

35. 为了反映离心式压缩机流量与叶轮几何尺寸及气流速度的相互关系，常应用连续方程在叶轮出口处的表达式 $q_m = \rho_2 q_{V2} = \rho_2 \dfrac{b_2}{D_2} \phi_{2r} \dfrac{\tau_2}{\pi} \left(\dfrac{60}{n}\right)^2 u_2^3$。式中，$D_2$ 表示叶轮外径；b_2 表示叶轮出口处的轴向宽度，τ_2 表示叶轮叶片出口阻塞系数。根据此表达式，请写出叶轮出口的相对宽度 $\dfrac{b_2}{D_2}$ 和叶轮出口处的流量系数 ϕ_{2r} 取值范围，并简要描述理由。

36. 请写出离心式压缩机的基本欧拉方程以及欧拉第二方程，并简要描述其物理意义。

37. 请写出离心式压缩机能量方程式的物理意义。

38. 请写出离心式压缩机伯努利方程的通用表达式并简要描述其物理意义。

39. 如何减少离心式压缩机级内的摩擦损失？

40. 离心式压缩机的通流元件中，凡是流动扩压度大的地方都可能产生分离损失，请简要描述减少分离损失的思路和措施。

41. 请简要描述离心式压缩机级内二次流的危害。

42. 如何减少离心式压缩机级内的二次流损失？

43. 如何减少离心式压缩机级内的尾迹损失？

44. 简要描述离心式压缩机内漏气损失产生的原因。

45. 写出离心式压缩机叶轮轮阻功率损失数学表达式，并简要说明轮阻损失与哪些参数有关。

46. 简要描述减少轮阻损失的思路与措施。

47. 若两台离心式压缩机符合相似条件，它们的模化比为 λ_L，已知组合转速关系式满足 $n' = \dfrac{n}{\lambda_L} = \sqrt{\dfrac{R'T'_{in}}{RT_{in}}}$，据此写出组合流量关系式和组合功率关系式。

48. 请分别写出反映离心式压缩机性能的多变效率、绝热效率和等温效率的定义式。

49. 文丘里流量计与孔板流量计相比有什么优点？

50. 文丘里流量计有哪几种类型？

51. 目前油气田离心式压缩机组维护保养一般分为哪四类保养？

52. 请描述仪表风橇 8000h 维护保养中必须要更换的部件及润滑介质。

五、计算题

1. 已知离心式压缩机的某级叶轮叶片进口无预旋（$c_{1u}=0$），$T_{in}=30℃$，$p_{in}=98.00\text{kPa}$，$D_2=0.4\text{m}$，$n=14000\text{r/min}$，$\eta=0.8$，$\beta_L=0.03$，$\beta_{df}=0.04$，周速系数 $\phi_{2u}=0.68$，$k=1.4$，$R=287\text{J/(kg·K)}$。求 p_{out} 和 W_{pol}。

2. 已知离心式压缩机多变效率 $\eta=0.8$，$T_{in}=20℃$，$p_{in}=4000\text{kPa}$，$p_{out}=4750\text{kPa}$，$k=1.34$，$R=520\text{J/(kg·K)}$，$c_{in}=c_{out}$，中间无冷却，气体压缩过程为多变压缩。求压缩机多变过程指数 m 和出口温度 T_{out}，并计算压缩每千

克气体所有消耗的多变压缩功 W_{pol} 和总耗功 W_{tot}。

3. 测得离心式压缩机组某级 p_{in} = 97kPa，T_{in} = 20℃，c_{in} = 30m/s，p_{out} = 185kPa，T_{out} = 98℃，c_2 = 240m/s，α_2 = 20°，D_2 = 0.34m，n = 17850r/min，k = 1.4，R = 287J/(kg·K)，求级的 η_{pol}，级的多变压缩功 W_{pol}，级的总耗功 W_{tot}，叶轮出口参数 ϕ_{2u}。

4. 对某离心式压缩机进行模型试验时，模型与产品保持几何相似，$\lambda_L = \dfrac{D'}{D} = 2$，使用的工质及进口状态与产品完全一致。若要使模型与产品保持流动相似，二者在转速 n、进气容积流量 q_{Vin}、出口压力 p_{out}、效率 η_{pol} 和内功率 P 之间应该有什么关系？（模型参数在右上角加′表示）

5. 现有一新产品级要做模型试验，设计转速 n = 29400r/min，T_{in} = 303K，p_{in} = 98000Pa，功率 N = 280kW。试验台最高转速 n' = 20000r/min，最大功率 N' = 500kW，实验室大气条件为 T' = 293K，p'_{in} = 101325Pa。设实物和模型介质均为空气，且 $R = R'$。在满足相似条件下，能否对新产品级做模型试验？为什么？有何办法可以用此试验台对新产品在满足相似条件下进行模型试验？

参考答案

一、单项选择题

1. A	2. C	3. C	4. B	5. C	6. A	7. B	8. B
9. B	10. A	11. C	12. A	13. A	14. B	15. C	16. B
17. C	18. B	19. C	20. B	21. D	22. C	23. C	24. B
25. D	26. B	27. C	28. B	29. B	30. D	31. A	32. A
33. A	34. D	35. D	36. B	37. A	38. B	39. B	40. D
41. D	42. A	43. D	44. A	45. D	46. D	47. D	48. D
49. A	50. D	51. C	52. B	53. D	54. B	55. A	56. A
57. B	58. D	59. B	60. B	61. D	62. C	63. D	64. A
65. C	66. C	67. B	68. D	69. B	70. C	71. A	72. D
73. B	74. D	75. B	76. B	77. B	78. D	79. B	80. B
81. A	82. B	83. C	84. A	85. D	86. D	87. D	88. D

89. C	90. B	91. B	92. D	93. D	94. C	95. C	96. C
97. D	98. C	99. D	100. A	101. D	102. A	103. B	104. A
105. D	106. A	107. C	108. D	109. C	110. B	111. D	112. C
113. A	114. C	115. A	116. A	117. B	118. B	119. B	120. C
121. D	122. B	123. A	124. B	125. D	126. B	127. A	128. B
129. D	130. D	131. A	132. B	133. D	134. D	135. D	136. A
137. B	138. A	139. B	140. B	141. A	142. A	143. C	144. C
145. A	146. A	147. C	148. A	149. B	150. C	151. B	152. D
153. D	154. A	155. D	156. D	157. A	158. B	159. D	160. D
161. D	162. B	163. D	164. A	165. D	166. D	167. B	168. C
169. D	170. A	171. D	172. B	173. A	174. D	175. B	176. C
177. A	178. D	179. C	180. C	181. B	182. D	183. B	184. D
185. C	186. D	187. A	188. C	189. B	191. B	191. A	192. A
193. C	194. B	195. A	196. B	197. D	198. C	199. C	200. B
201. A	202. D	203. C	204. C	205. B	206. B	207. D	208. A
209. D	210. C	211. C	212. A	213. B	214. B	215. A	216. C
217. C	218. C	219. C	220. C	221. A	222. B	223. C	224. C
225. D	226. A	227. A	228. C	229. D	230. B	231. A	232. A
233. D	234. A	235. A	236. C	237. A	238. C	239. A	240. A

二、多项选择题

1. AB	2. ABCD	3. ABCD	4. BCD	5. AD	6. AB
7. ABCD	8. ABCD	9. ABCD	10. ABCD	11. ABC	12. ABCD
13. ABCD	14. AB	15. AB	16. ABCD	17. ABC	18. ABCD
19. ABC	20. AB	21. AB	22. ABCD	23. ABCD	24. ABC
25. AB	26. ABCD	27. AB	28. ABC	29. ABCD	30. ABC
31. ABCD	32. ABCD	33. ABC	34. ABCD	35. BCD	36. ABCD
37. ABCD	38. ACD	39. ACD	40. BCD	41. ABCD	42. ABC
43. AC	44. AB	45. ABC	46. ABC	47. BD	48. ABC
49. ABC	50. ACD	51. ABC	52. ABC	53. ABCD	54. AC
55. ABC	56. AC	57. ABCD	58. ABCD	59. AB	60. AC
61. ABC	62. ABCD	63. ABC	64. ABC	65. ABCD	66. BD

67. AB	68. ABC	69. ACD	70. ABCD	71. ABCD	72. CD
73. ABC	74. ABD	75. ABC	76. ACD	77. ABCD	78. BCD
79. AC	80. ABC	81. ABC	82. ABC	83. ABC	

三、判断题

1. √ 2. × 正确答案：离心式压缩机组用高压正压型异步电动机在热态下只允许启动一次。热态启动后的下一次启动时间至少在停车 1h 以后进行。 3. √ 4. × 正确答案：主电机水冷系统循环泵采用一用一备配置，系统正常运行中水泵采用定期自动切换设计，切换周期不长于一周，在切换不成功时应能自动切回。 5. √ 6. √ 7. √ 8. × 正确答案：为了减少由于油过热、温度升高而产生的油沫，齿轮箱体设有辅助底板和排气罩。 9. √ 10. √ 11. √ 12. × 正确答案：膜片联轴器具有弹性减振、无噪声、不需润滑的优点，结构较紧凑，强度高，使用寿命长，无旋转间隙，不受温度和油污影响。 13. √ 14. × 正确答案：电动盘车装置可以电动盘车，也可以手动盘车操作。 15. √ 16. √ 17. × 正确答案：三螺杆泵是一种转子式容积泵。 18. √ 19. × 正确答案：螺杆压缩机是容积式压缩机中的一种。 20. √ 21. × 正确答案：无热再生干燥机是一种利用多孔性固体物质表面的分子力来吸取气体中的水分，从而获得较低露点温度、更干燥、洁净气体的净化设备。 22. √ 23. √ 24. × 正确答案：蒸发器是冷干机的主要换热部件，低压冷媒液体，在蒸发器里发生相变变成为低压冷媒蒸气，在相变过程中吸收周围热量，从而使压缩空气降温。 25. √ 26. √ 27. × 正确答案：干气密封单元通常由一个可以轴向浮动的静环和一个固定在轴套上的动环构成。 28. × 正确答案：干气密封端面的流体动压槽有多种形式，如螺旋槽、人字形槽等适用于轴单向旋转的槽形，有T形槽、枞树形槽等适用于轴双向旋转的槽形。 29. √ 30. × 正确答案：双端面密封相当于面对面布置的两套单端面密封。 31. × 正确答案：干气密封隔离气一般使用低压氮气，特殊情况也可以使用低压空气。 32. √ 33. × 正确答案：隔离气的作用是隔绝轴承润滑油避免污染密封。 34. √ 35. × 正确答案：隔离密封气体经过滤处理后，经过自力式减压阀减压，将阀后压力恒定在 0.35MPa。 36. × 正确答案：增压泵工作为往复式运动，其活塞密封可靠的使用寿命通常为循环动作 100 万次。 37. √ 38. √ 39. √ 40. × 正确答案：油过滤器进出口的管道上设有差压变送器，用来显示油过滤器进出口间的压差,当压差达到0.15MPa时,说明油过滤器的滤芯堵塞严重,此时需立即更换滤芯。　41.× 正确答案:两台离心式压缩机,将喘振流量小的压缩机放在后面有利于扩大两机串联后的工况范围。 42.× 正确答案:采用两台离心式压缩机串联工艺时,尽量选择流量相近的,否则串联后的运行工况范围会缩小。　43.× 正确答案:采用两台离心式压缩机并联工艺时,尽量选择压力相近的,否则并联后运行工况范围会缩小。　44.√　45.× 正确答案:定子的主体是气缸,其他静止零部件都安装在气缸内。　46.√　47.√　48.× 正确答案:离心式压缩机气体从吸气室进入,逐级经过压缩机叶轮、扩压器、弯道、回流器至排气室排出。 49.√　50.√　51.√　52.√　53.× 正确答案:离心式压缩机主轴的表面粗糙度为 $Ra0.4 \sim 0.8$,通过研磨或砂纸打磨得到。　54.√　55.√　56.× 正确答案:离心式压缩机单极压比较高。　57.× 正确答案:在多级离心式压缩机中,轴向力是由于每级叶轮两侧的元件作用力大小不等,使转子受到一个指向低压端的合力。　58.√　59.× 正确答案:离心式压缩机平衡盘只平衡部分轴向力。　60.× 正确答案:离心式压缩机当转子发生轴向窜动时,推力盘要接触到止推轴承。　61.√　62.× 正确答案:离心式压缩机米契尔止推轴承是双面止推的。　63.× 正确答案:离心式压缩机吸气室的出口一般就是叶轮的进口。　64.√　65.× 正确答案:离心式压缩机弯道的主要作用是把扩压器出口气流引导到下一级叶轮的进口。　66.× 正确答案:在离心式压缩机中气体在弯道和回流器中流动条件相对较差,流动损失相对较大。　67.√　68.√　69.√　70.× 正确答案:离心式压缩机密封的作用是防止气体在级间倒流及向外泄漏。　71.× 正确答案:离心式压缩机迷宫密封是非接触式密封。　72.√　73.√　74.× 正确答案:阀位控制、驱动电机转速控制、风机转速控制、百叶窗开度控制等信号属于模拟输出信号。　75.× 正确答案:u_2为叶轮叶片出口线速度,即叶轮旋转引起的牵引速度(m/s)。　76.√　77.√　78.√　79.× 正确答案:轴流压缩机、离心式压缩机都存在横向涡流。　80.× 正确答案:流动损失存在时欧拉方程也适用。　81.× 正确答案:不管离心式压缩机与外界是否有换热,欧拉方程都适用。　82.√　83.√　84.√　85.√　86.√　87.√　88.√　89.√　90.√　91.× 正确答案:叶片尾缘有厚度,气流离开其尾部时,厚度突然消失,局部流动截面突然扩张形成旋涡,产生尾迹损失。　92.√　93.√　94.√　95.× 正确答案:相似理论基于一元定常流动假定，工质符合状态方程的理想气体；流动过程中可能存在中间冷却，气体压缩过程为多变压缩过程。 96.√ 97.√ 98.√ 99.√ 100.√ 101.× 正确答案：与焊接式功率器件相比，压接式功率器件双面散热，热阻小，通流能力强，功率密度大，具有较强的防爆性能，且压接式功率器件内部不含绑定线，器件杂散电感小，可靠性高。 102.√ 103.√ 104.× 正确答案：润滑油站应采用高位油箱，低位油箱最高和最低运行油位之差应不小于50mm；润滑油箱最低运行油位和油泵最低吸入油位之差应不小于3min正常流量。 105.× 正确答案：润滑油系统应包括可连续运行的一台主油泵和一台备用油泵，每台泵应单独驱动。对于没有轴端驱动泵的，主泵和备用泵的类型、参数必须相同。 106.√ 107.× 正确答案：新启用、长期停用或大修后投用的离心式压缩机组需在启机前进行盘车操作，盘车时间不超过2min。 108.√ 109.× 正确答案：离心式机组手动调整负荷时，根据压缩机处理量、进出气压力的工况要求，点击UCS启动调速界面上"升速""降速"按钮，或者直接输入转速值，将压缩机转速调整至合理值。 110.× 正确答案：每2h应检查确认变频器参数界面所有参数（实时值）均在正常范围内，系统无报警。 111.√ 112.× 正确答案：离心式压缩机组停运后，需要根据实际生产情况对其他运行机组转速进行合理调整。 113.√ 114.√ 115.× 正确答案：离心式压缩机组完成停机后，现场操作人员应现场再次确认各阀门开关状态是否正确。 116.√ 117.√ 118.√ 119.√ 120.√ 121.× 正确答案：离心式压缩机组机组工艺气系统打开作业后，启机前应先进行置换。 122.√ 123.× 正确答案：空气压缩机启动前依次确认橇内空气管路阀门、空气储气罐电动排水阀是否处于"开"位置，确认前端手阀处于打开状态，旁通阀处于关闭状态。 124.× 正确答案：空气压缩机启动前只需检查空气压缩机各连接螺栓等紧固件是否紧固，应检查空气压缩机润滑油油位。 125.√ 126.√ 127.× 正确答案：应定期检查离心式压缩机组电机水冷装置电气设备的绝缘性，启机前检查模块式风冷冷水机组接地线连接良好。 128.√ 129.√ 130.√ 131.√ 132.× 正确答案：离心式压缩机工艺气系统中压缩机入口应设置文丘里管流量计等计量装置。 133.√ 134.√ 135.× 正确答案：在最恶劣的工况下，在距阀1m处的噪声不得超过85dB。 136.√ 137.× 正确答案：工艺气出压缩机冷却后温度不宜超过50℃，保证卸载回流和放噀回流情况下安全运行。 138.× 正确答案：空气冷却器的噪声不得超过

85dB（额定功率下，外壳水平处 1m、高 1.5m 处测得）。 139. × 正确答案：文丘里管流量计比高级孔板阀计量准确度等级高。 140. √ 141. √ 142. √ 143. × 正确答案：管道过滤器可以拆卸清洗后继续使用。 144. √ 145. √ 146. √ 147. √ 148. √ 149. √ 150. × 正确答案：每季度对百叶窗进行全行程活动，以防轮毂内部粘连。 151. √ 152. √ 153. × 正确答案：长期不使用的变频器需保证每个月进行一次送电合闸试验，带电时间 1h 以上。 154. √ 155. √ 156. √ 157. √ 158. √ 159. √ 160. √ 161. × 正确答案：齿轮接触啮合不合格会导致齿轮箱振动异常，轴承温度超标。 162. √ 163. √ 164. √ 165. √ 166. × 正确答案：两台离心式压缩机组单独运行时接近喘振工况，两台机组串联调节后运行更加安全。 167. √ 168. √ 169. √ 170. √ 171. × 正确答案：设备通频振动是原始的、未经傅里叶变换分解处理的、由各频率振动分量相互叠加后的总振动。 172. √ 173. √ 174. × 正确答案：空气压缩机油冷却器堵塞会导致设备出口排气温度异常。 175. √ 176. × 正确答案：空气压缩机排气温度高会导致机组过载停机。 177. √ 178. × 正确答案：进气低压报警会导致微热吸附式干燥机联锁停机。 179. √

四、简答题

1. 答：（1）串联能提高压缩机排出压力；（2）两机串联后质量流量与管网和系统相同；（3）串联的两机流量范围相近，流量小的压缩机放在后面有利于扩大串联工况范围；（4）串联应防止阻塞。

2. 答：（1）并联流量是两台机组流量之和，是提高压缩机流量的方式；（2）两机并联进出口压力相同、压比相同；（3）并联应防止喘振。

3. 答：（1）在压缩机进口管上安装调节阀，通过入口调节阀来调节进气压力；（2）进气压力的降低直接影响压缩机排气压力，使压缩机性能曲线下移；（3）进口调节改变压缩机的性能曲线，移动工作点，达到调节流量目的。

4. 答：（1）结构简单，调节方便，造价低；（2）与出口节流法相比，进口节流调节的经济性较好；（3）关小进口阀，压缩机在更小的流量工况下工作，不易造成喘振；（4）调节范围较小。

5. 答：（1）结构简单，调节方便，造价低；（2）在出口增加阻力来调节流量，经济性较差；（3）调节范围小。

6. 答：（1）阀门的作用，通过改变导叶开度来改变通流截面积和节流损失的大小；（2）在叶轮进口前产生气流预旋，从而改变叶轮做功的能力。

7. 答：（1）与阀门调节相比，靠改变叶轮做功能力实现调节，经济性较好；（2）与阀门调节相比，调节范围更大一些；（3）用于单级或多级压缩机的第一级调节。

8. 答：（1）不改变叶轮的做功能力，适合于压缩机出口压力变化不大、流量调节范围较大的应用场所；（2）经济性优于阀门调节，因为调节扩压器叶片是适应流动、减少损失，而阀门调节是增加节流损失；（3）结构比较复杂。

9. 答：（1）调节范围广；（2）通过改变叶轮做功能力进行调节，根据压缩机出口压力进行适当的转速调节，可以达到节能的目的；（3）对调节装置的要求较高。

10. 答：（1）离心式压缩机的串联与并联；（2）进口节流调节；（3）出口节流调节；（4）转动可调扩压器叶片；（5）部分放空或回流调节；（6）改变转速调节。

11. 答：（1）机组对中不好；（2）管道应力过大；（3）管线支撑设计不当；（4）转子热弯曲、不平衡、裂纹；（5）联轴器故障或不平衡；（6）压缩机密封间隙过小；（7）轴承故障；（8）压缩机喘振或气流不稳定；（9）气体带液或有杂质。

12. 答：（1）负荷变化大，各段压力控制不好，压比变化大；（2）内部密封、平衡盘密封磨损，间隙超差或密封磨损；（3）齿式联轴器齿面磨损；（4）压缩机喘振或气流不稳定；（5）推力盘端面跳动大，主推轴承变形大；（6）轴位移探头零位不正确或者超量程使用探头。

13. 答：（1）轴承磨损大；（2）轴承间隙小；（3）润滑油温度高或油质不符合要求；（4）润滑油压力低；（5）压缩机不对中。

14. 答：（1）轴端梳齿密封损坏；（2）缸体配合处密封圈损坏；（3）油封损坏；（4）压缩机内级间泄漏加大；（5）密封环精度不够；（6）润滑油油质不合格。

15. 答：（1）工作点在喘振区或距喘振边界太近；（2）防喘振裕度整定不当；（3）吸入流量不足；（4）压缩机出口压力过高；（5）防喘振装置未投自动，工况异常时放空阀、回流阀未及时打开；（6）升速升压过快；（7）降速未先降压；（8）级间内漏量增大；（9）气体大量带液、带杂质。

16. 答：（1）油封间隙超标；（2）油封回油孔堵塞；（3）油封梳齿磨损；（4）上下油封不同心；（5）油压过高；（6）机组振动。

17. 答：（1）轴承内润滑脂过多或过少，润滑脂混用；（2）滚珠（滚柱）磨损；（3）轴承与轴配合过松或过紧；（4）轴承受到异常的轴向力；（5）轴颈与轴瓦间隙太小，轴瓦研刮不符合要求，轴承负荷过大；（6）油环润滑油环运转不灵活，压力润滑系统的油路不畅，油泵故障。

18. 答：（1）电机水平不准，重新调整电机和机械水平；（2）电机磁中心不对，调整电机定转子磁中心位置。

19. 答：（1）对中不好；（2）电机及轴承座紧固螺栓松动；（3）联轴器不平衡，电机转子平衡不好；（4）笼形异步机转子断条、脱焊；（5）轴承间隙不符合要求；（6）轴径不圆。

20. 答：（1）冷却器漏水、冷却器与承管板铆接不良；（2）冷却器堵塞、冷却水管内部积聚杂质；（3）冷却器水温高；（4）冷却空气含尘量大；（5）风道潮湿。

21. 答：（1）密封面受损和密封面破裂，高扭矩导致间接伤害；（2）微量液体、潮湿密封气会导致密封面粘接；（3）液体持续污染导致气膜不稳定，诱发重复接触；（4）颗粒引起端面受损及槽功能下降。

22. 答：（1）观察压力、流量同步升高；（2）振动异常应立即停机；（3）振动正常、泄漏量或压力较高但稳定，观察并适时安排停机；（4）启机时，一级浮动密封圈卡滞，可通过启停改变压力帮助复位，如无改善则更换；（5）运行时，一级浮动密封圈卡滞，可通过启停改变压力帮助复位，如无改善则更换。

23. 答：（1）油泵故障；（2）安全阀、单向阀、蓄能器、排污阀内漏；（3）调压阀、旁通阀故障；（4）冷却器、过滤器或滤芯堵塞；（5）润滑油液位低；（6）仪器仪表显示故障。

24. 答：（1）调压阀压力调节不合理；（2）调压阀调节弹簧失灵；（3）管路堵塞；（4）双泵运行；（5）仪器仪表显示故障。

25. 答：（1）泵入口堵塞；（2）泵内安全阀调整不当或安全阀、单向阀内漏；（3）泵内有气阻现象；（4）泵内密封面垫子损坏；（5）泵叶轮损坏；（6）泵转速低；（7）仪器仪表故障。

26. 答：（1）电机未转动；（2）油雾分离器出口阀未打开；（3）排烟管焊后堵塞，焊后未吹扫；（4）管路直通大气的区域或管路安装不合理，不符合工艺要求。

27. 答：（1）晃电、停电；（2）电机损坏；（3）分离器滤芯严重堵塞；（4）出口阀门锁紧螺栓脱落，致使挡板关闭；（5）联轴器脱离。

28. 答：（1）油雾分离器基础不牢；（2）风机安装位置不当或不水平；（3）排烟管没有固定造成振动大；（4）轴承损坏。

29. 答：（1）油烟风机选型较小，导致抽风量不够；（2）油烟风机风量调节阀开度过大；（3）油站高位油箱回油口与大气直接连通，大量空气通过高位油箱回油口进入油箱导致负压不足。

30. 答：（1）油烟风机出口管路安装不合理，弯头和竖管较多；（2）油雾风机并非100%除油雾，有一部分未清除的油雾在出口管线形成油滴后聚集在弯头和竖管处，油雾风机停运后这部分油进入风机内部，导致风机超负荷。

31. 答：（1）油雾分离器滤芯堵塞；（2）风机、电机卡阻；（3）电源电压不足。

32. 答：（1）滤芯堵塞；（2）油烟风机回油管没接入油箱或油管阀门没有打开，导致油聚集在油雾风机滤筒内堵塞。

33. 答：（1）回油管安装不正确，回油管漏气或未插入油箱液面以下；（2）滤芯使用时间较长，分离效果变差；（3）油箱负压或液面过高，导致润滑油从回油管抽进油雾风机。

34. 答：（1）叶轮出口叶片安装角：叶轮出口处叶片中心线的切线与叶轮叶片出口线速度反方向之间的夹角；（2）叶片出口相对气流角：叶轮出口相对速度与叶轮出口线速度反方向之间的夹角；（3）叶轮进口叶片安装角：叶轮进口处叶片型线的切线与叶轮叶片进口线速度反方向之间的夹角；（4）叶片进口相对气流角：叶轮进口相对速度与叶轮进口线速度反方向之间的夹角。

35. 答：（1）$\dfrac{b_2}{D_2}$ 为叶轮出口的相对宽度，其值越大，则叶轮出口的相对速度越小，这对扩压是有利的。但是，过大的扩压度会增加流动中的分离损失，从而降低级的效率。相反，如果叶轮出口的相对宽度太小，会使摩擦损失显著增加，同样会使级的效率降低。通常要求 $0.025 < \dfrac{b_2}{D_2} < 0.065$。

（2）ϕ_{2r} 为叶轮出口处的流量系数，该值选取要足够大才能保证气流在流道内不会发生倒流，同时也要保证设计的叶轮有较小的扩压度，以提高级的效率。通常 ϕ_{2r} 的选取范围，对于径向型叶轮为 $0.24\sim0.40$，后弯型叶轮为 $0.18\sim0.32$。（3）此表达式表明，$\dfrac{b_2}{D_2}$ 与 ϕ_{2r} 互为反比，$\dfrac{b_2}{D_2}$ 取值越大，则 ϕ_{2r} 越小，反之亦然。对于多级压缩机，同在一根轴上的各个叶轮中容积流量或 $\dfrac{b_2}{D_2}$ 等都要受到相同质量流量和同一转速的制约，因此该式常用来校核各级叶轮选取 $\dfrac{b_2}{D_2}$ 的合理性。

36. 答：（1）基本欧拉方程：$H_{th}=c_{2u}u_2-c_{1u}u_1$。（2）欧拉第二方程：$H_{th}=\dfrac{u_2^2-u_1^2}{2}+\dfrac{c_2^2-c_1^2}{2}+\dfrac{w_1^2-w_2^2}{2}$。（3）欧拉方程物理意义如下：

①欧拉方程指出了叶轮与流体之间的能量转换关系，它遵循能量转换与守恒定律；②只要知道叶轮进出口的流体速度，即可计算出 1kg 流体与叶轮之间机械能转换的大小，而不管叶轮内部的流动情况；③该方程适用于任何气体或液体，适用于叶轮式的压缩机，也适用于叶轮式的泵。

37. 答：（1）能量方程是既含有机械能又含有热能的能量转化与守恒方程，它表示由叶轮所做的机械功，转换为级内气体焓的升高和动能的增加；（2）能量方程对有黏无黏气体都适用，对于有黏气体所引起的能量损失以热量的形式传递给气体，使气体焓升高；（3）离心式压缩机组不从外界吸收热量，而机壳向外散出的热量与气体焓的升高相比较是很小的，因此认为气体在压缩机内做绝热流动。

38. 答：（1）通用的伯努利方程表达如下：$W_{tot}=\int_1^2\dfrac{dp}{\rho}+\dfrac{c_2^2-c_1^2}{2}+h_{loss}$。（2）通用的伯努利方程也是能量转化与守恒的一种表达式，它建立了机械能与气体压力、流速和能量损失之间的相互关系。表示了流体与叶轮之间能量转换与静压能和动能转换的关系。同时由于流体具有黏性，还需克服流动损失或级中的所有损失。（3）该方程适用于一级，亦适用于多级或其中任一通流部件，取决于所选的进出口截面。（4）对于不可压流体，其密度 ρ 为常数，$\int_1^2\dfrac{dp}{\rho}=\dfrac{p_2-p_1}{\rho}$ 可直接解出，因而对输送水或其他液体的泵来说，应用伯努利方程计算压力的升高是十分方便的。

39. 答：（1）针对各个通流元件的特点，在合理的气流速度选取范围内尽量采用较低的速度；（2）尽可能加大通流截面的当量水力直径，例如设计中采用较大的叶轮相对宽度等；（3）降低壁面的表面粗糙度值；（4）流道设计中尽量少转弯或采用较大的转弯半径；（5）减小摩擦长度或摩擦面积。

40. 答：（1）限制流动扩压度。对于不同形状的流动通道，一般是采用控制当量扩张角在 $\theta \leq 6° \sim 8°$。对于离心叶轮，也可以通过控制 ω_1/ω_2 限制叶轮叶道的扩压度，通常控制 $\dfrac{\omega_1}{\omega_2} \leq 1.6 \sim 1.8$。对于转弯流道，希望尽量采用较大的转弯半径。（2）在可能的条件下，叶轮设计中采用较大的 $\dfrac{b_2}{D_2}$。此时叶道的当量水力直径较大，在通流截面面积相同的条件下，截面的周长相对较小，有利于减少边界层面积和邻近壁面上边界层之间的互相干扰，从而减少分离损失。（3）减少冲击损失。一是在叶片进口采用零冲角或小冲角设计，也可在条件允许时采用机翼形叶片或可转动的可调叶片；二是设计时采用较小的叶片进口气流相对速度 ω_1。（4）采取特殊措施，如抽汲或吹走边界层等。

41. 答：（1）二次流自身产生能量损失，而且干扰主流区的流动；（2）使高压侧壁面的边界层变薄，低压侧壁面的边界层变厚，更易产生气流分离或使分离区扩大；（3）二次流向后延续，对后续流动造成不利影响，或与后续流动相互干扰使后续流动变坏；（4）二次流对小流量级 $\left(\dfrac{b_2}{D_2} \text{小的级}\right)$ 的不利影响更为严重，换言之小流量级的二次流损失更为严重。

42. 答：（1）设法减弱流道中产生的压力梯度，如采用较大的转弯半径，适当增加叶轮或叶片扩压器的叶片数以减少叶片负荷（叶片两面的压差），采用后弯式叶轮而不采用前弯式叶轮；（2）设计中使流道具有较大的当量水力直径，叶轮设计中采用较大的 $\dfrac{b_2}{D_2}$ 等。

43. 答：（1）叶片出口边削薄，为了不影响叶轮的做功能力，叶片出口非工作面应进行削薄处理；（2）采用机翼形叶片；（3）设计中应使带有叶片的流道具有较大的当量水力直径，如叶轮设计中采用较大的$\dfrac{b_2}{D_2}$。

44. 答：由于叶轮出口压力大于进口压力，级出口压力大于叶轮出口压力，在叶轮两侧与固定部件之间的间隙中会产生漏气，而所漏气体又随主流流动，造成膨胀与压缩的循环，每次循环都会有能量损失，该能量损失不可逆地转化为热能，为主流气体所吸收。

45. 答：对于离心叶轮，其轮阻功率损失为$N_{df}=0.54\rho_2\left(\dfrac{u_2}{100}\right)^3 D_2^2$，其中$u_2=\dfrac{\pi D_2 n}{60}$；轮阻损失与叶轮出口处流体密度成正比，与叶轮转速的三次方成正比，与叶轮出口直径的五次方成正比。

46. 答：（1）降低叶轮轮盖和轮盖外侧壁面的表面粗糙度；（2）选取具有较大的相对宽度$\dfrac{b_2}{D_2}$的叶轮；（3）在合理范围内采用较大的流量系数φ_{2r}，采用高速小叶轮。

47. 答：（1）组合流量关系式：$q'_{Vin}=\lambda_L^3\dfrac{n'}{n}q_{Vin}=\lambda_L^2\sqrt{\dfrac{R'T'_{in}}{RT_{in}}}q_{Vin}$；（2）组合功率关系式：$P'=\lambda_L^2 P\dfrac{p'_{in}}{p_{in}}\sqrt{\dfrac{R'T'_{in}}{RT_{in}}}$。

48. 答：（1）离心式压缩机的多变效率：$\eta_{pol}=\dfrac{W_{pol}}{W_{tot}}$，其中$W_{pol}$为多变压缩功；（2）离心式压缩机的绝热效率：$\eta_s=\dfrac{W_s}{W_{tot}}$，其中$W_s$为绝热压缩功；（3）离心式压缩机的等温效率：$\eta_T=\dfrac{W_T}{W_{tot}}$，其中$W_T$为等温压缩功。三个定义式中$W_{tot}$为离心式压缩机总耗功。

49. 答：精度高；压损小；耐磨损、寿命长；维护量少。

50. 答：（1）经典文丘里管；（2）套管式文丘里管；（3）文丘里喷嘴。

51. 答：（1）备用维护保养；（2）半年维护保养；（3）年度维护保养；（4）停用维护保养。

52. 答：（1）更换分子筛干燥剂；（2）更换加卸载阀；（3）检查更换

干燥机消声器；（4）更换空气压缩机齿轮油和油过滤器。

五、计算题

1. 解：因为 $c_{1u}=0$，可知理论能量头：

$$W_{th}=\phi_{2u}u_2^2=\phi_{2u}\left(\frac{n\pi D_2}{60}\right)^2=0.68\times\left(\frac{14000\times 3.14\times 0.4}{60}\right)^2=58404(J/kg)$$

总耗功：$W_{tot}=W_{th}(1+\beta_L+\beta_{df})=58404\times(1+0.03+0.04)=62492(J/kg)$

多变压缩功：$W_{pol}=\eta W_{tot}=0.8\times 62492=49994(J/kg)$

组合关系式：$\dfrac{m}{m-1}=\dfrac{k}{k-1}\eta_{pol}=\dfrac{1.4}{1.4-1}\times 0.8=2.8$

根据多变压缩功计算公式 $W_{pol}=\dfrac{m}{m-1}RT_{in}\left[\left(\dfrac{p_{out}}{p_{in}}\right)^{\frac{m-1}{m}}-1\right]$，代入数据得到：

$$2.8\times 287\times(273+30)\times\left[\left(\frac{p_{out}}{0.098}\right)^{\frac{1}{2.8}}-1\right]=49994$$

计算出 $p_{out}=165.32(kPa)$

答：本级出口压力为 165.32kPa，总耗功为 62492J/kg。

2. 解：组合关系式 $\dfrac{m}{m-1}=\dfrac{k}{k-1}\eta_{pol}=\dfrac{1.34}{1.34-1}\times 0.8=3.15$，可得 $m=1.47$

根据 $\ln\left(\dfrac{p_{out}}{p_{in}}\right)=\dfrac{m}{m-1}\ln\left(\dfrac{T_{out}}{T_{in}}\right)$，代入数据得到 $\ln\left(\dfrac{4750}{4000}\right)=3.15\times\ln\left(\dfrac{T_{out}}{293}\right)$

计算得出 $T_{out}=36.43℃$

根据多变压缩功计算公式计算：

$$W_{pol}=\frac{m}{m-1}RT_{in}\left[\left(\frac{p_{out}}{p_{in}}\right)^{\frac{m-1}{m}}-1\right]=3.15\times 520\times 293\times\left[\left(\frac{4750}{4000}\right)^{\frac{1}{3.15}}-1\right]=26910(J/kg)$$

总耗功 $W_{tot}=W_{pol}/\eta=26910/0.8=33638(J/kg)$

答：压缩机多变过程指数为 1.47，出口温度为 36.43℃，压缩每千克气体所有消耗的多变压缩功为 26910J/kg，总耗功为 33638J/kg。

3. 解：（1）根据组合关系式：

$$\frac{m}{m-1}=\ln\left(\frac{p_{out}}{p_{in}}\right)/\ln\left(\frac{T_{out}}{T_{in}}\right)=\ln\left(\frac{185}{97}\right)\div\ln\left(\frac{273+98}{273+20}\right)=2.735$$

$$\eta_{\text{pol}} = \frac{m}{m-1} \Big/ \frac{k}{k-1} = 2.735 \div 3.5 = 0.78$$

$$W_{\text{pol}} = \frac{m}{m-1} RT_{\text{in}} \left[\left(\frac{p_{\text{out}}}{p_{\text{in}}} \right)^{\frac{m-1}{m}} - 1 \right] = 2.735 \times 287 \times 293 \times \left[\left(\frac{185}{97} \right)^{\frac{1}{2.735}} - 1 \right]$$

$$= 61237 (\text{J/kg})$$

$$W_{\text{tot}} = W_{\text{pol}} / \eta = 61237 / 0.78 = 78509 (\text{J/kg})$$

$$\phi_{2u} = \frac{c_{2u}}{u_2} = \frac{c_2 \cos\alpha_2}{u_2} = \frac{60 c_2 \cos\alpha_2}{n\pi D_2} = \frac{60 \times 240 \times \cos 20°}{17850 \times 3.14 \times 0.34} = 0.71$$

答：级的多变效率为 0.78，多变压缩功为 61237J/kg，总耗功为 78509J/kg，叶轮的出口周速系数为 0.71。

4. 解：根据转速组合关系式 $n' = \frac{n}{\lambda_L} = \sqrt{\frac{R'T'_{\text{in}}}{RT_{\text{in}}}}$ 可知，模型压缩机转速是产品的 2 倍。

根据组合流量关系式 $q'_{\text{Vin}} = \lambda_L^2 \sqrt{\frac{R'T'_{\text{in}}}{RT_{\text{in}}}} q_{\text{Vin}}$ 可知，模型压缩机流量是产品的 4 倍。

流动相似的两台压缩机，压比和效率相等，所以模型压缩机出口压力、效率和产品相同。

根据组合功率关系式 $P' = \lambda_L^2 P \frac{p'_{\text{in}}}{p_{\text{in}}} \sqrt{\frac{R'T'_{\text{in}}}{RT_{\text{in}}}}$，可知，模型压缩机内功率是产品的 4 倍。

5. 解：模化比 $\lambda_L = \frac{n}{n'} = \frac{29400}{20000} = 1.47$

用此试验台做模型试验实际所需最大功率：

$$N' = \lambda_L^2 N \frac{p'_{\text{in}}}{p_{\text{in}}} \sqrt{\frac{R'T'_{\text{in}}}{RT_{\text{in}}}} = 1.47^2 \times 280 \times \frac{98000}{101325} \times \sqrt{\frac{293}{303}} = 575\text{kW}$$

大于本试验台最大输出功率 500kW，不能对新产品做模型试验。

根据组合功率关系式，可采取降低实验室进气压力或者降低实验温度的措施；综合考虑成本和可操作性，采取节流降低进气压力，减小试验台实际所需最大功率。

$$p'_{in} = \frac{N'}{\lambda_L^2 N} p_{in} \sqrt{\frac{RT_{in}}{R'T'_{in}}} = \frac{500}{1.47^2 \times 280} \times 98000 \times \sqrt{\frac{303}{293}} = 82355(\text{Pa})$$

当实验室进气压力控制在82355Pa以下时，即可用此试验台对新产品在满足相似条件下进行模型试验。

答：在满足相似条件下，必须将进气压力控制在82355Pa以下，才能对新产品做模型试验。

附录三　油气田常用离心式压缩机实操视频

PCL403离心式压缩机启机操作规程

离心式压缩机泄压停机操作

PCL402离心式压缩机泄压停机机组启机操作

离心式压缩机巡检操作

离心式压缩机组对中检查操作

GAA007增压器拆检操作

调整离心式压缩机轴向位置定位探头操作

调整油雾分离器负压操作

更换离心式压缩机组密封气系统一级密封气过滤器操作

更换离心式压缩机组润滑油系统过滤器操作

离心式压缩机组非驱动端轴承维护保养操作

参 考 文 献

[1] 李方园. 变频器应用技术 [M]. 3版. 北京:科学出版社,2021.
[2] 约翰D. 麦克唐纳(John D. McDonald),李宏仲,王华昕. 电力变电站工程 [M]. 3版. 北京:机械工业出版社,2017.
[3] 史进赏. 零基础学习变频器 [M]. 北京:机械工业出版社,2022.